高等学校计算机基础教育系列教材

大学计算机基础
（Windows 10 + Office 2016）

余久久 张继山 吴宁 孙文玲 黄竹芹 编著

清华大学出版社
北京

内 容 简 介

本书参照安徽省高等学校计算机教育研究会大学计算机基础课程教学指导委员会提出的"大学计算机基础"课程教学大纲，并结合全国计算机等级考试一级 MS-Office 操作要求编写而成。全书共分为7章，主要介绍计算机概论、Windows 10 操作系统基础、Word 2016 文字处理软件、Excel 2016 电子表格处理软件、PowerPoint 2016 演示文稿制作软件、计算机网络与 Internet 基础、计算机发展新技术。本书内容丰富，结构清晰，图文并茂，实用性强，注重理论和实践的结合，强调计算机素养与思政教育，帮助读者进一步掌握现代微型计算机的基本操作技能，培养利用计算机解决实际问题的能力，以及从科技创新层面培养当代大学生的爱国情怀，彰显我国科技与文化自信。

本书适合作为应用型本科高校非计算机类专业大学计算机基础课程教材，以及高职高专院校计算机基础教育类课程的教材或参考书，也可作为全国计算机等级考试（一级）计算机基础及 MS-Office 应用的辅导教材、对计算机基础（入门）知识感兴趣的计算机爱好者及各类自学人员的参考书。

图书在版编目（CIP）数据

大学计算机基础：Windows 10＋Office 2016/余久久等编著. -- 北京：清华大学出版社，2025.1.
（高等学校计算机基础教育系列教材）. -- ISBN 978-7-302-68173-1

Ⅰ. TP316.7；TP317.1

中国国家版本馆 CIP 数据核字第 2025DK8842 号

责任编辑：张　玥　薛　阳
封面设计：常雪影
责任校对：王勤勤
责任印制：刘　菲

出版发行：清华大学出版社
　　　　　网　　址：https://www.tup.com.cn,https://www.wqxuetang.com
　　　　　地　　址：北京清华大学学研大厦 A 座　　　　邮　　编：100084
　　　　　社 总 机：010-83470000　　　　　　　　　　邮　　购：010-62786544
　　　　　投稿与读者服务：010-62776969，c-service@tup.tsinghua.edu.cn
　　　　　质量反馈：010-62772015，zhiliang@tup.tsinghua.edu.cn
　　　　　课件下载：https://www.tup.com.cn,010-83470236
印 装 者：河北盛世彩捷印刷有限公司
经　　销：全国新华书店
开　　本：185mm×260mm　　　印　　张：19.75　　　字　　数：456 千字
版　　次：2025 年 2 月第 1 版　　　　　　　　　　　印　　次：2025 年 2 月第 1 次印刷
定　　价：65.00 元

产品编号：103993-01

前言

　　计算机领域的信息技术发展对大学计算机基础教育提出了新的挑战。"大学计算机基础"是面向高等学校非计算机专业学生的一门必修公共基础课程,不仅注重大一学生对计算机基本操作能力的培养,而且更应该着眼于培养和提高在校学生的计算机科学素养,强调学生计算机伦理教育,强调课程思政,激发学生科技报国的家国情怀与使命担当。

　　本书以微型计算机为基础,全面、系统地介绍计算机的基础知识、基本操作和当前社会热门领域中的一些计算机新技术的发展与应用现状。全书共分为7章,第1章是计算机概论,主要介绍计算机的发展历程、计算机的典型应用领域、计算机信息的表示形式与存储方式、计算机系统的组成以及现代微型计算机的软硬件系统等。第2章是Windows 10操作系统,主要介绍当前Windows 10操作系统的一些基本操作,包括对Windows 10的桌面设置、开始菜单和任务栏操作、鼠标与键盘的操作,以及对文件与文件夹的管理方式等。第3~5章分别介绍Office 2016办公软件中的三大主要组件——Word 2016文字处理软件、Excel 2016电子表格处理软件、PowerPoint 2016演示文稿制作软件的基本操作与应用方法等。第6章是计算机网络与Internet基础,主要介绍计算机网络的定义、分类、拓扑结构、常见的网络介质及其功能以及日常网络应用等。第7章是计算机发展新技术,主要介绍在当前人工智能时代下所衍生出的一些计算机新技术,以及这些新技术在我国的研究进展、成果落地与典型应用情况。本书整体上结构完整,实践案例丰富,既注重计算机基础的基本原理、基础知识,又兼顾实践操作,更强调对当代大学生计算机素养与思政教育。本书是一本实用性强且能从科技创新层面培养当代大学生的爱国情怀、民族自信以及创新意识,彰显科技自信与文化自信的大学计算机基础教材。本书配套有丰富的案例资源,方便实践教学需要,以便在教学中达到理论和实践的紧密结合。

　　本书内容源于编者多年从事应用型本科高校计算机基础教育的教学实践与感悟,在对自己的备课讲义进行认真而系统的梳理后精心编写,同时凝聚了"大学计算机基础"课程多位一线任课教师的教学心血与教研成果。本书以安徽高校省级质量工程项目"课程思政视域下基于OBE的地方应用型软件工程人才培养模式创新与实践"(编号:2022jyxm494)、安徽省高校优秀拔尖人才培育项目"应用型本科软件工程专业新工科建设研究"(编号:gxbjZD2022087)为依托,由安徽三联学院原计算机工程学院五位老师——余久久、张继山、吴宁、孙文玲、黄竹芹共同完成编著,系项目研究成果之一。在成书过程中,也得到了安徽三联学院相关领导的大力支持。此外,编者所在的原软件工程教研室有关老师也为该书内容的编写工作提出了许多宝贵的建议,在此表示衷心的感谢。

本着学习与借鉴的目的,本书在编写过程中参考了大量同类大学计算机基础方面的书籍及相关文献资料,以及百度、IT 技术社区(论坛)、微信公众号、抖音自媒体等推送的一些计算机新技术发展及应用方面的网络博文,在此谨向原作者表示诚挚的谢意。

由于编者水平有限,加之时间仓促,书中的疏漏和不当之处仍在所难免,欢迎读者批评指正。

编 者

2024 年 2 月 18 日

目录

第4章 Excel 2016 电子表格处理软件 ························· **137**

第 1 章 计算机概论

本章学习目标

- 了解计算机的定义和发展历程。
- 了解计算机按照数据处理方法、规模大小和功能强弱、用途进行的分类。
- 了解计算机的应用领域。
- 理解计算机的信息表示及存储方法。
- 掌握二进制数与其他进制数之间的转换。
- 掌握计算机的组成与各部分的功能。
- 理解计算机的"存储程序和程序控制"原理。
- 掌握微型计算机的组成和主要性能指标。

计算机是什么？计算机是怎么来的？计算机能做什么？要怎么学习计算机相关知识？本章将系统介绍计算机的发展与分类。通过学习计算机中的信息表示与存储方法，了解汉字的编码方法，学会二进制数与其他进制数之间的转换，理解计算机的"存储程序和程序控制"原理，掌握计算机的组成原理，能够逐渐学会应用计算机解决问题，进一步学会使用计算机进行文字处理、电子表格处理、演示文稿制作。通过硬件系统和软件系统的介绍使学生对计算机系统特别是微型计算机系统建立整体概念，养成基本信息技术素质与计算机文化素质。通过"世界上第一台电子计算机是什么？"引导学生增强版权意识，学习中不剽窃他人研究成果，培养良好的道德素养。通过介绍我国的第一台计算机激发学生的民族自信，鼓励年轻人为新时代中国特色社会主义的发展贡献力量。通过不同进制数之间的具体转换，加以总结归纳，引导学生采取由浅入深，由具体到抽象的方法提升思维能力。

1.1 计算机的发展历程

计算机(Computer)，俗称电脑，是一种能够执行指定任务的电子设备，可以进行数值计算，也可以进行逻辑计算，具有接收、存储、处理和输出数据的功能。主要是通过执行算法进行任务处理。算法是一系列步骤和规则的有序集合，用于解决特定问题或完成特定任务。计算机根据输入的数据和预先设定的指令及算法，通过处理数据来产生输出结果。

所以计算机通过具体的程序实现算法,达到自动、高速、准确地完成任务处理。计算机是人类社会发展过程中创造的一种不可或缺的工具,帮助人们改善生活,提高生产力,促进各方面的飞速发展。

1.1.1 计算机的产生与发展

1. 计算机的产生与发展

计算机的发展历程大致可以分为:手动计算机、机械计算机、机电计算机和电子计算机。远古时代,人们需要进行各种计算,如生活计数、天文学、数学研究、建筑设计等。所以,出现了使用贝壳、骨头和石头等计算数量。先是简单的手指计数,即熟知的十进制,当数字变大后,手指个数不够,便有了采用石头计数,然而,石头笨重,进而发展了结绳计数,可是,用绳子来记录存在被篡改的风险,于是就出现了刻痕计数。计数后,对它进行加减乘除运算,就涉及计算。这就需要了解计算方法和计算工具的发展。

中国古代的计算方法之一就是算筹,是以筹为工具来计数、列式和进行各种数与式的演算的一种方法,算筹的出现时间可以追溯到汉代,持续至今已有 2000 多年的历史,是中国古代工程科学的重要成果之一,后来被珠算代替。

珠算始于汉代,至宋代走向成熟,兴盛于元明,清代以来在全国范围内普遍流传。珠算是以算盘为工具,以算理、算法为基础,运用口诀通过手指拨动算珠进行加、减、乘、除和开方等数学运算的计算技术。算盘是中国古代劳动人民发明创造的一种简便的计算工具。古代算盘如图 1.1 所示。

图 1.1　古代算盘

英国数学家约翰·纳皮尔(John Napier,1550—1617)发明了一种辅助乘除运算和开方的工具,被称为"纳皮尔筹"或"纳皮尔算筹"。纳皮尔发明对数之后,包括纳皮尔在内的数学家们便开始着手编制对数表,将费神费力的乘除运算简化为快速查表。1620 年,一位叫甘特的英国数学家把一个对数视为一段可以用直尺丈量的长度,利用直尺直接量出来对数之和,即将对数表刻到一把尺上,借助圆规一类的辅助工具实现计算。1622 年,另一位英国数学家威廉·奥特雷德觉得圆规有点累赘,直接将两把对数尺并排放置,通过相对滑动实现尺上示数的相加,形成了滑尺计算,计算尺如图 1.2 所示。

机械计算机时代是从 17 世纪初到 19 世纪末。德国人契克卡德制作了一个计算钟,

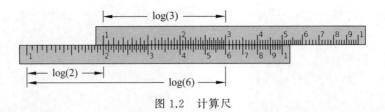

图 1.2　计算尺

能实现简单的自动计算。法国的帕斯卡制作了加法器,德国的数学家莱布尼茨制作了乘法器。1822 年英国数学家查尔斯·巴贝奇提出"自动计算机"的概念,发明了世界上第一

台"机械计算机"——差分机,以蒸汽驱动大量的齿轮机构运转,可以自动解算 100 个变量的复杂算题。后来,巴贝奇继续深入研究通用计算机,称为分析机,巴贝奇设计的分析机具有齿轮式"存储仓库"、"作坊"(即"运算室")、"控制器"装置,以及在"存储仓库"和"作坊"之间运输数据的输入输出部件,其逻辑结构类似于现代电脑的五大部件——运算器、控制器、存储器、输入设备、输出设备。在巴贝奇去世后,阿达·奥古斯塔(Ada)(图 1.3)继续发扬光大巴贝奇的工作,为机器编程。Ada 被认为是"第一位给计算机写程序的人",是计算机历史上的第一名程序员。

图 1.3　阿达·奥古斯塔

　　随着电学的蓬勃发展,一些机器开始用电来驱动,从霍尔瑞斯发明了制表机到祖斯的 Z1/Z2/Z3 计算机再到贝尔实验室的 Model 机型、哈佛 Mark 系列,计算机从机电时代过渡到了电子计算机时代。

　　电子管也称真空管,如图 1.4 所示。继电器能做的二进制功能逻辑,电子管都能做,而且速度更快,快 1000 倍,很多机电计算机由继电器构成,到了 1945 年,电子管计算机基本上取代了机电计算机,操作计算机的方式转为插电线,拔电线。1947 年,晶体管诞生,如图 1.5 所示,晶体管使计算机简化了,但计算机仍然是庞然大物,大家都在探索继续压缩的方法。1958 年,德州仪器公司的杰克·基尔比,实现了在一块硅片上制造多个晶体管,这就是集成电路,如图 1.6 所示。在更小的芯片上集成更多的晶体管和电子元件就形成了大规模和超大规模集成电路,如图 1.7 所示。

图 1.4　电子管

图 1.5　晶体管

图 1.6 集成电路

图 1.7 大规模和超大规模集成电路

为适应未来社会信息化的要求,新一代计算机即第五代计算机正在开发中。第五代计算机是把信息采集、存储、处理、通信同人工智能结合在一起的智能计算机系统。它能进行数值计算或处理一般的信息,主要为面向知识处理,具有形式化推理、联想、学习和解释的能力,能够帮助人们进行判断、决策、开拓未知领域和获得新的知识,如图 1.8 所示。

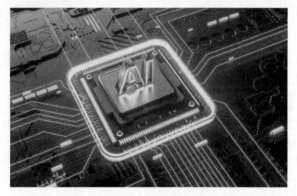

图 1.8 基于 AI 的新一代计算机

半个多世纪以来,构成计算机硬件的电子器件发生了几次重大的技术变革,各个时代的基本情况如表 1.1 所示。

表 1.1 各个时代计算机的基本情况

发展内容	发 展 阶 段				
	第一代 1942—1957 年	第二代 1958—1964 年	第三代 1965—1974 年	第四代 1974—1981 年	第五代 1981 年以来
逻辑元器件	电子管	晶体管	中小规模集成电路	大规模、超大规模集成电路	超大规模集成电路、高性能微处理器
软件	机器语言或汇编语言	高级程序设计语言	操作系统、模块化程序设计方法	应用软件、系统软件、面向对象程序设计,分布式系统	问题求解与推理、知识库管理和智能化人机接口三个基本子系统
应用范围	科学计算	数据处理和事务管理	应用领域广泛	应用领域广泛	应用领域广泛
代表机型	EDVAC	ATLAS	IBM360	个人计算机	AI 计算机

2. 计算机史上的重要人物与事件

1）计算机科学之父——阿兰·图灵

阿兰·图灵（Alan Turing，图1.9）是20世纪最重要的数学家和计算机科学家之一，他在计算理论、密码学和人工智能领域的贡献对现代科学和技术产生了深远影响。他被认为是计算机科学之父和现代计算机科学的奠基人之一。

阿兰·图灵最知名的成就之一是他对计算理论的开创性工作。他提出了"图灵机"这一抽象数学模型，用以解决可计算性和算法可行性的问题，为后来计算机科学的发展奠定了理论基础。

此外，图灵在第二次世界大战期间也做出了杰出贡献，参与了破译纳粹德国的恩尼格玛密码机，为盟军取得了重要的战略优势。他的工作在战后对密码学和信息安全领域产生了深远影响。

另外，图灵对人工智能的概念也产生了深远影响。他提出了"图灵测试"，该测试是用来评估机器是否具有人类水平的智能，这一概念至今仍被广泛讨论和引用。

2）信息论之父——克劳德·艾尔伍德·香农

美国数学家克劳德·艾尔伍德·香农（Claude Elwood Shannon，图1.10）是公认的信息论的奠基人，在20世纪中叶，他提出了信息论的基本概念和原理，对信息科学和通信领域的发展产生了深远影响。香农于1948年发表了开创性的论文《通信的数学理论》，首次提出了"比特"（bit）这一信息的基本单位，并建立了信息论的基本概念框架。他提出了信息熵、信道容量、编码理论等重要概念，为信息的量化、传输、压缩和存储奠定了理论基础。因此，克劳德·艾尔伍德·香农被广泛认为是信息论之父，他的贡献使得信息论成为一门独立的学科，并在计算机科学、通信、电子工程等领域产生了重要的应用和影响。

图1.9 阿兰·图灵（Alan Turing） 图1.10 克劳德·艾尔伍德·香农（Claude Elwood Shannon）

3）世界上第一台电子计算机是ABC而非ENIAC

ABC（Atanasoff-Berry Computer）是由美国科学家阿塔纳索夫（John Atanasoff）和克利福德·贝瑞（Clifford Berry）在1937年开始设计的，它不可编程，仅仅设计用于求解线性方程组，并在1942年成功进行了测试。如图1.11所示，ABC计算机使用了二进制系统和电子管技术，采用了类似于今天的计算机基础结构，包括存储程序以及使用二进制数表示和处理数据。它的设计和理念对后来电子计算机的发展产生了重要影响。因此,约翰·阿塔纳索夫和克利福德·贝瑞被认为是计算机历史上的关键人物。阿塔纳索夫和克利福德·贝瑞的计算机在 1960 年才被认可,并且陷入了谁才是第一台计算机的争议中。那时候,ENIAC 普遍被认为是第一台现代意义上的计算机,但是在 1973 年,美国联邦地方法院判决撤销了 ENIAC 的专利,并得出结论:ENIAC 的发明者是从阿塔纳索夫那里继承了电子数字计算机的主要设计构想。因此,ABC 被认定为世界上第一台计算机。

图 1.11　ABC 机

　　ENIAC,全称为 Electronic Numerical Integrator And Computer,即电子数字积分计算机。ENIAC 是继 ABC(阿塔纳索夫-贝瑞计算机)之后的第二台电子计算机和第一台通用计算机。它是完全的电子计算机,能够重新编程,解决各种计算问题。它于 1946 年 2 月 14 日在美国宣告诞生。承担开发任务的人员由科学家约翰·冯·诺依曼和"莫尔小组"的工程师埃克特、莫希利、戈尔斯坦以及华人科学家朱传榘组成。ENIAC 占据了一个大房间的空间,拥有巨大的体积和庞大的电力需求。它主要用于执行科学和军事计算任务,例如进行弹道计算。

　　4)我国第一台电子计算机——103 机

　　我国第一台计算机叫 103 机,又名八一型计算机或 DJS-1 型计算机,如图 1.12 所示。1958 年,中科院计算所研制成功中国第一台小型电子管通用计算机 103 机,完成了四条指令的运行,标志着中国人制造的第一台通用数字电子计算机正式诞生。虽然起初 103

图 1.12　我国的 103 机

机的运算速度仅有每秒 30 次,但它也成为我国计算技术这门学科建立的标志。时隔一年多,1959 年 9 月,中华人民共和国建国十周年大庆前夕,根据苏联有关计算机技术资料制成的 104 大型通用电子计算机通过试运算,运算速度提升到每秒 1 万次,接近当时英国、日本计算机的指标。《人民日报》为此发表消息,正式宣告中国第一台大型通用电子计算机试制成功。如今仅有一台 1964 年生产的 103 机仍然完整地保存在山东曲阜师范大学。

1.1.2 计算机的分类

计算机可以从不同角度进行分类。

1. 按照数据处理的方法分类

按照数据处理的方法分为模拟式计算机和数字式计算机两大类。

(1) 模拟式计算机。处理的电信号是模拟信号,通过在时间上连续变化的物理量表示所测量的数据来模拟一些变化过程。

(2) 数字式计算机。处理的电信号是数字信号,数字信号是指其数值在时间上断续变化的信号。

2. 按照规模大小和功能强弱分类

按照规模大小和功能强弱分为巨型机、大型机、中型机、小型机和微型计算机。

(1) 巨型机。即超级计算机,速度快、容量大、配有很多种外部和外围设备及丰富的、高性能的软件系统,价格昂贵,用于尖端的科技领域,天气预报、地质侦探等。如"银河""天河一号""神威·太湖之光"等,如图 1.13～图 1.15 所示。

图 1.13 "银河"

图 1.14 "天河"

(2) 大型机。存储量大,运算速度很快,用于数据处理量很大的领域。代表机型有 IBM 公司的 IBM3033(图 1.16)、DEC 公司的 VAX8800 等。

图 1.15 "神威·太湖之光"

（3）中型机。中型机介于大型机和小型机之间。相比大型机,中型机的处理能力、内存容量、磁盘容量等规模要小。中型机的处理能力一般在大型机的 1/100 到 1/10 之间,内存容量也一样。中型机适用于一些规模较小的企业以及需要较小计算能力的数据处理。成本更低、更灵活可靠。中型机因为规模相对较小,因此更容易维护,IBM 中型机如图 1.17 所示。

图 1.16 IBM 大型机

图 1.17 IBM 中型机

（4）小型机。相对于大型机而言,小型机软硬件规模比较小,价格低,可靠性高,便于维护和使用,在存储容量和软件系统方面有较强的优势,用途广泛,IBM 小型机如图 1.18 所示。

图 1.18 IBM 小型机

（5）微型计算机。核心芯片 CPU 由大规模集成电路组成。微型计算机由微处理机（核心）、存储片、输入输出设备、系统总线组成。特点是功能全、体积小、灵活性高、价格便宜、使用方便，微型计算机如图 1.19 所示。

图 1.19　微型计算机

3. 按照用途和使用范围分类

按照用途和使用范围分为通用计算机和专用计算机。通用计算机是一种具有广泛适用性的通用工具，可以完成各种任务，包括文字处理、数据处理、图像处理、科学计算。专用计算机则是经过特定设计用于解决某个特定问题或任务的计算机。

1.1.3　计算机的应用

计算机在现代社会中有广泛的应用。归纳起来，主要应用在科学计算、自动控制、数据处理、信息加工、计算机辅助工作、人工智能、电子商务、办公自动化、电子政务等方面。常见的计算机应用领域如下。

1. 个人和商务应用

计算机用于处理办公任务，比如文字处理、电子表格、演示文稿制作和电子邮件等。它们也用于管理个人日程安排、文件存储和网上购物等，办公软件如图 1.20 所示。

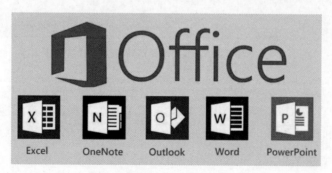

图 1.20　办公软件

图 1.21　QQ、微信等通信软件

2. 网络和通信

计算机用于互联网浏览、社交媒体、视频和音频通话,以及电子邮件和即时通信等各种通信方式,QQ、微信等通信软件如图 1.21 所示。

3. 娱乐和媒体

计算机在电影、电视、音乐、游戏和虚拟现实等娱乐领域中扮演着重要角色。人们可以使用计算机观看电影,玩游戏,创建和编辑音乐、图像和视频等。

4. 教育和学术研究

计算机在学校用于教学,包括在线教育,提供电子图书、电子图像和视频教学资源等。科学家和研究人员也使用计算机进行数据分析、数值模拟和科学研究等。

5. 医疗和健康

计算机应用于医疗保健行业,包括医学图像处理、电子病历管理、医学诊断和预测系统、健康监测和健身应用程序等。数字医疗不仅仅是数字化医疗设备的简单集合,更是把当代计算机技术、信息技术应用于整个医疗过程的一种新型的现代化医疗方式,包括医院管理信息化、医疗设备数字化、医疗服务便捷化、医疗资源网络化。如图 1.22 所示的安徽医科大学第二附属医院非接触式智慧手术室,结合大数据、物联网、区块链、第五代移动通信(5G)等新一代信息技术实现了计算机与医疗服务深度融合。

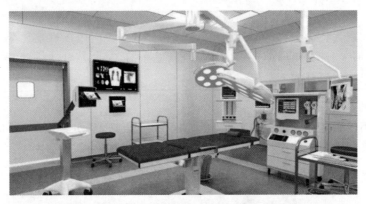

图 1.22　安徽医科大学第二附属医院非接触式智慧手术室

6. 工程和制造

计算机辅助设计(Computer Aided Design,CAD)在工程领域广泛应用,用于设计和模拟产品、结构和机械系统。计算机还用于制造过程的自动化和控制。如图 1.23 所示为海尔的智慧工厂,实现生产过程自动化。

7. 金融和银行业

计算机在银行和金融机构中用于交易处理、账户管理、风险评估等。

——————　大学计算机基础(Windows 10＋Office 2016)

图 1.23　海尔智慧工厂

8. 数据分析和人工智能

计算机在数据分析和人工智能领域发挥着重要作用。它们能够处理和分析大量数据,并用于机器学习、深度学习、自然语言处理和图像识别等任务。在我国政府的高度重视下,人工智能已上升为国家战略。《新一代人工智能发展规划》提出"到2030年,使中国成为世界主要人工智能创新中心"。目前,我国在基础研究方面已经拥有人工智能研发国家重点实验室等设施齐全的研发机构,并先后设立了各种与人工智能相关的研究课题,研发产出的数量和质量也有了很大提升,已取得许多突出成果。如图1.24所示的数字人民币,是人工智能在金融科技领域的应用。

图 1.24　数字人民币

9. 航天和军事

计算机在航天和军事领域中也有广泛的应用,包括导航、控制、通信和情报收集等方面。计算机技术对太空探索、卫星通信、无人驾驶飞机和导弹系统等都具有重要影响。如图1.25所示,北斗卫星导航系统(以下简称北斗系统)是中国着眼于国家安全和经济社会发展需要,自主建设运行的全球卫星导航系统,是为全球用户提供全天候、全天时、高精度的定位、导航和授时服务的国家重要时空基础设施。也是继美国GPS、俄罗斯GLONASS后,全球第三大成熟的导航系统。

北斗系统提供服务以来,已在交通运输、农林渔业、水文监测、气象测报、通信授时、电力调度、救灾减灾、公共安全等领域得到广泛应用,服务国家重要基础设施,产生了显著的经济效益和社会效益。基于北斗系统的导航服务已被电子商务、移动智能终端制造、位置服务等厂商采用,广泛进入中国大众消费、共享经济和民生领域,应用的新模式、新业态、新经济不断涌现,深刻改变着人们的生产生活方式。中国将持续推进北斗应用与产业化发展,服务国家现代化建设和百姓日常生活,为全球科技、经济和社会发展做出贡献。

北斗系统秉承"中国的北斗、世界的北斗、一流的北斗"发展理念,愿与世界各国共享北斗系统建设发展成果,促进全球卫星导航事业蓬勃发展,为服务全球、造福人类贡献中国智慧和力量。北斗系统为经济社会发展提供重要的时空信息保障,是中国实施改革开放 40 多年来取得的重要成就之一,是新中国成立 70 多年来重大科技成就之一,是中国贡献给世界的全球公共服务产品。中国将一如既往地积极推动国际交流与合作,实现与世界其他卫星导航系统的兼容与互操作,为全球用户提供更高性能、更加可靠和更加丰富的服务。

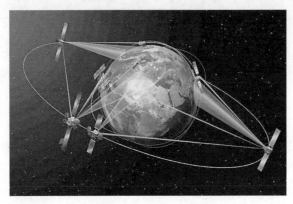

图 1.25　北斗导航系统

10. 城市管理和交通

计算机在城市管理和交通领域中发挥着重要作用。智能交通系统使用计算机技术来监测和优化交通,城市规划使用计算机模型来预测城市的发展,控制建筑物和水电等基础设施。

11. 环境和能源

计算机为环境保护和能源管理提供了技术支持。例如,预测气候变化、辅助垃圾分类、减少污染和提高能源效率。

12. 社会服务和公共部门

政府和社会服务机构使用计算机技术来管理和提供公共服务,包括税务管理、社会保障、公共安全、公共卫生等。

总之,计算机的应用范围广泛,计算机几乎渗透到了生活的各个领域,对社会的发展和运行具有重要的推动作用。新的计算机应用不断涌现,让人们拥有更多方便、高效、安全且智能化的服务。

1.2　信息表示与存储

1. 信息表示

信息表示是将信息转换为计算机可处理的形式的过程,使得计算机能够有效地存储和处理各种类型的信息。信息表示具有重要意义。

（1）有效存储和传输。信息表示可以通过选择适合的数据结构和编码方式,使得信息在存储和传输过程中占用较小的空间和带宽。对存储和传输大量的数据是非常关键的。

（2）信息处理。通过对信息进行适当的表示,计算机可以对其进行各种操作和处理。例如,通过把文本表示为字符序列,可以进行文本搜索、编辑和分析等操作。通过把图像表示为像素矩阵,可以进行图像处理、识别和分析等操作。

（3）知识表达。信息表示还可用于表示和存储知识。通过适当的表示方式,计算机可以处理和推理出新的知识。

（4）人机交互与沟通。信息表示的一种重要应用是在人与计算机之间的沟通对话。通过适当的表示方式,计算机可以理解和响应用户的指令及请求,并向用户提供有用的信息。

2. 信息存储

计算机中所有的数据都是以二进制(0 和 1)的形式进行表示和存储的。二进制表示是计算机中最基本的信息表示方式,通过电子开关(比特)的开关状态表示不同的数值。为了处理和存储文本数据,计算机使用字符编码系统将字符转换为对应的二进制数据。常见的字符编码系统包括 ASCII(美国信息交换标准代码)、Unicode 等,它们定义了字符与二进制数之间的映射关系。计算机使用像素来表示图像,每个像素保存图像中的一个点的颜色信息。图像可以通过灰度图像或彩色图像来表示,灰度图像使用单个像素点表示亮度,而彩色图像使用多个像素点表示不同的颜色通道。计算机使用数字信号来表示音频数据。将模拟声音数据转换为数字形式的过程称为模数转换(Analog-to-Digital Converter,ADC),而将数字音频数据转换为模拟信号的过程称为数模转换(Digital-to-Analog Converter,DAC)。计算机使用序列帧表示视频,每帧保存了视频中的一个静止图像。视频可以通过连续播放帧的方式来呈现动态效果。

在计算机中,数据可以使用不同的数据结构进行组织和存储,包括数组、链表、栈、队列、树、图等。选择合适的数据结构可以高效地存储和访问数据,提高计算机程序的性能。计算机使用不同的存储技术和介质来存储数据,包括硬盘驱动器(Hard Disk Drive,HDD)、固态硬盘(Solid State Disk,SSD)、光盘、闪存、云存储等。每种存储介质都有其特定的性能和适用场景。

信息表示与存储是计算机中至关重要的一部分,决定了计算机能够处理和保存哪些类型的数据。本节将学习不同的信息表示方式和存储技术。

1.2.1　信息与数据

信息(Information)与数据(Data)是计算机科学中的两个关键概念,它们在计算机系统中有着紧密的联系。数据是计算机处理的原始材料,是描述事物的事实、观测结果或记录的数字、文字、图像、音频等形式的表示。数据可以是结构化的,如数据库中的表格数据,也可以是非结构化的,如文本文档、图像、音频文件等。信息是对数据的解释、加工和组织后的有用内容,是对数据进行分析、提炼和提取后所得到的内容。信息通过对数据的处理和解释获得,可以为人类或计算机系统提供有意义的内容和指导。

计算机系统通过算法、计算和处理将数据转换为有用的信息。这包括数据的清洗、转换、计算等步骤,以及对数据应用统计分析、机器学习算法、人工智能技术等进行信息提取和推断。数据在本身没有进行处理和解释之前通常并不具备实质的价值。通过对数据进行分析和加工,可以从中获得信息和洞察,从而帮助决策、解决问题、发现模式、优化流程等,实现了数据的实际应用和价值。数据是原始、无序的符号集合,而信息是对数据加工和解释后得到的有意义的知识。数据是信息的基础,通过对数据进行处理、分析和解释,才能得到有用的信息。数据作为信息的载体,将数据经过处理转换为信息的过程,叫作数据处理。信息是根据数据经过处理和解释后获得的有意义和有用的知识。信息是对数据的组织、解释和上下文化的结果,它提供了一种有意义的理解和可用性。信息具有价值和可利用性,它提供了对某个问题、情境或目标的理解和指导。人们通过接收信息来认识事物,获得不断发展。

数字技术(Digital Technology),也称为数码技术、计算机数字技术、数字控制技术。专注于数字信息和数字数据的处理和应用。数字技术主要基于二进制数制表示和处理数字信息,如数字化文档、图像、音频和视频等。它涵盖了数字信号处理、数字计算、数字通信等领域。数字技术在诸多领域有广泛应用,如数字媒体、数字图像处理、数字音乐、数字电视、数字化医疗等。

信息技术(Information Technology,IT)主要用于管理和处理信息所采用的各种技术的总称。它主要是应用计算机科学和通信技术来设计、开发、安装和实施信息系统及应用软件,也被称为信息和通信技术(Information and Communications Technology,ICT)。主要包括传感技术、计算机与智能技术、通信技术和数字控制技术。信息技术的应用包括计算机硬件和软件、网络和通信技术、应用软件开发工具等。在现代社会中扮演着不可或缺的角色,它不断推动科技进步和社会发展,为人们的生活和工作带来了巨大的便利。

信息技术是一个更广泛的概念,涵盖了数字技术在其他技术和系统中的应用。数字技术是信息技术的一个重要组成部分,是实现信息处理和传输的主要技术手段之一。因此,数字技术在信息技术的发展和应用中起着重要的作用。

1.2.2 计算机中的信息编码

1. 数值信息的编码表示

数值信息指计算机中含有正负大小之分,可以进行加减乘除运算的数值数据。计算机中的数值信息分为整数和实数,整数分为无符号整数和带符号整数。

对数值数据而言,该数据本身称为真值,其在计算机内的二进制形式称为机器数。

二进制数可以通过不同的方式表示,包括有符号和无符号的表示方式。在无符号表示中,所有的位都用于表示数字,而在有符号表示中,最高位代表符号位,0 为正数,1 为负数。

1) 无符号整数表示

无符号整数表示法是一种在计算机中表示非负整数的方式,它仅使用非负的二进制位来表示整数值,不包含符号位。无符号整数所有的二进制位都用于表示数值。例如,对于一个 8 位的无符号整数,可以表示的范围是 0 到 255(2^8-1),如图 1.26 所示。

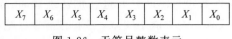

图 1.26　无符号整数表示

使用无符号整数表示的优点如下。

(1) 范围更大:相同位数下,无符号整数可以表示的范围是有符号整数的两倍,因为不需要一个位来表示符号。

(2) 直观性:无符号整数的值直接对应二进制的位模式,更直观易懂。

(3) 简化运算:无符号整数的加法、减法、乘法等运算与无符号整数和定点数的运算非常相似,可以简化运算过程。

然而,使用无符号整数也存在以下一些限制。

(1) 不能表示负数:无符号整数无法表示负数,如果需要表示负数,需要转换为有符号整数表示。

(2) 溢出问题:当进行无符号整数运算时,如果结果超出了表示范围,就会发生溢出。溢出的结果可能不是预期的,因此在编程时需要注意处理溢出情况。

在选择使用有符号整数还是无符号整数时,需要考虑具体的数据和运算需求,以及所选择的编程语言的规范和约定。无符号整数主要用于表示非负的计数和索引等场景,而有符号整数通常用于表示具有正负之分的数值。

2) 带符号整数表示

由于机器无法识别正负符号,可以将符号数字化,即用“0”表示“正”,用“1”表示“负”,再按规定将符号放在有效数字的前面就组成了有符号数。带符号整数表示法是一种在计算机中表示整数的方式,它包含一个符号位来表示整数的正负,如图 1.27 所示。带符号整数通常使用原码表示法和补码表示法。

图 1.27　带符号整数表示

(1) 原码表示法:也叫符号-数值表示法。最高位表示符号位,0 表示正数,1 表示负数。其余位表示数值的绝对值。

对于一个 8 位二进制数−5,其原码的表示为 10000101,其中,最高位的 1 表示负数,而其余的位表示数值的绝对值部分,如图 1.28 所示。

图 1.28　−5 的原码表示

原码的优点是简单易懂,直接使用二进制位来表示有符号整数,不需要进行任何转换。但是,原码表示法存在一些问题,在进行加法运算时,需要对符号位和数值部分分别进行处理,例如,当两个操作数符号不同且要进行加法运算时,先要判断两个数的绝对值大小,然后将绝对值大的数减去绝对值小的数,结果的符号以绝对值大的数为准,导致了运算的复杂性。而且,原码会出现进位问题,并且在溢出时会出现相反的符号。在进行乘除法运算时也存在一些问题。例如,当两个负数相乘时,结果应该是正数,但在原码表示法中,结果仍然是负数。为了解决这些问题,基于思想"一个负数是一个正数的相反数",引入了反码来简化运算,提高效率。

(2)反码表示法:反码是一种用来表示有符号整数的表示方法,它是补码表示法的前身。在使用反码表示法中,最高位用来表示符号位,0 表示正数,1 表示负数。对于一个 n 位二进制数字,反码的计算方式为:对于正整数,反码等于其原码。对于负整数,将其原码每一位取反得到反码。

例 1.1 假设有一个 8 位二进制数−5,求其反码。

解:−5 反码的计算过程如下:

−5 的原码:10000101。

−5 的反码:11111010(将 1 取反为 0,0 取反为 1)。

然而,反码表示法存在一个问题,即在进行加法运算时,会有一个反码溢出的情况。反码的加、减运算规则比较简单,符号位参与运算,但是它仍然存在着两个零的问题(即[+0]反码=00000000,[−0]反码=11111111)以及减法问题。例如,2+(−1)=0010+1110=1,0000=(循环进位处理)0001=1。再例如,计算 5−3 的结果,将减数 3 取反得到反码:0011→1100,再将被减数 5 转换为二进制形式 0101,最后将被减数 5 与减数的反码1100 相加,结果为 0001,可见,会存在数值的运算结果不对的问题。于是便引入了补码来解决两个零的问题以及减法问题。

(3)补码表示法:补码是当前计算机中最常用的带符号整数表示方法。对于 n 位的带符号整数,最高位(最左侧位)表示符号位,0 表示正数,1 表示负数。对于正数,其补码与二进制原码相同;对于负数,其补码是该数的绝对值的二进制反码加 1。补码表示法可以使用相同的算术运算规则来处理正数和负数,能够准确表示整数的数值范围。在计算机中,补码也经常用于浮点数表示和数字信号处理等领域。

对于一个 n 位二进制数字,补码的计算方式为:

对于正整数,补码等于其原码。

对于负整数,将其原码每一位取反得到反码,再将反码末位加 1 得到其补码。

例 1.2 对于一个 8 位二进制数−5,求其补码。

解:补码的计算过程如下:

−5 的原码:10000101。

−5 的反码:11111010(将 1 取反为 0,0 取反为 1)。

−5 的补码:11111011(在反码末尾加 1 得到补码)。

(4)移码表示法:移码是计算机中一种用于表示带符号整数的编码方式,也称为偏移码或增码。它通过对带符号整数进行移位操作来改变符号位的位置,并将符号位另存至一个指定的位来实现。是符号位取反的补码,一般用做浮点数的阶码,引入的目的是保证浮点数的机器零为全 0。

带符号整数表示法的优点是可以表示正负数,能够进行正负数的运算。但也存在下列一些问题。

(1) 数值范围问题:对于 n 位的带符号整数表示法,通常只能表示范围为 $-2^{(n-1)}$ 到 $2^{(n-1)}-1$ 的整数。因补码表示法使用了一位来表示符号,负数的表示范围比正数少 1。

(2) 溢出问题:当进行带符号整数运算时,如果结果超出了表示范围,就会发生溢出。溢出的结果可能不是预期的,因此在编程时需要注意处理溢出情况。

在选择使用带符号整数表示法时,需要根据实际需求和所选择的编程语言的规范和约定来进行适当选择。

3) 定点表示

定点数是一种在计算机中表示实数(包括整数和小数)的表示方法。定点数使用固定的小数位或整数位来表示数值的精度。

定点数可以分为两种类型:定点小数和定点整数。

(1) 定点小数:定点小数表示包含小数部分的实数。它使用固定的小数位数来表示数值的精度。如图 1.29 所示,第 1 位为符号位,小数点在第一位后面,后 7 位为具体数值。

(2) 定点整数:定点整数表示只含有整数部分的实数。它使用固定的整数位数来表示数值的范围。如图 1.30 所示,小数点固定在数的最低位之后。

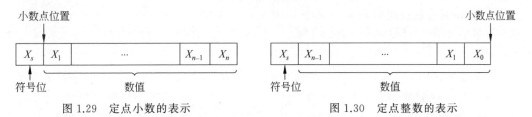

图 1.29 定点小数的表示   图 1.30 定点整数的表示

4) 浮点表示

浮点表示是在计算机中表示实数(包括整数和小数)的一种常见方法。标准的表示方法遵循 IEEE (Institute of Electrical and Electronics Engineers)提出的 IEEE754 标准。该标准规定基数为 2,阶码 E 用移码表示,尾数 M 用原码表示,根据二进制的规格化方法,最高数字位总是 1,该标准将这个 1 缺省存储,使得尾数表示范围比实际存储的多一位。每个浮点数均由 3 部分组成:符号位 S、指数部分即阶码 E 和尾数部分 M。基数为 2 的数 F 的浮点表示为 $F=M\times2^{E}$。其中,M 为尾数,E 为阶码。尾数为带符号的纯小数,阶码为带符号的纯整数。标准规定了 4 种浮点数的表示方式:单精度(32 位)、双精度(64 位)、延伸单精度(43 位以上,很少使用)与延伸双精度(79 位以上,通常以 80 位实现)。单精度浮点数(32b)的表示形式如图 1.31 所示,尾数存在一个隐含的 1,尾数的数值位相当于多表示了 1 位,且节省了存储空间。其他精度类似表示。

由于浮点数用科学记数法表示数值,能表示的范围很大,精度很高,且对于非常大或非常小的数值类型效果比定点数更佳。但浮点数也存在精度限制和舍入误差的问题,这在一些数值计算中会引起问题。

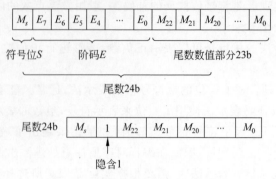

符号位S   阶码E   尾数数值部分23b

尾数24b

尾数24b M_s 1 M_{22} M_{21} M_{20} … M_0

隐含1

图 1.31   单精度浮点数(32b)的表示

在软件开发中,如果需要精确表示实数,可以采用定点数,或者采用高精度数表示方法。但在大多数情况下,浮点数是一种符合实际需要的有效和常用的数值类型。

相对于浮点数,定点数的主要优点是它们可以提供固定的数值范围和精度,且在某些应用场景下,定点数的计算处理速度更快。然而,定点数的缺点是它们对大范围和精度的表示受限,不能灵活地表示非常大或非常小的数值。

在软件开发中,定点数的选择取决于特定的应用需求。如果需要固定范围和精度的数据表示,定点数是一个合适的选择。否则,浮点数可能更适合处理广泛范围和精度要求的实数。

2. 非数值信息的编码表示

计算机中的信息编码是一种将字符、数字、符号等不同类型的数据转换为一系列二进制代码的过程。计算机中最常见的信息编码包括 ASCII 码、Unicode 和 UTF-8 编码。

(1) ASCII 码。ASCII 码是一种最早的字符编码方案,最初用于英语字符的编码。它使用 7 位二进制数表示 128 个字符,包括 26 个大写字母和 26 个小写字母、10 个数字、标点符号、控制字符和一些特殊字符。后来发展为扩展 ASCII,使用 8 位二进制数表示256 个字符。

(2) Unicode。Unicode 是一种更为广泛的字符编码方案,旨在覆盖全球各种语言的字符集。它使用 16 位二进制数表示字符,共可以表示 65536 个字符。Unicode 编码包括常见的字符集,如 Unicode 字符集和 CJK 字符集等。

(3) UTF-8(Unicode Transformation Format-8)。UTF-8 是一种变长编码,可以根据字符的 Unicode 码来选择使用 1~4 字节表示字符。UTF-8 编码主要用于在互联网上传输和存储 Unicode 字符。

(4) UTF-16。类似于 UTF-8,UTF-16 也是一种 Unicode 的编码方式。它使用 16位二进制数表示字符,可以表示 Unicode 字符集中的所有字符。UTF-16 编码在存储和处理国际化文本方面非常常见。

(5) ISO-8859 系列。ISO-8859 是一系列字符编码标准,如 ISO-8859-1、ISO-8859-2等。每个 ISO-8859 编码标准用于表示特定语言的字符集,比如 ISO-8859-1 用于西欧语言字符集,ISO-8859-2 用于中东欧语言字符集。这些编码标准通常使用 8 位二进制数表示字符。

（6）GB2312、GBK、GB18030。这些编码标准主要用于汉字的编码。GB2312是中国国家标准的简体中文字符集编码，GBK是在GB2312的基础上扩展的中文字符集编码，GB18030是最新的中文字符集编码，它能够表示全部的Unicode字符。

（7）Big5。Big5是繁体中文字符集的编码方式，主要用于中国台湾地区和中国香港特别行政区。

这些信息编码方式的选择取决于要处理的数据类型和所涉及的语言以及所需的兼容性。在实际应用中，常常需要注意一些信息编码的技术细节，达到正确处理和解析不同语言和字符集的数据，以确保数据的正确性。掌握信息编码技能可以使大家更好地处理和解析多国语言和编码类型的数据，在使用计算机解决问题时避免一些潜在的问题。

3. 汉字的编码

西文字符中的ASCII码表示西文字符时用的是7位的ASCII码，为了在计算机中存储，最高位（第8位）默认为0，所以可以表示2^7个不同的字符。扩展的ASCII码使用的是8位，最高位不默认为0，所以最多可以表示2^8个字符。中文跟西文不大一样。中文的一个汉字占16位，也就是2字节的位置。编码方式跟ASCII码类似，但是为了与ASCII码区别开来，最高位默认为1。

汉字的编码涉及多个阶段，包括外码、机内码、字形码和矢量汉字。

（1）外码。外码是指在字符输入、存储和传输时所采用的字符编码，也就是外部使用的字符编码方式。常见的外码包括GB2312、GBK、UTF-8等，它们把汉字编码成特定的数字序列，用于在不同系统和软件之间准确地表示和传递汉字字符，但不会在电脑屏幕上显示。字形码以点阵形式表示一个汉字。矢量汉字是用一种软件在屏幕上显示汉字字形，可以随意地放大缩小。

（2）机内码。机内码指的是计算机内部实际使用的编码方式，用于在计算机内部处理和存储汉字字符。机内码可以采用不同的编码方案，如ASCII、EBCDIC等，也可以使用Unicode的不同形式（UTF-8、UTF-16、UTF-32）。

（3）字形码。字形码是指汉字在计算机内部以字形形式存储的编码方式，它表示了汉字在屏幕或打印时所呈现的实际形状和排列方式。字形码通常对应于特定的字体文件，包含了字形的轮廓、笔画和排版信息。是确定一个汉字字形点阵的代码，汉字字形点阵中的每个点对应一个二进制位。

（4）矢量汉字。矢量汉字是用软件描述汉字字形的方式，它以矢量图形的形式存储汉字信息，矢量字库保存对每一个汉字的描述信息，比如一个笔画的起始、终止坐标，半径、弧度等。在输出时要经过一定的数学运算。矢量汉字可随意放大、缩小而不变形。矢量汉字可以在不同分辨率下保持平滑和清晰的显示效果，适用于需要高质量显示的场景，如印刷和设计领域。

在汉字处理过程中，这些编码阶段相互关联，不同阶段的编码方式影响着汉字的输入、显示和存储效果。如图1.32和图1.33所示表示了一个字从输入到显示以及内存中编码的变化过程。首先是输入，包括键盘输入和其他输入。键盘输入指用户通过键盘输入一个汉字或字符,键盘上的每个按键都与一个特定的键码对应。其他输入指汉字也可以通过其他方式输入,比如复制粘贴、手写输入等,最终都会被转换为相应的字符。接着编码,输入法处理是将输入的汉字或字符经过输入法的处理,将其转换为对应的字符编码。字符编码是用于表示字符的数字编码方式,比如 ASCII、Unicode、UTF-8 等。其中,Unicode 是一种国际标准编码系统,为每个字符分配了唯一的码点。其次是存储,即内存中的编码,计算机内部使用的编码方式通常是 Unicode 或 Unicode 的变种编码,如 UTF-8、UTF-16 等。Unicode 编码将字符映射为唯一的码点,并使用不同位数的二进制来表示。最后是显示,按照字形查找,操作系统、文本编辑器或应用程序会根据字符编码在字体库中查找对应的字形信息。再进行渲染处理,根据字体文件中定义的字形信息,操作系统将字形转换为屏幕上的像素点,实现字符的显示。

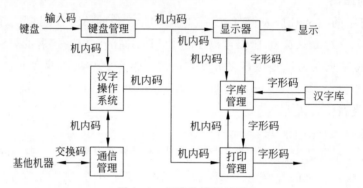

图 1.32　汉字的编码过程

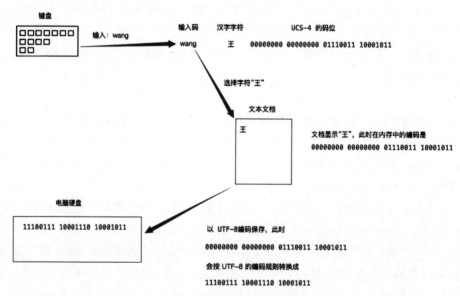

图 1.33　汉字的显示过程

总体而言,一个字从输入到显示以及在内存中编码的变化过程如下:输入→编码转换→存储(内存中的编码)→字形查找→渲染处理→显示在屏幕上。每一步都涉及不同的

大学计算机基础(Windows 10＋Office 2016)

编码、转换和处理过程,确保汉字能够准确地在计算机上输入和显示。

1.2.3 二进制数与数制转换

1. 信息的基本单位

在计算机中,各种数据都是以二进制编码的形式表示与存储的,二进制数据的数据量常采用位、字节、字等计量单位表示。

信息的基本单位是比特(bit,缩写 b),简称位。比特是表示数字信息、信息处理和存储信息的最小单位,由二进制数字 0 和 1 表示,其中,0 和 1 表示数字信息的两个状态。位是计算机中存储和处理数据的基础,对应计算机内部电路的操作单位。

字节(byte)是计算机存储和传输信息的基本计量单位,通常由 8 个连续的二进制位组成。每字节可以表示一个二进制数值,取值范围为 0~255。在计算机中,所有的数据包括程序、图像、音频、文本等信息都是被拆分成若干字节后存储和传输的。例如,一个文本文件被编码为一串二进制数值,通过一个一个字节的传输,最后在接收端将这些字节重新组合成文本文件。除了存储数据,字节还具有代表字符的能力。在早期的计算机系统中,使用单字节字符集(如 ASCII)表示字符,其中每个字符对应一字节。而在现代计算机系统中,随着国际化的发展,多字节字符集(如 UTF-8)出现并得到广泛应用。1 字节由 8 位组成,从左到右排列,其中,b^7 是最高位,b^0 是最低位,如图 1.34 所示。

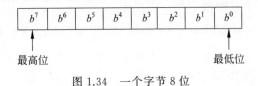

图 1.34　一个字节 8 位

字(word)是计算机中通常表示数据的单位之一。在计算机中,一个字通常由若干连续的字节组成,具体的字大小取决于计算机系统的架构和设计。常见的字大小为 2 字节、4 字节、8 字节等。字的大小在不同的计算机体系结构中会有差异,主要取决于计算机的寻址能力和整数处理能力。如在一些 32 位计算机中,一个字通常由 4 字节组成,即 32 位。而在 64 位计算机中,一个字通常由 8 字节组成,即 64 位。

2. 数据的存储与传输单位

1) 数据的存储

存储容量指计算机或其他电子设备可用于存储数据的容量大小,是存储器的一项重要性能指标。通常用字节或其倍数来表示。比较常见的存储容量单位有 KB、MB、GB、TB 等。

1KB=1024B,1MB=1024KB,1GB=1024MB,1TB=1024GB。存储器容量通常都是以二进制的方式来表示,即 2 的整数次幂,而不是十进制的方式。例如,1KB 表示的容量为 1024 字节,而不是 1000 字节。

2）数据的传输

在数据传输速率方面,常用的单位有以下几种。

(1) 位每秒(b/s)：表示每秒传输的比特数,常用于描述网络传输速率。

(2) 千字节每秒(Kb/s)：等于 1024 字节每秒,常用于描述文件的传输速率。

(3) 兆字节每秒(Mb/s)：等于 1024 千字节每秒,常用于描述大文件或高速数据传输速率。

(4) 吉比特每秒(Gb/s)：表示每秒传输的千兆比特数,通常用于描述高速网络传输速率,如以太网。

3. 二进制数

1）数制

数制是表示和计算数值的一种方式,它是一种约定的规则和符号系统。目前,通常采用进位计数制,即按照进位的方法进行计数。比如,十进制中的逢 10 进 1。与数制相关的概念如下。

(1) 数码(Code)：指在某种数制系统中使用的符号集合,如十进制中的 0,1,2,…,9。

(2) 基数(Radix)：也称为进制,指定数制中使用的数字的个数。常见的十进制基数为 10、二进制基数为 2、八进制基数为 8 、十六进制基数为 16 等。基数决定了数制中每位上可以表示的最大值。

(3) 数位(Digit)：数制中的每一位数称为数位。十进制中的数位是 0～9,二进制中的数位是 0 和 1。数位表示数值中的一个位置。

(4) 位权(Weight)：位权表示不同位在数值中的相对重要程度,用于确定每个位的数值的倍数。在十进制中,权值是 10 的幂次方。例如,十进制数值 123 的权值分别是 1、10、100(分别对应个位、十位、百位)。

(5) 有效位数：数制中表示的数值,由最高位非零位开始计数的位数。有效位数是指数制中非零位的个数。

常见的数制包括十进制、二进制、八进制和十六进制,如表 1.2 所示。

表 1.2　常见的数制

进位计数制	二　进　制	八　进　制	十　进　制	十　六　进　制
进位规则	逢 2 进 1	逢 8 进 1	逢 10 进 1	逢 16 进 1
数码(Code)	0,1	0,1,2,3,4,5,6,7	0,1,2,…,9	0,1,2,…,9,A,B,…,F
基数(Radix)	2	8	10	16
位权(Weight)	2^i	8^i	10^i	16^i
字母表示	B(Binary)	O(Octal)	D(Decimal)	H(Hexadecimal)

十进制是常用的数制,基数为 10。它由 0～9 这 10 个数字组成,每位的权值是 10 的幂次方。例如,数值 123 表示 $1\times10^2+2\times10^1+3\times10^0$。

二进制是计算机中最基本的数制,基数为 2。它只由 0 和 1 两个数字组成,每位的权值是 2 的幂次方。例如,二进制数 101 表示 $1\times2^2+0\times2^1+1\times2^0$,转换为十进制为 5。

八进制基数为 8,由 0~7 这 8 个数字组成。每位的权值是 8 的幂次方。例如,八进制数 37 表示 $3\times8^1+7\times8^0$,转换为十进制为 31。

十六进制基数为 16,由 0~9 及 A~F 这 16 个字符表示。其中,A~F 分别表示 10~15。每位的权值是 16 的幂次方。例如,十六进制数 3A 表示 $3\times16^1+10\times16^0$,转换为十进制为 58。

不同的数制在不同的应用中具有不同的优势和特点。十进制是人类最直观的计数方式,而二进制常用于计算机中的数字逻辑和存储表示。八进制和十六进制常用于计算机编程中二进制数值的简洁表示。

由上可以总结出 r 进制的通用表示,假定数值 S 用 $m+n+1$ 个自左向右排列的代码 $K_i(m\leqslant i\leqslant n)$ 表示为如下形式:

$$S = K_nK_{n-1}\cdots K_1K_0.K_{-1}K_{-2}\cdots K_{-m}$$

其中,K_i 为数码,$i=n,n-1,\cdots,1,0,-1,\cdots,-m$ 则表示各个数位,数制基数为 r,即 r 进制,则位权为 r^i。

2)二进制数

二进制数是计算机系统中最基本的数字表示方法。二进制数由 0 和 1 组成,每位二进制数称为一个比特(bit)。一个二进制数可以表示数字、字符、图像、音频等计算机数据。

二进制数的计算方式与十进制数类似,但位的权值不同。在二进制中,每一位的权值为 2 的幂,从右到左依次为 1、2、4、8、16、32 等,也可以用 2 的 n 次方表示(n 为这一位在整个二进制数中的位数-1)。例如,二进制数值 1001(十进制数值为 9),其各位权值从右到左依次为 1、2、4 和 8,$(1001)_2=1\times2^{(4-1)}+1\times2^{(1-1)}$。

二进制作为计算机系统中的基本表示方式,具有简单、高效、准确和安全的优势,对于数字信息的处理和存储是不可或缺的。

(1)简单和可靠表示:二进制只有两个状态:0 和 1,相比其他进制(如十进制)更加简单和可靠。每个位上的状态只有两种可能,易于存储和识别。这使得计算机更容易理解和处理二进制数据。

(2)高效的存储和传输:由于计算机内部使用二进制表示数据,因此将数据以二进制形式存储和传输更为高效。二进制数据直接写入和读取,不需要转换或解析过程,可以节省存储空间和传输带宽。

(3)逻辑操作简单:二进制与逻辑运算(如与、或、非)相结合,可以方便地进行逻辑操作。这使得计算机在处理逻辑和布尔运算时更加高效。

(4)数值精确性:二进制在表示小数时更精确,避免了使用十进制浮点数表示时存在的精度损失问题。在科学和工程计算中,二进制更能满足精确度要求。

(5)数据安全性:在某些情况下,使用二进制可以提高数据的安全性。由于二进制表示形式更加复杂和凌乱,对于未经授权的人来说更难以理解和破解。这对于涉及敏感信息的数据以及加密和安全性方面的应用非常重要。

二进制数在计算机科学中有着广泛的应用,以下是常见应用。

（1）计算机内部处理：在计算机内部，所有数字、字符、图像、音频等数据都需要以二进制数的形式进行存储和处理。二进制数的简单、高效和可靠的特性使得它成为计算机内部数据处理的基础。

（2）网络通信：在网络通信中，数字、字符和其他数据都需要进行二进制格式的编码和解码。例如，将数字数据转换为二进制码后进行传输，这样可以有效地减小传输所需的带宽和时间，同时确保数据的准确性。

（3）数据压缩：数据压缩算法通常会采用二进制数进行压缩。在许多数据压缩技术中，二进制数的特性，如频率、统计和重复性等都被用来优化压缩效果。

（4）数据加密：在数据加密中，二进制数也起到了至关重要的作用。许多加密算法采用了二进制数的位操作、异或运算等技术，提高了数据的加密强度和安全性。

（5）控制系统：在计算机控制系统中，二进制数可以表示不同的状态和开关，使得计算机可以对各种设备进行控制和指令传输，从而达到不同的目的。

4. 不同数制间的转换

在不同数制之间进行转换时，需要根据不同的数制规则进行相应的转换计算。例如，将十进制转换为二进制可以使用除 2 取余数的方法，将二进制转换为十进制则需要按位展开计算得出结果。

二进制数与其他数制之间的转换方法如下。

（1）二进制数转十进制数。二进制数转换为十进制数可以采用加权求和的方法。每个二进制数位的权值为 2 的幂，从右至左依次为 1、2、4、8 等。

例 1.3　将二进制数 $(1011)_B$ 转换成对应的十进制数。

解：$(1011)_B = 1 \times 2^3 + 0 \times 2^2 + 1 \times 2^1 + 1 \times 2^0 = 11$。

（2）十进制数转二进制数。将十进制数转换为二进制数可以采用"除以 2 取余"的方法，直到商为 0 时，所得余数倒过来即为二进制数。

例 1.4　将十进制数 $(11)_D$ 转换成二进制数。

解：用 11 除以 2，得 5 余 1。再用 5 除以 2，得 2 余 1，再用 2 除以 2，得 1 余 0，再用 1除以 2，得 0 余 1。一直除到所得商数为 0 为止。余数依次为 1101，反过来即为 1011。

$$11 \div 2 = 5 \cdots\cdots 1$$
$$5 \div 2 = 2 \cdots\cdots 1$$
$$2 \div 2 = 1 \cdots\cdots 0 \qquad \text{逆向取余}$$
$$1 \div 2 = 0 \cdots\cdots 1 \qquad\qquad 1011$$

（3）二进制数转八进制数或十六进制数。将二进制数转换为八进制数或十六进制数可以将二进制数按每 3 位（八进制）或 4 位（十六进制）一组进行划分，按位转换为相应进制的数值即可。

例 1.5　将二进制数 $(10110110)_B$ 转换为八进制数和十六进制数。

解：

$(10110110)_B = 10|110|110 = (266)_O$（3 位二进制位用 1 位等值的八进制数代替）

$(10110110)_B = |1011|0110 = (B6)_H$（4 位二进制位用 1 位等值的十六进制数代替）

二进制与八进制、十进制、十六进制之间的对应关系如表 1.3 所示。

表 1.3　二、八、十、十六进制的对照关系

十　进　制	二　进　制	八　进　制	十　六　进　制
0	000	0	0
1	001	1	1
2	010	2	2
3	011	3	3
4	100	4	4
5	101	5	5
6	110	6	6
7	111	7	7
8	1000	10	8
9	1001	11	9
10	1010	12	A
11	1011	13	B
12	1100	14	C
13	1101	15	D
14	1110	16	E
15	1111	17	F
16	10000	20	10
100	1100100	144	64
1000	1111101000	1750	3E8

（4）八进制数或十六进制数转二进制数。将八进制数或十六进制数转换为二进制数可以将每一位的数值转换为对应的三位（八进制）或四位（十六进制）的二进制数,然后将所有转换后的二进制数合并即可。例如,八进制数 266 转换为二进制数为 10110110,十六进制数 B6 转换为二进制数为 10110110。

例 1.6　将八进制数$(352)_O$转换成对应的二进制数。

解:

$(352)_O = 011\ 101\ 010 = 11101010$（每个八进制数替换为等值的 3 位二进制数）
　　　　3　5　2　　　　　（转换后整数前面的最高位"0"应该去除）

（5）十进制数转八进制数或十六进制数。将十进制数转换为八进制数或十六进制数可以采用除以 8 或 16 取余的方法。直到商为 0,所得余数倒过来即为转换后的数值。

例 1.7　将十进制数$(39)_D$转换成八进制数和十六进制数。

解:十进制数$(39)_D$转换为八进制数为 47。

$$39 \div 8 = 4 \cdots\cdots 7$$
$$4 \div 8 = 0 \cdots\cdots 4$$
↑ 逆向取余 47

十进制数$(39)_D$转换为十六进制数为 27。

$$39 \div 16 = 2 \cdots\cdots 7$$
$$2 \div 16 = 0 \cdots\cdots 2$$
↑ 逆向取余 27

（6）八进制数或十六进制数转十进制数。将八进制数或十六进制数转换为十进制数可以采用加权求和的方法。每个八进制数位的权值为 8 的幂，从右至左依次为 1、8、64 等；每个十六进制数位的权值为 16 的幂，从右至左依次为 1、16、256 等。将每位数值与权值相乘再相加即可。例如，八进制数 47 对应的十进制数为 $4 \times 8^1 + 7 \times 8^0 = 39$，十六进制数 27 对应的十进制数为 $2 \times 16^1 + 7 \times 16^0 = 39$。

例 1.8　将八进制数$(543)_O$转换成对应的十进制数。

解：$(543)_O = 5 \times 8^2 + 4 \times 8^1 + 3 \times 8^0 = (355)_D$

例 1.9　将十六进制数$(8AB)_H$转换成对应的十进制数。

解：$(8AB)_H = 8 \times 16^2 + A \times 16^1 + B \times 16^0 = (2219)_D$

（7）十进制数转换成其他数制数。除了转换为二进制数、八进制数或十六进制数，十进制数还可以转换为其他数制数，如四进制数、十二进制数等。转换方法与二进制数或八进制数相似，采用除以进制数取余的方法直到商为 0，所得余数倒过来即为转换后的数值。

（8）其他数制数转换成十进制数。其他数制数转换为十进制数可以采用加权求和的方法，每个数位的权值为对应进制数的幂。将每位数值与权值相乘再相加即可得到十进制数。

（9）八进制数与十六进制数之间的转换。八进制数与十六进制数之间的转换可以先将八进制数转换为二进制数，再将二进制数转换为十六进制数，或者反之。例如，八进制数 753 转换为二进制数为 111101011，再将二进制数 111101011 转换为十六进制数为 FA。

通过上面的分析，可以总结出 A 进制与 B 进制之间的转换，即任意进制数都可以转换为其他进制数，只需要通过十进制作为中间过渡。将原始进制数 A 先转换为十进制数，再将十进制数转换为目标进制数 B 即可。例如，将五进制数 341 转换为十进制数为 $3 \times 5^2 + 4 \times 5^1 + 1 \times 5^0 = 86$，再将十进制数 86 转换为七进制数为 122。不同数制之间的转换将有利于在不同的场景中进行数据处理和换算。不同数制之间的转换可以采用加权求和、除以进制数逆序取余、二进制转换等方法。

还有一些其他常见的数制转换方法如下。

（1）二进制浮点数转十进制浮点数。计算机中存储的浮点数通常为二进制格式，而常见的数字则一般表示为十进制浮点数。将二进制浮点数转换为十进制浮点数可以采用科学记数法的形式，将数值部分与指数部分分离，然后再将数值与指数相乘。

例 1.10　将二进制浮点数 111010.101 转换成十进制浮点数。

解：整数部分 111010 转换为 $1 \times 2^5 + 1 \times 2^4 + 1 \times 2^3 + 0 \times 2^2 + 1 \times 2^1 + 0 \times 2^0 = 58$；小

数部分是 0.101,将小数部分的二进制数转换成十进制数,同"二进制转换成十进制",指数的幂次是负数,即 0.101 转换为 $1 \times 2^{-1} + 0 \times 2^{-2} + 1 \times 2^{-3} = 0.625$;将整数部分和小数部分相加,得到对应的十进制浮点数为 58.625。

（2）十进制浮点数转二进制浮点数。将十进制浮点数转换为二进制浮点数可以采用整数部分"除以 2 取余,逆向取值",而小数部分则乘以 2 取整,直到余下的小数为 0 或者满足精度要求为止,然后顺序取值（即最先得到的整数为最高位,最后得到的整数为最低位）。

例 1.11 将十进制浮点数 58.625 转换成二进制浮点数。

解:整数部分"除以 2 取余,逆向取值",小数部分乘以 2 取整,直到余下的小数为 0。

整数部分:

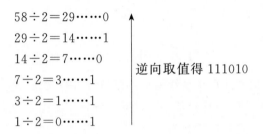

$$58 \div 2 = 29 \cdots\cdots 0$$
$$29 \div 2 = 14 \cdots\cdots 1$$
$$14 \div 2 = 7 \cdots\cdots 0$$
$$7 \div 2 = 3 \cdots\cdots 1$$
$$3 \div 2 = 1 \cdots\cdots 1$$
$$1 \div 2 = 0 \cdots\cdots 1$$

逆向取值得 111010

小数部分:

$$0.625 \times 2 = 1.25 \cdots\cdots 1$$
$$0.25 \times 2 = 0.5 \cdots\cdots 0$$
$$0.5 \times 2 = 1.0 \cdots\cdots 1$$

正向取值得 101

最终得到结果为 111010.101。

（3）ASCII 码和二进制码之间的转换。ASCII 码是一种用于表示字符的编码方式,每个字符对应一个二进制字节。将 ASCII 码转换为二进制码可以采用十进制转二进制的方法,将每个十进制码值转换为对应的八位二进制码。将二进制码转换为 ASCII 码可以采用二进制转十进制的方法,将每 8 位二进制码转换为十进制码值。例如,ASCII 码表示的字"A"对应的二进制码为 01000001,二进制码 01001000¦01100101 转换为 ASCII 码表示的字符串为"He"。

这些数制转换方法有一些比较特殊的应用,比如 BCD 码和 ASCII 码在计算机中的编码和解码中有广泛的应用。

1.3 计算机系统

计算机系统是由硬件和软件组成的集成系统,用于处理和管理计算机上的各种任务和操作。它包括计算机硬件、系统软件、应用软件以及与之配套的设备和网络等组成部分。

1.3.1　计算机系统概述

1. 计算机系统的组成

如图 1.35 所示为计算机系统的主要组成部分。

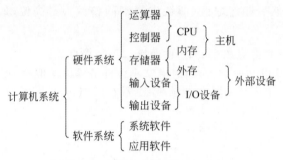

图 1.35　计算机系统的主要组成

计算机硬件是指构成计算机系统所必须配置的各种设备,是"看得见,摸得着"的物理部件,它是组成计算机系统的物质基础。计算机硬件主要由运算器、控制器、存储器、输入设备和输出设备组成。计算机硬件包括中央处理器(Central Processing Unit,CPU)、内存、存储设备(例如硬盘、固态硬盘、光盘等)、输入设备(例如键盘、鼠标等)、输出设备(例如显示器、打印机等)以及各种连接和扩展设备(例如主板、显卡、网卡等)。

计算机软件是指由计算机硬件执行以完成一定任务的程序及其数据。

计算机系统的设计和运行需要硬件和软件的密切配合。硬件提供计算和存储能力,软件控制和管理硬件资源,使其能够执行特定任务。计算机系统的性能和功能取决于硬件和软件的总体设计和优化程度。

除了上述提到的主要组成部分,计算机系统中还有一些重要的关键概念和技术。操作系统是计算机系统的核心系统软件,它负责管理和协调各种硬件和软件资源,为应用程序提供运行环境和服务。操作系统控制和调度处理器、内存、文件系统、网络等资源,使计算机能够高效地执行任务。应用软件是在操作系统上运行的各种程序和应用,用于满足用户的需求和完成特定的任务。例如,办公软件、图像处理软件、数据库管理系统、游戏等都属于应用软件。计算机系统处理和存储各种类型的数据,包括文本、图像、音频、视频等。数据可以通过输入设备输入到计算机中,经过处理和存储后,通过输出设备呈现给用户或其他系统。计算机系统可以通过网络连接和通信,实现不同计算机之间的数据交换和共享。网络技术使得计算机可以远程访问和控制其他计算机,实现资源共享和协作工作。

数据结构是组织和存储数据的方式,算法是对数据进行操作和处理的步骤及规则。良好的数据结构和高效的算法可以提高计算机系统的性能和效率。汇编语言是一种低级的机器语言表示法,它使用特定的助记符来表示计算机指令。通过编写汇编语言程序,可以直接操作计算机硬件,完成底层的任务。高级编程语言提供了更抽象和易于理解的语法和结构,使程序员能够更高效地开发应用程序。常见的高级编程语言包括 C、Java、

Python 等。

并发是指多个任务或操作在同一时间段内执行,而并行是指多个任务或操作同时执行。并发和并行的概念和技术对于提高计算机系统的性能和响应能力至关重要。虚拟化技术允许将物理计算资源划分为多个虚拟计算资源,提供更高的资源利用率和灵活性。云计算是一种基于网络的计算模型,它允许通过互联网访问和共享计算资源和服务。在计算机系统中,安全和隐私保护是至关重要的方面。它涉及数据和系统的保护、访问控制、身份验证、加密等技术和措施,以防止未经授权的访问和数据泄露。数据库是用于存储和管理大量结构化数据的系统,它提供高效的数据访问和管理功能。数据管理涉及数据的组织、存储、查询、备份等方面。

计算机系统是一个广泛而复杂的领域,涵盖了硬件、软件和各种技术及概念。不断发展和创新的计算机系统将带来越来越强大的计算能力和越来越便捷的服务。

2. 计算机系统的层次结构

计算机系统的层次结构是指计算机硬件和软件在功能和抽象程度上的分层组织。这个层次结构可以被分为若干层次,每个层次提供不同的功能和服务,并且上层的功能是基于下层的。

下面是常见的计算机系统层次结构。

(1)硬件层。最底层是计算机的物理硬件,包括处理器、内存、存储设备、输入输出设备等。硬件层负责执行计算机指令和处理数据。

(2)低级语言层。在硬件层之上是低级语言层,例如汇编语言。低级语言直接与硬件交互,使用特定的指令集来编写程序。

(3)操作系统层。在低级语言层之上是操作系统层,如 Windows、Linux、macOS 等。操作系统提供了各种功能和服务,包括进程管理、内存管理、文件系统、设备驱动等,使得应用程序可以运行在计算机上。

(4)高级语言层。在操作系统层之上是高级语言层,如 C、C++、Java、Python 等。高级语言提供了更抽象和易于使用的编程接口,使得开发人员可以更方便地编写应用程序。

(5)应用层。最上层是应用层,包括各种应用软件,如办公软件、游戏、浏览器等。应用层利用底层的功能和服务来实现各种具体的应用功能。

层次结构的目的是将复杂的计算机系统划分为多个模块化的层次,使得每个层次负责不同的功能,并且上层可以建立在下层提供的抽象和服务之上。这种层次结构可以提高计算机系统的可维护性、灵活性和可扩展性。同时,它也方便了不同层次的开发人员进行专注和协同工作。

3. 计算机的工作原理

计算机系统的基本工作原理是以"存储程序和程序控制"原理为基础的。1944 年,美籍匈牙利数学家 冯·诺依曼提出计算机基本结构和工作方式的设想,为计算机的诞生和发展提供了理论基础。当今的计算机仍属于冯·诺依曼体系结构。冯·诺依曼体系结构如图 1.36 所示。

冯·诺依曼机的特点包括:计算机硬件系统由运算器、存储器、控制器、输入设备、输

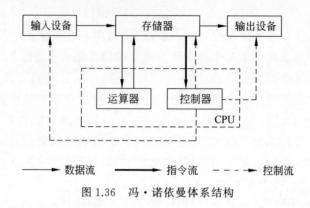

图 1.36　冯·诺依曼体系结构

出设备 5 大部件组成；指令和数据以同等地位存储在存储器中，并可按地址寻址；指令和数据均用二进制代码表示；指令由操作码和地址码组成，操作码用来表示操作的性质，地址码用来表示操作数在存储器中的位置；指令在存储器内按顺序存放，通常，指令是顺序执行的，在特定条件下可根据运算结果或根据设定的条件改变执行顺序；早期的冯·诺依曼机以运算器为中心，输入输出设备通过运算器和存储器传送数据。

计算机的存储程序原理是指计算机在执行程序时，将程序和数据存储在内存中，程序按照一定的顺序执行，每条指令都需要从内存中读取，执行完毕后再将结果存储回内存中。程序的执行顺序由程序计数器（Program Counter，PC）控制，PC 指向下一条要执行的指令的地址。程序的执行过程可以分为取指令、解码指令、执行指令和存储结果 4 个阶段。

计算机的程序控制原理是指计算机执行程序的过程，程序是由一系列指令组成的，每条指令都是计算机能够识别和执行的基本操作。程序的执行过程是由 CPU 控制的，CPU 根据指令的类型和操作码来执行相应的操作，包括算术运算、逻辑运算、数据传输等。程序的执行过程中，CPU 需要从内存中读取指令和数据，并将结果存储回内存中。计算机的存储程序和程序原理是计算机执行程序的基本原理，它们决定了计算机的运行方式和性能。

1.3.2　计算机硬件系统

计算机硬件系统由多个硬件组件组成，每个组件都承担特定的功能。下面是计算机硬件系统的一些主要组件。

1. 中央处理器

CPU 是计算机的核心组件，它执行指令并处理数据。它包含控制单元和算术逻辑单元，负责执行计算、逻辑操作和控制计算机的各部分，CPU 如图 1.37 所示。

2. 内存

内存是用于临时存储数据和程序的地方。计算机在执行任务时会将需要的数据和程序从硬盘加载到内存中进行处理。内存的容量越大，计算机处理数据的能力就越强，内存条如图 1.38 所示。

图 1.37　CPU

图 1.38　内存条

3. 存储设备

计算机使用不同类型的存储设备来永久保存数据和程序。硬盘驱动器(Hard Disk Drive,HDD)和固态驱动器(Solid State Drive,SSD)是最常见的存储设备,用于长期存储数据。光盘和 USB(Universal Serial Bus)闪存驱动器等可移动存储设备通常用于临时存储和传输数据。随机存储器(Random Access Memory,RAM)是计算机中的主要内存设备,用于存储程序和数据。RAM 的容量通常从几百兆字节到数吉字节不等。只读存储器(Read-Only Memory,ROM)通常用于存储固化的程序或数据。由于 ROM 的数据被固化在芯片中,因此它的容量无法随意扩充。联机存储是通过云存储技术使得用户可以通过互联网访问远程服务器上的存储空间。云存储的容量可随着需要而动态扩充,存储设备如图 1.39～图 1.41 所示。

图 1.39　机械硬盘

图 1.40　光盘

图 1.41　U 盘

4. 输入设备

输入设备用于将数据和命令输入计算机系统。常见的输入设备包括键盘、鼠标、触摸屏、扫描仪和摄像头等。这些设备将用户的操作转换为计算机可以理解的信号供使用,输入设备如图 1.42 所示。

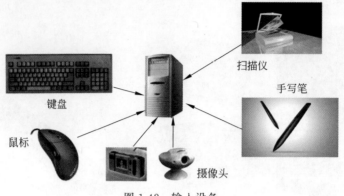

图 1.42　输入设备

5. 输出设备

输出设备用于将计算机处理后的数据和信息呈现给用户。常见的输出设备包括显示器、打印机、扬声器和投影仪等。这些设备将计算机处理后的结果转换为人们可以感知的信号或形式,输出设备如图 1.43 所示。

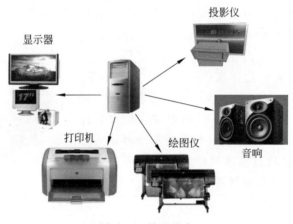

图 1.43　输出设备

6. 主板

主板是计算机系统的中心电路板,它连接并协调所有的硬件组件。主板上有中央处理器插槽、内存插槽、扩展插槽、连接器等,以便各个组件之间的交流和通信,主板如图 1.44 所示。

图 1.44　主板

7. 显卡

显卡负责计算机系统的图形和显示输出。它会接收来自中央处理器的图形数据,并将其转换为显示器可以显示的图像。高性能显卡还可以用于游戏、图形设计和计算加速等领域,显卡如图 1.45 和图 1.46 所示。

图 1.45 集成显卡

图 1.46 独立显卡

8. 扩展卡

扩展卡是用于连接和扩展计算机功能的卡片。常见的扩展卡包括声卡、网卡、Wi-Fi 卡以及用于扩展存储或图形处理功能的加速卡等,扩展卡如图 1.47 所示。

图 1.47 扩展卡

除了上述的组件之外,计算机硬件系统还包括供电系统、风扇和冷却系统、电缆和连接器等。这些组件协同工作,为计算机提供稳定的电力、散热和数据传输。

计算机硬件系统的性能和功能取决于各个硬件组件的质量和配置,并且可以根据用户的需求进行升级和定制。不同类型的计算机可能会有不同的硬件配置,例如台式机、笔记本电脑、服务器等。

1.3.3 计算机软件系统

计算机软件系统是由一系列软件程序和数据组成的,用于管理计算机的运作和提供各种功能。下面是计算机软件系统的几个主要组成部分。

1. 操作系统

操作系统(Operating System,OS)是计算机软件系统的核心,它管理计算机的硬件资源和提供用户与计算机硬件的接口。操作系统提供了用户界面、文件管理、内存管理、进程管理、设备驱动程序等功能。常见的操作系统包括 Windows、macOS、Linux 等,使计算机能够高效地运行各种应用程序。

操作系统是一种系统软件。系统软件是一类用于管理和控制计算机硬件和应用软件的软件程序。它为计算机提供了基本的操作、资源管理和支持服务。是支持和管理计算机硬件的软件,是服务于硬件的,与具体的应用领域无关。常见的系统软件有操作系统、设备驱动程序(Device Drivers)、组件库(Library)、编译器(Compiler)、解释器(Interpreter)、虚拟机(Virtual Machine)、系统实用工具(System Utility)等。这些系统软件共同协作,提供了计算机基本的操作、管理和控制功能,为用户和应用软件提供稳定和高效的计算环境。

2. 应用软件

应用软件是为满足具体需求而设计的计算机程序。它包括各种类型的软件应用,例如办公软件、设计和绘图工具、多媒体播放器、游戏等。这些应用程序允许用户执行特定的任务和完成特定的工作。

3. 开发工具和编程语言

开发工具包括集成开发环境(Integrated Development Environment,IDE)、编译器、调试器和其他辅助工具,用于开发软件应用程序。编程语言是用于编写和构建计算机程序的语法和规则。

4. 数据库管理系统

数据库管理系统是一种管理和组织数据的软件。它提供了数据存储、访问、查询和管理的功能,以及保护和维护数据的功能。常见的数据库管理系统包括 MySQL、Oracle、PostgreSQL 等。

5. 网络和通信软件

网络和通信软件用于管理计算机系统之间的数据传输和通信。这些软件允许计算机通过局域网、广域网进行连接和交流,包括网络协议、路由器、防火墙和通信应用程序等。

6. 安全和防护软件

安全和防护软件用于保护计算机免受恶意软件、病毒、网络攻击和数据泄露等安全威胁。它包括防火墙、杀毒软件、反间谍软件、加密工具和身份验证系统等。

1.4　微型计算机

1.4.1　微型计算机概述

1. 微型计算机的概念

微型计算机简称"微机",也称为"微电脑"。微型计算机是由大规模集成电路组成的、体积较小的电子计算机。微型计算机的硬件以微处理器(Microprocessor Unit,MPU)为基础。微处理器是由一片或几片大规模集成电路组成的中央处理单元,负责执行控制器、运算器(算术逻辑部件)和内存储器(又称主存储器)的功能。世界上第一个微处理器是1971 年 11 月英特尔公司推出的 Intel 4004,是一种 4 位字长的处理芯片,可以进行 4 位二进制的并行运算,有 45 条指令,速度是 0.05MIPS(Million Instructions Per Second)。

微型计算机是使用微处理器作为 CPU 的计算机,属于第四代计算机。完整的微型计算机系统包括两大部分:硬件(Hardware)和软件(Software)。没有安装任何软件的微型计算机称为裸机。

微型计算机硬件是构成微型计算机的所有电子器件、机械设备的总称。微型计算机软件是计算机的程序和相应的数据以及文档的总称。

微型计算机除了硬件、软件以外,还有"固件"(Firmware)。把微型计算机系统启动、运行时经常被调用并且不需要改动的程序存储在只读存储器(ROM)芯片中,即把软件固化在硬件(ROM)中,成为固件。

微型计算机的大多数设备都紧密地安装在一个单独的机箱中,该机箱称为主机。也有一些设备可能放置在机箱附近并与之连接,例如显示器、键盘、鼠标等,如图1.48所示。完整的微型计算机的其他设备有电源和各种输入输出设备。

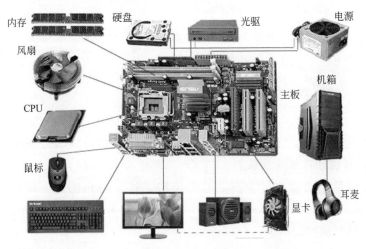

图 1.48　机箱结构

(引自 https://www.wangsu123.cn/news/17151.html)

2. 微型计算机的分类

(1) 按照微处理器的位数分类。按照微处理器的位数即微处理器的字长可以分为 4 位机、8 位机、16 位机、32 位机和 64 位机等。

(2) 按照结构分类。按照结构可以分为单片机、单板机、多芯片机和多板机。单片机是将微处理器(CPU)、一定容量的存储器以及 I/O 接口电路等集成在一个芯片上;单板机是将微处理器、存储器和 I/O 接口电路即微机的各个组成部分安装在一块印制电路板上。多板机是将微型计算机各组成部分安装在多个印制电路板上。

(3) 按照用途分类。按照用途可以分为桌面计算机、笔记本电脑、平板电脑、游戏机、嵌入式计算机以及种类众多的手持智能设备。飞机、汽车、机器人等复杂的智能设备中都有嵌入式计算机。通用桌面计算机可以分成个人计算机(PC)、网络服务器(Server)、网络工作站(Workstation)。

1.4.2　微型计算机的硬件系统

1. 微型计算机硬件概述

微型计算机硬件系统由控制器、运算器(算术逻辑部件)、存储器和输入输出设备组成。计算机存储器包括主存储器(内存储器)和辅助存储器(外存储器)。计算机输入输出设备与辅助存储器合称为计算机外围设备。各组成部分之间通过数据总线 DB(Data Bus)、地址总线 AB(Address Bus)、控制总线 CB(Control Bus)连接在一起。硬件结构如图 1.49 所示。

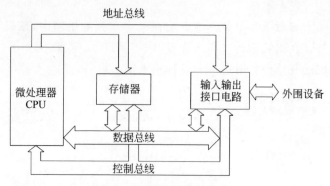

图 1.49 微机硬件结构图

由控制器、运算器和主存储器组成中央处理单元(CPU)。CPU 电路都集成在芯片内。CPU 是计算机硬件系统的核心。

国际上使用最广的微型计算机芯片是美国英特尔公司的 x86 架构的芯片。美国 AMD 公司研制的芯片也具有 x86 架构。中国科学院计算技术研究所自主研制的龙芯已经在中国得到很多应用。

2. 微型计算机硬件的部件简介

(1) 主板。主板是计算机中各部件工作的一个平台。主板把计算机的各部件紧密连接在一起。主板上面安装了组成计算机的主要电路系统,有 BIOS 芯片、I/O 控制芯片、键盘和面板控制开关接口、指示灯插接件、扩充插槽、主板及插卡的直流电源供电接插件等元件。主板和 BIOS 芯片如图 1.50 和图 1.51 所示。

图 1.50 主板

图 1.51 BIOS 芯片

(2) CPU。CPU 即中央处理器,是一台计算机的运算核心和控制核心。CPU 由运算器、控制器、寄存器、高速缓存器以及控制总线构成,CPU 如图 1.52 所示。

(3) 内存。内存有只读存储器(ROM)和随机存取存储器(RAM),由电路板和芯片

大学计算机基础(Windows 10＋Office 2016)

组成。ROM 如图 1.53 所示,RAM 如图 1.54 所示。RAM 的容量可以从 1MB 到 100 多 GB。

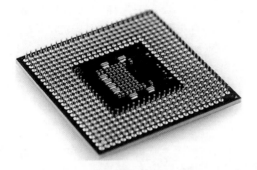

图 1.52　CPU

图 1.53　ROM

图 1.54　RAM

　　(4) 硬盘。硬盘属于外部存储器,由金属磁片制成。磁片有记忆功能。硬盘容量很大,目前已达 TB(1TB=1024GB,万亿字节)级,硬盘如图 1.55 所示。

　　(5) 声卡。声卡将计算机中的声音数字信号转换成模拟信号送到音箱上发出声音,声卡如图 1.56 所示。

图 1.55　硬盘

图 1.56　声卡

　　(6) 显卡。显卡在工作时与显示器配合输出图形、文字,显卡如图 1.45 和图 1.46 所示。

（7）网卡。网卡的作用是充当计算机与网线之间的桥梁。它是用来建立局域网并连接到 Internet 的重要设备之一，网卡如图 1.57 所示。

（8）光盘驱动器（光驱）。用来读写光盘内容的部件。随着多媒体的应用越来越广泛，光驱曾为微型计算机的标准配置。由于高容量移动存储器 U 盘的出现，2020 年以后制造的微型计算机，光盘及其驱动器也被淘汰了。光驱如图 1.58 所示。

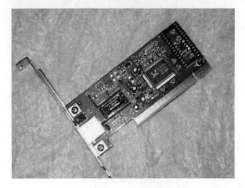

图 1.57　网卡

图 1.58　光驱

（9）U 盘/闪存盘。USB 闪存驱动器，通常也被称作 U 盘、优盘、闪盘，是一种使用 USB 接口的微型高容量移动存储产品。闪存盘一般包括闪存（Flash Memory）、控制芯片和外壳。闪存盘通过 USB 接口与计算机连接，实现即插即用。闪存盘可以多次擦写。闪存盘的读卡器（Card Reader）即 USB 读卡器，不是独立的物理驱动器，而是微型计算机内置的部件，闪存盘的存储容量为 1～64GB。

（10）显示器。显示器的作用是把计算机处理完的结果显示出来。显示器分为 CRT、LCD、LED 三大类，如图 1.59～图 1.61 所示。

图 1.59　CRT 显示器

图 1.60　LCD 显示器

图 1.61　LED 显示器

（11）键盘。键盘是主要的输入设备，通常为 104 键或 105 键，用于把文字、数字等输到计算机中，键盘如图 1.62 所示。

图 1.62 键盘

（12）鼠标。当人们移到鼠标时，能够快速地在屏幕上定位。键盘鼠标接口有 PS/2 和 USB 两种，如图 1.63 和图 1.64 所示。

图 1.63 PS/2 接口

图 1.64 USB 接口

（13）音箱。通过它可以把计算机中的声音播放出来。

（14）打印机。通过它可以把计算机中的文件打印到纸上。打印机分成针式打印机、喷墨打印机、激光打印机三大类。多功能打印机具有打印、复印、扫描等功能。

（15）视频设备。如摄像头、扫描仪、数码相机、数码摄像机、电视卡等设备，用于处理视频信号。

（16）移动存储卡。又称为闪存卡，一般应用在掌上电脑、智能手机、数码相机等产品中作为存储介质。闪存卡有 SmartMedia（SM 卡）、Compact Flash（CF 卡）、Multi Media Card （MMC 卡）、Secure Digital（SD 卡）、Memory Stick（记忆棒）、TF 卡等多种类型。

（17）电源供应器件（Power Supply Unit，PSU）。一般安装在主机内部，作用是将 220V 交流电转换为电脑中使用的 5V、12V、3.3V 直流电。手提电脑中有锂电池，为手提电脑提供电能。电源供应器件如图 1.65 所示。

图 1.65 电源供应器件

1.4.3 微型计算机的主要性能指标

微型计算机系统的主要性能指标包括以下几个。

1. 处理器性能

处理器是微型计算机的核心部件,影响系统的计算和运行速度。主要指标有主频、外频、前端总线 FSB 频率、CPU 的位和字长、倍频系数、缓存、超线程、制程技术、核心数、CPU 指令集等。

(1) 主频(Clock Speed),又称为时钟频率或处理器频率,是指处理器每秒钟执行的时钟周期数。它是衡量处理器运行速度的重要指标之一。主频的单位是赫兹(Hz),常见的主频单位还有千赫兹(kHz)、兆赫兹(MHz)和吉赫兹(GHz)。例如,处理器的主频为2.4GHz,表示处理器每秒钟能够执行 24 亿个时钟周期。时钟频率越高,处理器每秒能够进行的操作次数就越多,因此运算速度也就越快。

然而,仅仅比较时钟频率并不能完全反映处理器的运算速度。因为不同的处理器架构、微体系结构和优化技术,即使时钟频率相同,不同的处理器性能也会有差异。因此其他因素,如处理器的指令集、缓存大小、流水线深度、并行处理能力等也会影响运算速度。

(2) 字长(Word Length)是指计算机中用于表示和处理数据的二进制位数。它是计算机体系结构的一个重要的性能指标,代表了计算机一次性处理的数据位数,直接影响着计算机的数据处理能力和内存寻址能力。

在计算机中,数据以二进制的形式进行表示和处理。字长是对数据进行分组的单位,决定了计算机处理器一次能处理的最大数据位数。常见的计算机字长包括 8 位、16 位、32 位和 64 位。例如,8 位计算机能够处理 8 个二进制位的数据,32 位计算机能够处理32 个二进制位的数据。较小的字长表示计算机一次只能处理较少的位数,而较大的字长则表示一次可以处理更多的位数,从而提高数据处理能力,更有效地进行大规模数据的并行计算。字长还与计算机内部寻址空间的大小有关。字长决定了处理器的地址线数量,进而决定了处理器可以寻址的内存空间的大小。

随着计算机技术的不断发展,计算机系统的字长逐渐增加,从早期的 8 位系统到如今的 64 位系统。64 位计算机能够处理更多的数据位数,从而提供更高的计算性能、更大的内存寻址空间和更复杂的指令集。较大的字长已经成为现代计算机系统的主流,为复杂的计算和大规模数据处理提供了更高的性能和计算能力。

字长不是衡量计算机性能的唯一标准,处理器架构、主频、缓存等因素也会对系统性能产生影响。

(3) 内核数通常指的是处理器中的物理核心数或逻辑核心数,它是显示计算机或处理器性能和处理能力的重要指标。物理核心数表示处理器中实际的物理核心数量,而逻辑核心数则是通过超线程技术模拟出来的虚拟核心数量。

① 物理核心数。物理核心数指的是处理器中实际的物理核心数量。每个物理核心都可以独立地执行指令,因此物理核心数越多,处理器的计算能力也就越大。在多核处理器中,物理核心数是核心的实际数量,例如双核处理器有两个物理核心。

② 逻辑核心数。逻辑核心数指的是处理器中的逻辑核心数量,也被称为线程数或处理器线程数。逻辑核心是处理器通过超线程技术(Hyper-Threading Technology)模拟出来的虚拟核心,可以提高处理器的并行处理能力。一个物理核心可以包含多个逻辑核心,每个逻辑核心可以执行单独的指令流。逻辑核心数常常是物理核心数的倍数。

超线程技术是英特尔(Intel)处理器所采用的一种多线程技术。它通过在单个物理处理器核心上模拟出多个逻辑处理器核心,允许同时执行多个线程,从而提高处理器的并行处理能力。

传统上,一颗物理处理器核心只能同时执行一个线程,如果有多个线程需要执行,处理器需要进行线程切换,将 CPU 资源分配给不同的线程。这种线程切换过程需要花费额外的时间和资源。超线程技术通过在单个物理核心上创建两个或更多的逻辑核心(也称为硬件线程或超线程核心),可以同时执行多个线程,而无须进行频繁的线程切换。每个逻辑核心具有自己的寄存器集和执行单元,可以独立接收和处理指令,因此可以并行执行多个线程。具体而言,超线程技术通过复制和共享物理核心的一些关键资源,如寄存器文件、执行单元和缓存,来支持并行执行多个线程。每个逻辑核心可以独立执行指令,但它们共享物理核心的其他资源。超线程技术可以提高处理器的线程吞吐量和并行处理能力,尤其适用于同时运行多个线程的应用程序。超线程技术目前主要应用于英特尔处理器产品线,而其他处理器供应商可能会采用不同的技术来提高并行处理能力。

在现代计算机或处理器中,常见的处理器可以包含多个物理核心和通过超线程技术实现的逻辑核心,从而提供更强大的计算能力和多任务处理性能。通过查看计算机或处理器的技术规格或操作系统的系统信息,可以获得关于处理器的内核数信息。

内核数的多少对于计算机的性能和响应速度有显著影响。拥有更多的物理核心和逻辑核心可以提高系统的并行处理能力,加快任务执行速度,特别是在多任务处理或并行计算场景下表现更为出色。

要查看计算机或处理器的内核数信息,可以通过以下途径。

① 在 Windows 系统中,可以通过任务管理器来查看处理器的逻辑处理器数量和物理处理器数量,如图 1.66 所示。

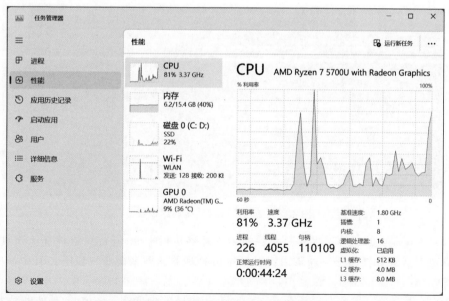

图 1.66　查看 Windows 系统的内核数

② 在 macOS 系统中,可以单击"关于本机"查看处理器的核心数信息,如图 1.67 所示。

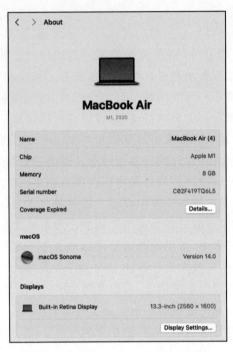

图 1.67　查看 macOS 系统的内核数

③ 在 Linux 系统中,可以通过命令行工具如 lscpu 来查看系统的 CPU 信息,包括物理核心数和逻辑核心数,如图 1.68 所示。

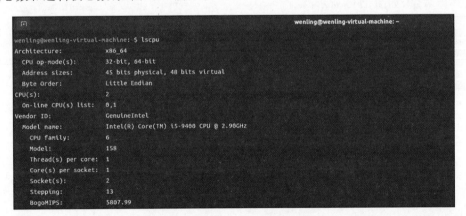

图 1.68　查看 Linux 系统的内核数

（4）运算速度。运算速度是指计算机或处理器执行指令、进行数值计算的速度,也称为计算速度或计算性能。它通常由时钟频率或处理器速度来衡量。以下是其中一些常见的指标。

①FLOPS(每秒浮点运算次数)：FLOPS 是衡量处理器或计算机每秒能够执行的浮点运算次数。它是计算速度的重要指标之一,特别适用于科学计算和图形处理等需要大

量浮点运算的应用。

②MIPS(每秒百万条指令数)：MIPS 是衡量处理器每秒能够执行的指令数的指标。它是计算速度的一种常见衡量方式,尤其适用于计算机的整体性能评估。

③吞吐量：吞吐量是指处理器或系统在单位时间内能够完成的工作量。较高的吞吐量表示较高的计算速度,处理器可以更快地处理输入数据并生成输出结果。

要衡量计算机或处理器的运算速度,常用的方法是参考处理器的技术规格,例如时钟频率、核心数、指令集等。此外,还可以通过运行基准测试程序来评估计算机或处理器的性能,并与其他设备进行比较。

2. 内存容量

内存容量是指计算机系统中可用的随机访问存储器(RAM)的总大小。内存容量的大小决定了计算机能够同时处理的数据量和程序的数量,代表了计算机系统能够存储和处理数据的能力,影响着计算机的运行速度和多任务处理能力。较大的内存容量可以提高计算机的响应速度和运行效率,减少程序的加载时间和数据的读写时间。

内存容量通常以字节作为单位来表示,常见的单位包括千字节(KB)、兆字节(MB)、吉字节(GB)和特别大的单位如太字节(TB)。

计算机中的内存用于存储正在运行的程序、数据和临时计算结果。较大的内存容量可以容纳更多的数据和程序,从而提供更流畅和更高效的计算体验。内存容量的大小通常取决于用户的需求和计算机的用途。对于一般的办公和日常使用,如浏览网页、处理文档、观看视频等,通常建议至少拥有 4GB 或 8GB 的内存容量以确保系统的顺畅运行。对于专业应用和高性能需求,如视频编辑、游戏开发、虚拟化环境等,则可能需要更大的内存容量,如 16GB、32GB 甚至更多。

在选择计算机时,要根据个人需求和预算来考虑内存容量的大小。同时,还应注意计算机系统支持的最大内存容量,以确保系统能够满足未来的需求并进行升级。

内存容量和存储容量(如硬盘或固态硬盘)是不同的概念。内存是计算机临时存储数据和程序的地方,而存储器用于长期存储数据和文件。

3. 存储设备

存储设备用于长期保存数据和程序。常见的存储设备包括硬盘、固态硬盘(SSD)和闪存。存储设备的容量决定了可以存储的数据量,读写速度则影响了数据的读取和存储速度。

4. 显卡性能

显卡是用于输出图像信号的设备,对图形处理和显示质量有很大影响。显卡性能的主要指标包括显存容量、显存频率和显卡芯片的处理能力。

5. 输入输出设备性能

输入输出设备包括键盘、鼠标、显示器、打印机等。性能指标包括响应速度、分辨率、打印速度等。

6. 系统总线和接口

系统总线是各个硬件组件之间进行数据传输的通道,其带宽决定了数据传输的速度。

接口是连接计算机系统与外部设备的接口标准,如 USB、HDMI、网口等。

总线(Bus)是计算机中不同部件之间进行数据传输和通信的物理或逻辑通道。它可以把数据、控制信息和地址等信息在计算机内部的各组件之间进行传送,如图 1.69 所示。

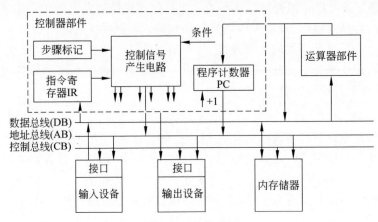

图 1.69　总线结构

总线主要分为以下三种类型。

(1) 数据总线(Data Bus)。数据总线用于传输数据和指令等信息。它是一个双向的并行通道,可以同时传输多位的二进制数据。数据总线宽度决定了一次可以传输的数据位数,例如 32 位数据总线可以同时传输 32 位的数据。

(2) 地址总线(Address Bus)。地址总线用于传输访问内存或外部设备的地址信息。它是一个单向的并行通道,用于指示访问的特定位置。地址总线的宽度决定了 CPU 可以寻址的内存或设备的数量。

(3) 控制总线(Control Bus)。控制总线用于传输控制信号和命令,用于控制各组件的操作和工作。控制总线包括读写信号、时钟信号、中断信号、复位信号等。

总线的作用是连接计算机的不同组件,使它们能够相互通信和协调工作。通过总线,CPU 可以与内存、输入输出设备和其他外部设备进行数据交换和控制操作。总线的性能和带宽对计算机系统的速度和效率有重要影响。不同计算机系统可能有不同类型和规格的总线。

1.4.4　微型计算机的软件系统

微型计算机的软件系统包括系统软件和应用软件。

1. 微型计算机的系统软件

微型计算机的系统软件包括操作系统、计算机语言编译器和解释器、数据库管理系统、系统工具等。

(1) 操作系统。

微型计算机系统软件的核心是操作系统,管理计算机的硬件资源和提供用户与计算机硬件的接口。操作系统提供了用户界面、文件管理、内存管理、进程管理、设备驱动程序等功能。操作系统分为单用户操作系统和多用户操作系统。当微型计算机作为网络服务器时，必须使用多用户操作系统。常用的多用户操作系统有 Windows Server、UNIX(包括 Linux、Solaris、BSD UNIX、HP-UX、AIX 等)。

(2) 计算机语言编译器和解释器。

要把用计算机语言编写的程序转换成机器语言(由二进制数字 0、1 表示)，才能被计算机识别、执行。根据计算机程序设计语言的特征，分别用编译器和解释器把程序转换成机器语言。

微型计算机的程序设计语言有汇编语言、高级程序设计语言。

高级程序设计语言又分成面向过程的程序设计(Process Oriented Programming, POP)语言和面向对象的程序设计(Object Oriented Programming, OOP)语言。

常用的面向过程的高级程序设计语言有 FORTRAN、BASIC、COBOL、Pascal、C、Python 等。常用的面向对象的高级程序设计语言有 Java、C++、SmallTack、Eiffel 等。C++ 是 C 语言的一个向上兼容的扩充，而不是一种新语言。

(3) 数据库管理系统。

数据库管理系统 DBMS 分单用户 DBMS 和多用户 DBMS 两种。

常用的单用户微型计算机 DBMS 有 dBase、FoxPro、Access、Personal Oracle、mSQL。

在作为网络服务器的微型计算机上，必须用多用户 DBMS。常用的多用户 DBMS 有 Oracle、Sybase、DB2、Informix、SQL Server、MySQL(开源、免费 DBMS)。

2. 微型计算机的应用软件

微型计算机的应用软件分成下列两类。

(1) 通用软件：用途很广的通用的应用软件如办公软件 Microsoft Office，企业管理软件 SAP，绘图工具 Adobe PhotoShop、CorelDraw，网站设计工具 Adobe Dreamweaver，电脑辅助设计 AutoCAD，电脑辅助制造 StartCAM，统计分析软件 SAS、SPSS，数据分析与图像处理软件 MATLAB 等。

(2) 专用软件：各领域和各行各业的计算机专用软件不计其数。

1.5 本 章 小 结

本章主要介绍了计算机的发展历程以及计算机发展中的重要人物和事件。学习了信息表示与存储方法。重点学习二进制数与其他进制数之间的转换，了解了计算机系统及其相关的重要概念和技术，重点学习计算机的组成，介绍了计算机硬件系统和软件系统。通过本章的学习，对计算机技术有一定的了解，为后续培养计算思维打下一定的基础。

习 题 1

一、单项选择题

1. 第四代计算机的逻辑器件采用的是(　　)。
　　A. 晶体管　　　　　　　　　　　　　　B. 大规模、超大规模集成电路
　　C. 中、小规模集成电路　　　　　　　　D. 电子管

2. 关于信息的描述,下列说法错误的是(　　)。
　　A. 信息是可以处理的　　　　　　　　　B. 信息是可以传播的
　　C. 信息是可以共享的　　　　　　　　　D. 信息可以不依附于某种载体而存在

3. 根据冯·诺依曼 1946 年提出的计算机的程序存储原理而设计的计算机,称为冯·诺依曼结构计算机。下面的说法正确的是(　　)。
　　A. 今天使用的计算机,不论机型大小都是冯·诺依曼型的
　　B. 微型计算机由于内存太小,无法存储必要的程序,不能采用冯·诺依曼结构
　　C. 巨型计算机可以采用智能化的方法,因此不是冯·诺依曼型的
　　D. 苹果公司生产的计算机才是冯·诺依曼型的

4. 微型计算机的性能主要取决于(　　)。
　　A. 只读存储器的性能　　　　　　　　　B. 中央处理器的性能
　　C. 显示器的性能　　　　　　　　　　　D. 硬盘的性能

5. 当前微型计算机上大部分采用的外存储器,不包括(　　)。
　　A. 硬盘　　　　　B. 光盘　　　　　C. 软盘　　　　　D. 磁带

6. 容量 1MB 的准确数量是(　　)。
　　A. 1024×1024 Words　　　　　　　　　B. 1024×1024 Bytes
　　C. 1000×1000 Bytes　　　　　　　　　D. 1000×1000 Words

7. 计算机的运算速度是它的主要性能指标之一。主要性能指标还包括下列 4 项中的(　　)。
　　A. 主频　　　　　　　　　　　　　　　B. 显示器尺寸
　　C. 绘图机的类型　　　　　　　　　　　D. 打印机的性能

8. 完整的计算机系统由(　　)组成。
　　A. 运算器、控制器、存储器、输入设备和输出设备
　　B. 主机和外部设备
　　C. 硬件系统和软件系统
　　D. 主机箱、显示器、键盘、鼠标、打印机

9. 以下软件中,(　　)不是操作系统软件。
　　A. WindowsXP　　　　　　　　　　　　B. UNIX
　　C. Linux　　　　　　　　　　　　　　D. Microsoft Office

10. 用一个字节最多能编出（　　）不同的码。

　　A. 8 个　　　　　　B. 16 个　　　　　　C. 128 个　　　　　　D. 256 个

11. 任何程序都必须加载到（　　）中才能被 CPU 执行。

　　A. 磁盘　　　　　　B. 硬盘　　　　　　C. 内存　　　　　　D. 外存

12. 下列设备中，属于输出设备的是（　　）。

　　A. 显示器　　　　　B. 键盘　　　　　　C. 鼠标　　　　　　D. 手字板

13. RAM 代表的是（　　）。

　　A. 只读存储器　　　B. 高速缓存器　　　C. 随机存储器　　　D. 软盘存储器

14. 组成计算机的 CPU 的两大部件是（　　）。

　　A. 运算器和控制器　　　　　　　　　B. 控制器和寄存器

　　C. 运算器和内存　　　　　　　　　　D. 控制器和内存

15. 在描述信息传输中 b/s 表示的是（　　）。

　　A. 每秒传输的字节数　　　　　　　　B. 每秒传输的指令数

　　C. 每秒传输的字数　　　　　　　　　D. 每秒传输的位数

16. 微型计算机的内存容量主要指（　　）的容量。

　　A. RAM　　　　　　B. ROM　　　　　　C. CMOS　　　　　　D. Cache

17. 汉字的拼音输入码属于汉字的（　　）。

　　A. 外码　　　　　　B. 内码　　　　　　C. ASCII 码　　　　D. 标准码

18. 在计算机上插 U 盘的接口通常是（　　）标准接口。

　　A. UPS　　　　　　B. USP　　　　　　C. UBS　　　　　　D. USB

19. 计算机中所有信息的存储都采用（　　）。

　　A. 二进制　　　　　B. 八进制　　　　　C. 十进制　　　　　D. 十六进制

20. 火车订票系统属于（　　）方面的计算机应用。

　　A. 数据处理　　　　B. 人工智能　　　　C. 科学计算　　　　D. 过程控制

二、简答题

1. 简述计算机的发展历史。

2. 简述计算机的应用领域。

3. 将二进制数$(10110.11)_B$转换成十进制数。

4. 将八进制数$(35.7)_O$转换成十进制数。

5. 将十六进制数$(A7D.E)_H$转换成十进制数。

6. 将十进制小数$(0.875)_D$转换成二进制小数。

7. 将十六进制数$(AD.7F)_H$转换成二进制数。

8. 简述计算机中的补码与反码的区别。

9. 简述计算机系统。

10. 简述计算机中常见的编码方式。

第 2 章 Windows 10 操作系统

本章学习目标

- 熟悉并理解操作系统的基本概念。
- 熟悉 Windows 10 操作系统的新功能。
- 熟悉 Windows 10 桌面组成、开始菜单和任务栏。
- 熟练掌握文件与文件夹的管理方式。
- 掌握鼠标与键盘的操作和设置。

本章首先介绍操作系统的基本概念,让学生认识和使用 Windows 10 系统的组成及操作方法,Windows 10 的桌面、开始菜单和任务栏等,最后介绍文件及文件夹的概念、鼠标与键盘的操作和设置。进一步增强对操作系统在计算机系统所处核心技术地位的认识和理解,培养动手操作实践能力,加强计算机专业素养,有效激发学生学习计算机软件课程的兴趣和内在动力。

2.1 Windows 10 的全新体验

操作系统是安装到计算机中的第一款系统软件,学习和掌握操作系统的基本操作方法可以帮助用户更好地管理计算机中各种软件、硬件资源,使计算机能更好地为用户提供服务。Windows 10 是美国微软公司所研发的新一代跨平台及设备应用的操作系统。本章主要介绍中文 Windows 10 操作系统的全新功能、基本概念、基本操作、文件及文件夹的管理、系统设置与控制面板的使用、应用程序的管理等。

作为当前市场占有率较高的操作系统,微软公司的 Windows 操作系统一直以来深受全球各个国家和地区用户的喜爱,获得了良好的口碑。紧随时代发展,2015 年 7 月,微软公司正式发布了 Windows 10。

2.1.1 Windows 10 系统的版本和特征

1. Windows 10 系统的版本

Windows 10 上市被划分为 7 个版本,分别对应不同的用户和需求,常用的版本如下。

（1）家庭版（Windows 10 Home）。家庭版主要面向大部分的普通用户，人们通常购买的基本上都是预装的家庭版系统。该版本支持 PC、平板、笔记本电脑等各种设备。

（2）专业版（Windows 10 Professional）。Windows 10 专业版主要面向计算机技术爱好者和企业技术人员，除了拥有 Windows 10 家庭版所包含的应用商店、Edge 浏览器、Cortana 语音助手以及 Windows Hello 等之外，新增加了一些安全类和办公类功能，如允许用户管理设备及应用、保护敏感企业数据、云技术支持等。

（3）企业版（Windows 10 Enterprise）。Windows 10 企业版在提供全部专业版商务功能的基础上，还新增了特别为大型企业设计的强大功能。包括不需要 VPN 即可连接的 DirectAccess、通过点对点连接与其他 PC 共享下载与更新的 BranchCache、支持应用白名单的 AppLocker 以及基于组策略控制的开始屏幕。

其他的还有教育版（Windows 10 Education）、移动版（Windows 10 Mobile）、企业移动版（Windows 10 Mobile Enterprise）和物联网版（Windows 10 IoT Core）。

2. Windows 10 系统的全新特性

（1）全新的"开始"菜单。Windows 10 操作系统具有全新的"开始"菜单，更加扁平化，且功能更加丰富，操作更加人性化。单击任务栏左下角的"开始"按钮，弹出"开始"菜单，如图 2.1 所示。整个菜单分为两大区域。左半区域为常规设置区域，与 Windows 7 系统类似；右半区域为磁贴区域，可以将常用的软件快捷方式固定到此区域，起到快捷操作的作用。

图 2.1　Windows 10 的"开始"菜单

（2）全新的桌面主题。Windows 10 系统有全新的主题方案，采用当下流行的扁平化元素处理，对窗口中的元素、各类图标均进行了重新设计，包括主题、背景、颜色、锁屏界面等选项设置，支持主题整体风格的自定义设置，如图 2.2 所示。

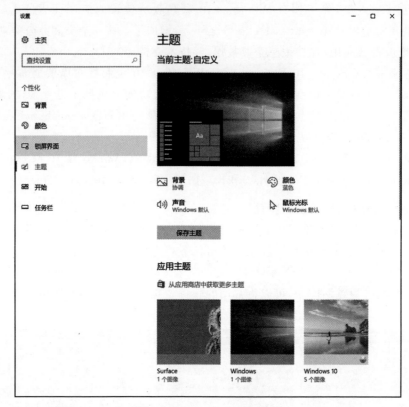

图 2.2　Windows 10 桌面主题

（3）全新的任务栏。任务栏默认情况下位于桌面的最下方，由"开始"按钮、"Cortana 搜索"按钮、"任务视图"按钮、任务区、通知区域和"显示桌面"按钮（单击可快速显示桌面）等部分组成，如图 2.3 所示。Windows 10 全新的任务栏支持任务列表跳转的功能，人们日常固定到任务栏中的各种应用软件，不再仅仅是以一个快捷方式图标存在。

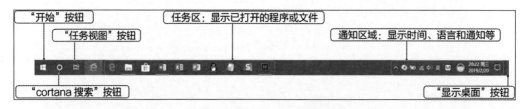

图 2.3　Windows 10 任务栏

（4）全新的系统设置。Windows 10 系统极大地弱化了传统控制面板的概念，强化"Windows 设置"的使用，可以说"Windows 设置"就是传统控制面板的替代品，且功能更为强大，操作设置更为合理和人性化，如图 2.4 所示。

（5）全新的文件资源管理器。Windows 10 新版的文件资源管理器，借鉴了原本只有

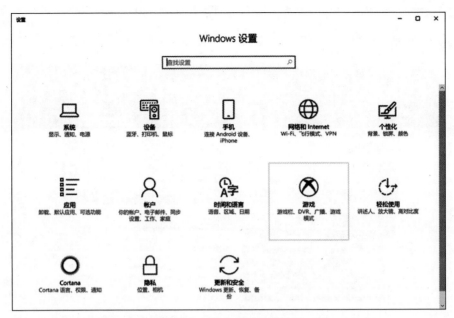

图 2.4　Windows 系统设置

在应用软件(如 Microsoft Office 2016)中存在的标签页结构的用户界面,增加了"功能区"和"快速访问按钮",如图 2.5 所示。

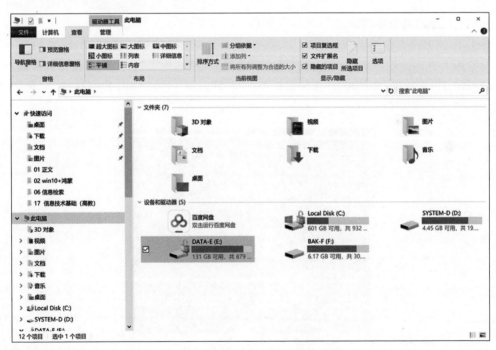

图 2.5　Windows 10 资源管理器

(6)全新的 Edge 浏览器。Windows 10 操作系统推出了新一代浏览器 Microsoft Edge。与传统的 IE 浏览器不同,Edge 浏览器既贴合消费者又具备创造性,在功能方面,突出搜索、中心、在 Web 上写入、阅读等方面的整合优势，如图 2.6 所示。

图 2.6　Microsoft Edge 浏览器

（7）其他的全新特性。

① 便捷的操作中心。Windows 10 操作系统引入了操作中心的概念，内容包括通知和设置两大方面。用户可以在通知区域查看各类系统、邮件通知等信息，在设置区域进行平板模式、网络、投影、夜间模式、VPN、蓝牙、免打扰时间、定位、飞行模式等设置，如图 2.7所示。

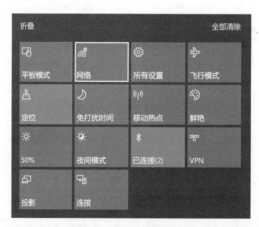

图 2.7　快捷操作中心

② 神奇的分屏。Windows 10 的分屏，可以在当前系统中虚拟出任意多个新窗口，每个窗口中的内容均独立存在，可根据自身的实际使用情况，在不同的虚拟窗口中打开相应

的软件,在实际使用过程中,仅需要在不同的虚拟窗口间切换即可,从而大大提高工作效率。

2.1.2 Windows 10 的启动和退出

1. Windows 10 的启动

启动 Windows 10 的步骤也就是计算机开机的步骤,Windows 10 系统的启动主要有以下两种方法。

(1)按计算机主机箱面板上的电源(Power)键自动启动 Windows 10 系统。

(2)在"开始"菜单中,单击"电源"按钮,在弹出的列表中选择"重启"选项即可,如图 2.8 所示。

启动完成后,屏幕显示账户登录界面,单击账户名称,如已设置用户名和密码,输入正确密码,按 Enter 键,即可进入 Windows 10 系统。

2. Windows 10 的退出

退出 Windows 10 的基本步骤如下:单击桌面左下角的"开始"按钮,在"开始"菜单中单击"电源"按钮,在弹出的列表中选择"关机"选项即可关闭计算机,如图 2-8 所示。计算机正常关闭后,关闭显示器等外部设备的电源。

图 2.8 "电源"按钮列表

单击"电源"按钮,在弹出的列表中选择"睡眠"选项,表示计算机保持开机状态,但耗电较少。应用会一直保持打开状态,这样在唤醒计算机后,可以立即恢复到用户离开时的状态。

当计算机出现异常无法关机时,按住面板上的电源(Power)键 5~10 秒,使计算机强制关机。

2.1.3 Windows 10 鼠标和键盘的操作

当鼠标或键盘的默认设置不能满足要求时,用户可对鼠标和键盘速度等参数进行设置,以使操作过程变得顺畅。

1. 设置鼠标

设置鼠标主要包括调整双击鼠标的速度、更换指针样式及设置鼠标指针选项等,其操作如下。

(1)单击"开始"按钮,在弹出的"开始"菜单中选择"设置"命令,打开"Windows 设置"窗口,单击"设备"图标,弹出"设备"设置界面。

(2)单击"鼠标和触摸板"选项,切换到"鼠标和触摸板设置"窗口,用户可在此窗口中对鼠标及触摸板进行简单的设置。

（3）如需对鼠标进行高级设置，单击"其他鼠标选项"按钮，弹出"鼠标属性"对话框，如图 2.9 所示，打开"指针"选项卡，在"方案"下拉列表框中选择鼠标样式方案，如选择"Windows 和黑色（系统方案）"选项，单击"应用"按钮，此时鼠标指针的样式变为设置后的样式。

（4）在"自定义"列表框（见图 2.10）中选择需单独更改样式的鼠标指针状态选项，如选择"后台运行"选项，然后单击"浏览"按钮。

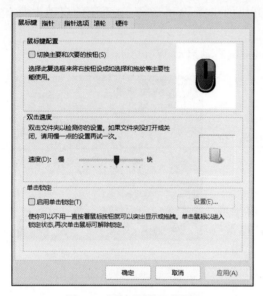

图 2.9　"鼠标属性"对话框　　　　　　　图 2.10　"指针"选项卡

（5）打开"浏览"对话框，系统自动定位到可选择指针样式的文件夹，在列表框中选择一种样式，如选择 aero_ busy_ xl 选项（见图 2.11），单击"打开"按钮。

图 2.11　鼠标"自定义"对话框

（6）返回"鼠标属性"对话框，可看到"自定义"列表框中的"后台运行"鼠标指针变为了 aero_ busy_ xl 样式。

（7）打开"鼠标键"选项卡，在"双击速度"选项组中拖动"速度"滑块，调节双击速度（如图 2.12 所示），单击"确定"按钮。

（8）打开"指针选项"选项卡，在"移动"选项组中拖动滑块以调整鼠标指针的移动速度；如果选中"可见性"选项组中的"显示指针轨迹"复选框，那么移动鼠标指针时会产生移动轨迹效果。确认设置后，单击"确定"按钮，完成对鼠标的设置。

2. 设置键盘

在 Windows 10 中，设置键盘主要包括调整键盘的响应速度和光标的闪烁速度。其操作如下。

（1）单击"开始"按钮，在弹出的"开始"菜单中选择"Windows 系统"→"控制面板"命令，打开"控制面板"窗口。

（2）单击该窗口右上角"查看方式"下拉列表框中的"小图标"选项，将该窗口切换至"所有控制面板项"窗口，单击"键盘"选项，打开"键盘属性"对话框。

（3）打开"速度"选项卡（见图 2.13），通过拖动"字符重复"选项组中的"重复延迟"滑块，改变键盘重复输入一个字符的延迟时间，如果向左拖动该滑块，则可使重复输入速度降低。

图 2.12 "鼠标键"选项卡

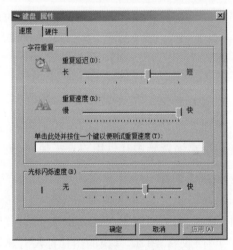

图 2.13 "键盘属性"对话框

（4）拖动"光标闪烁速度"选项组中的滑块，以改变文本编辑软件（如"记事本"）中的文本插入点在编辑位置的闪烁速度，设定好后，单击"确定"按钮。

2.2 Windows 10 的桌面管理

Windows 10 正常启动后将显示 Windows 10 的桌面，如图 2.14 所示。桌面是指占据显示器整个屏幕的区域，每一项操作都是从桌面开始的。Windows 10 系统的桌面一般由桌面背景、桌面图标和任务栏组成。

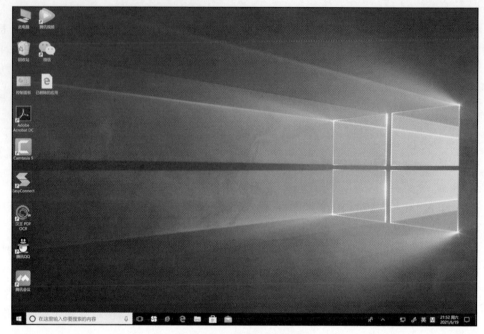

图 2.14　Windows 10 的桌面

2.2.1　Windows 10 的桌面背景和图标

1. 桌面背景

桌面背景就是 Windows 10 系统桌面的背景图案,又称"壁纸"。Windows 10 系统自带了多个桌面背景图片供用户选择使用,也支持用户自定义桌面背景。

2. 桌面图标

桌面图标是 Windows 10 中表示计算机资源的图形符号,如可以表示一个应用程序、文件、文件夹、文档或磁盘驱动器等对象。默认情况下,刚安装完成操作系统的桌面上只有一个"回收站"图标,其余的图标都没有显示出来。

可以通过以下步骤,在桌面上显示更多的系统图标。在桌面空白处右击,在弹出的快捷菜单中选择"个性化"命令,在打开的"设置"窗口中选择"主题"→"桌面图标设置"项,打开"桌面图标设置"对话框,如图 2.15 所示,选中"计算机"或者"控制面板"等复选框,然后单击"确定"按钮,返回桌面可以看到对应的系统图标。

桌面图标主要分为系统图标和快捷方式图标两种。系统图标是系统自带的图标,包括用户的计算机、文件、文件夹、网络、控制面板和回收站等。快捷方式图标是指用户自己创建或在安装某些程序时自动创建的图标,该图标直接指向对应文件的路径,但不是文件本身。

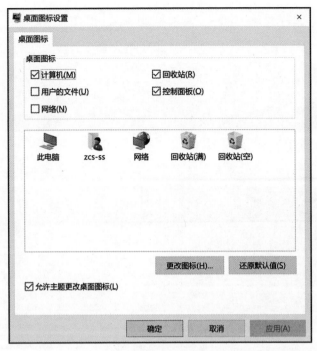

图 2.15 "桌面图标设置"对话框

2.2.2 "开始"菜单和任务栏

桌面的底部是任务栏,它显示了系统正在运行的程序、打开的窗口和当前时间等内容,用户可以通过任务栏完成许多操作。任务栏主要由以下部分组成,从左到右依次为"开始"按钮、Cortana 搜索、"任务视图"按钮、任务区、通知区域和"显示桌面"按钮(单击可快速显示桌面)等。

1. "开始"按钮

"开始"按钮位于任务栏的最左边,是利用 Windows 10 进行工作的起点。用鼠标单击"开始"按钮,将打开"开始"菜单,如图 2.16 所示。

"开始"菜单是 Windows 10 系统图形用户界面的组成部分,是操作系统的中央控制区域,可以访问程序、文件夹和计算机设置。单击后可看到"开始"菜单通常可以分成主菜单栏、应用程序列表、动态磁贴区 3 个区域。

主菜单栏显示"电源""设置""图片""文档"等按钮,单击后快速进入对应程序窗口。

动态磁贴区,方便用户快捷地访问系统设置功能,可直接把应用程序定位到"开始"屏幕方便快捷地访问。

任意选择其中一项应用,如"微信"图标,右击"微信"图标,如果该应用从未固定到磁贴区,则弹出菜单中会显示"固定到开始屏幕"选项,选择该选项即可将此快捷方式添加到磁贴区显示。如果该应用已经固定在磁贴区了,则会显示"从开始屏幕取消固定"选项,选

图 2.16 "开始"按钮

图 2.17 磁贴区选项菜单

择该选项后,即可从磁贴区打开文件所在的位置取消。选择"卸载"选项,可以快速对此应用进行卸载操作。

在磁贴区,选择一个图标,右击,会弹出该图标的快捷菜单,如图 2.17 所示,选择"更多"选项。

选择"固定到任务栏"选项,可以将该快捷方式固定到"任务栏"上。

选择"以管理员身份运行"选项,可以以管理员身份运行对应的程序。

单击"打开文件位置"选项,可以打开快捷方式所在的文件夹。

2. 任务程序区

任务程序区显示正在运行的应用程序以及固定到任务栏上的常用程序图标。可以将经常使用的程序固定到任务栏,方便以后使用。

具体方法是:右击需要添加到任务栏的图标,在弹出的快捷菜单中选择"固定到任务栏"选项即可,如图 2.18 所示,或者用鼠标拖动程序图标至任务栏,松开鼠标后,应用程序图标就被固定到任务栏。如果要取消已经固定的图标,也可以通过右击该图标,然后在弹

大学计算机基础(Windows 10+Office 2016)

出的菜单中选择"从任务栏取消固定"选项即可。

3. 通知区域

通知区域位于任务栏的右侧,包括输入法、时钟和一组
图标。这些图标表示计算机上某程序的状态,或提供访问
特定设置的途径。将鼠标指针移向特定图标时,会看到该
图标的名称或某个设置的状态。单击通知区域中的图标通
常会打开与其相关的程序或设置。

图 2.18　设置任务程序区

另外,右下角任务栏气泡标志就是 Windows 10 的通
知中心,单击它会显示完整信息,包括最近各种软件的通知
消息和常用设置入口。

4."显示桌面"按钮

"显示桌面"按钮位于任务栏的最右端,如果单击该按钮,则所有打开的窗口都会被最
小化,只显示完整桌面。再次单击该按钮,原先打开的窗口会被恢复显示。

2.2.3　Windows 10 窗口操作

窗口是用户操作计算机的一个重要界面,当用户打开一个程序时,屏幕上将弹出一个
矩形区域就称为"窗口"(Windows)。在 Windows 操作系统中,一般当运行一个应用程序
或打开一个文档时,就将出现一个相应的窗口。并不是所有的 Windows 程序运行都有相
应的窗口,但是绝大多数程序都以"窗口"的形式出现。

Windows 10 是一个多任务操作系统。用户可以同时打开多个程序,即可以同时打开
多个窗口。但是用户不能同时操作多个"窗口"而只能操作一个窗口,把用户当前能操作
的窗口称为"当前窗口"或"活动窗口",其他窗口称为"非当前窗口"或"后台窗口"。"当前
窗口"一般位于打开的所有窗口的最上层,且标题栏采用高亮度显示。

1. 窗口的组成

"此电脑"窗口是 Windows 10 典型的窗口,打开"此电脑"窗口,通过它可以对存储在
计算机内的所有资料进行管理和操作,如图 2.19 所示。

Windows 10 窗口分为功能区、导航区和设备区三部分。

1) 功能区

功能区由快速访问工具栏、标题栏、"文件"选项卡、标签页(或称选项卡)等组成,标签
页下方是"后退"按钮、"前进"按钮、"向上"按钮和地址栏,再往右是搜索框。在默认情况
下,功能区处于隐藏状态,可以通过单击右侧箭头来进行显示与隐藏。

通过快速访问工具栏可以定义常用快捷方式。单击按钮,弹出下拉框,如图 2.20 所
示,可以设置在快速访问工具栏中显示的快捷方式、显示位置等内容。

标题栏位于窗口的顶部、快速访问工具栏的右侧,主要显示窗口名称、"最小化"按钮
"最大化"/"还原"按钮和"关闭"按钮。通常情况下,用户可以通过标题栏来移动窗口、改
变窗口的大小和关闭窗口。

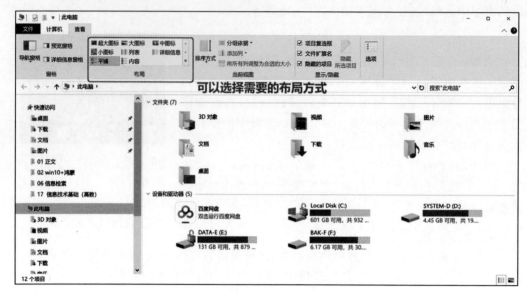

图 2.19 "此电脑"窗口

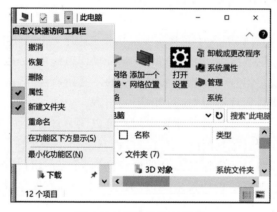

图 2.20 快速访问工具栏

标签页默认显示"计算机"和"查看"。单击"计算机"标签页,可以进行与计算机相关的各类属性的设置。单击"查看"标签页,可以设置查看文件的各类视图属性,如排列方式、文件夹属性、文件属性设置等。注意,根据操作对象的不同,标签页会发生相应的变化。

2)导航区

导航区位于窗口左侧的位置,它为用户提供了树状结构的文件夹列表,方便用户迅速地定位目标文件夹。该区主要包括"快速访问""此电脑""网络"三部分内容。

(1)"快速访问"区域。除列出系统默认自带的快速访问方式外,用户还可以自定义文件夹"快速访问"区域,实现快速访问的目的。

(2)"此电脑"区域。除列出计算机分区内容外,还包括 Windows 10 系统特有的视频、图片、文档等专属文件夹图标,单击后可以快速访问该文件夹的内容。

（3）"网络"区域。列出与当前计算机在同一局域网内的网络连接情况,单击任意可见网络即可进行访问申请。当然,对方是否允许用户的访问,是由对方来决定的。

3）设备区

该区域内主要包含计算机的各分区,以及 Windows 10 自带的快速访问文件夹,如视频、图片、文档、下载、音乐、桌面。该区域是用户日常进入不同计算机分区的主要入口。

2. 窗口的基本操作

对于大部分窗口,用户可以对它们进行以下基本操作:打开/关闭窗口、调整窗口大小、移动窗口、切换窗口、排列窗口等。

1）打开/关闭窗口

在 Windows 10 中,每当用户启动一个程序、打开一个文件或文件夹时都将打开一个窗口,而一个窗口中包括多个对象,打开某个对象又可能打开相应的窗口,该窗口中可能又包括其他不同的对象。

打开窗口:双击要打开的图标,或者右击图标,在弹出快捷菜单中选择"打开"命令,两种方式均可打开对应窗口。

关闭窗口主要有以下 5 种方法。

方法 1　单击窗口标题栏右上角的"关闭"按钮。

方法 2　在窗口的标题栏上右击,在弹出的快捷菜单中选择"关闭"命令。

方法 3　将鼠标指针移动到任务栏中某个任务缩略图上,单击其右上角的按钮。

方法 4　将鼠标指针移动到任务栏中需要关闭窗口的任务图标上并右击,在弹出的快捷菜单中选择"关闭窗口"命令或"关闭所有窗口"命令。

方法 5　按 Alt＋F4 组合键。

2）移动窗口

移动窗口主要有以下 2 个方法。

（1）拖动窗口的标题栏,窗口将随之移动。

（2）从控制菜单中选择"移动"菜单命令,当鼠标指针变成十字箭头形状时,使用键盘的↑、↓、←、→键,就可以使窗口进行相应的移动,移动到所需的位置后按 Enter 键即可。

3）切换窗口

当打开了多个窗口后,经常需要在窗口之间进行切换,选择其中一个作为当前窗口。切换窗口主要有以下 3 种方法。

方法 1　通过任务栏预览图标。当鼠标指针移动到任务栏中某个程序的按钮上时,该按钮的上方会显示与该程序相关的所有打开的窗口预览缩略图,单击某个缩略图,即可切换至该窗口。

方法 2　通过 Alt＋Tab 组合键切换。按 Alt＋Tab 组合键后,屏幕上将出现任务切换栏系统,当前打开的窗口都以缩略图的形式在任务切换栏中排列出来,此时按住 Alt 键不放,再反复按 Tab 键,将显示一个白色方框,并在所有图标之间轮流切换,当方框移动到需要的窗口图标上后释放 Alt 键,即可切换到该窗口。

方法 3　通过 Win＋Tab 组合键切换。按 Win＋Tab 组合键后,屏幕上将出现操作记录时间线系统,当前和稍早前的操作记录都以缩略图的形式在时间线中排列出来,若想打开某一个窗口,可将鼠标指针定位至要打开的窗口中,当窗口呈现白色边框后单击鼠标即可打开该窗口。

3. 窗口的分屏操作

Windows 10 操作系统支持左右 1/2 分屏以及 1/4 分屏,操作非常简单。

按住鼠标左键拖动某个窗口到屏幕左边缘或右边缘,直到鼠标指针接触屏幕边缘,会看到显示一个虚化的大小为 1/2 屏的半透明背景。松开鼠标左键,当前窗口就会以 1/2 屏显示了。同时其他窗口会在另半侧屏幕显示缩略窗口,单击想要在另 1/2 屏显示的窗口,它就会在另半侧屏幕 1/2 屏显示了,如图 2.21 所示。这时如果把鼠标移动到两个窗口的交界处,会显示一个可以左右拖动的双箭头,拖动该双箭头就可以调整左右两个窗口所占屏幕的宽度。

图 2.21 窗口的 1/2 分屏操作

如果需要进行 1/4 分屏,则单击需要分屏的窗口,拖动至屏幕的左上角,就会看到显示一个虚化的大小为 1/4 屏的半透明背景,松开鼠标,页面即定位到屏幕的 1/4 处,采用同样方式分别拖动不同页面分别至屏幕的右上角、左下角、右下角。松开鼠标左键,当前窗口就会 1/4 屏显示了,如图 2.22 所示。

4. 对话框

对话框是计算机系统与用户进行信息交流的一个界面,它是程序从用户获得信息的工具,也用于系统附加信息、警告信息和没有完成操作的原因等信息。

对话框和窗口有类似之处,如都有标题栏等,但对话框一般没有菜单栏,也不能随意改变其大小。如图 2.23 所示为一个典型的对话框。

大学计算机基础(Windows 10+Office 2016)

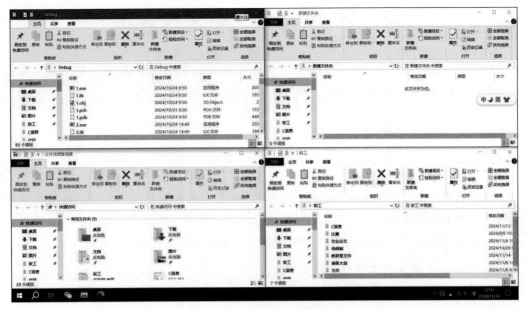

图 2.22　窗口的 1/4 分屏操作

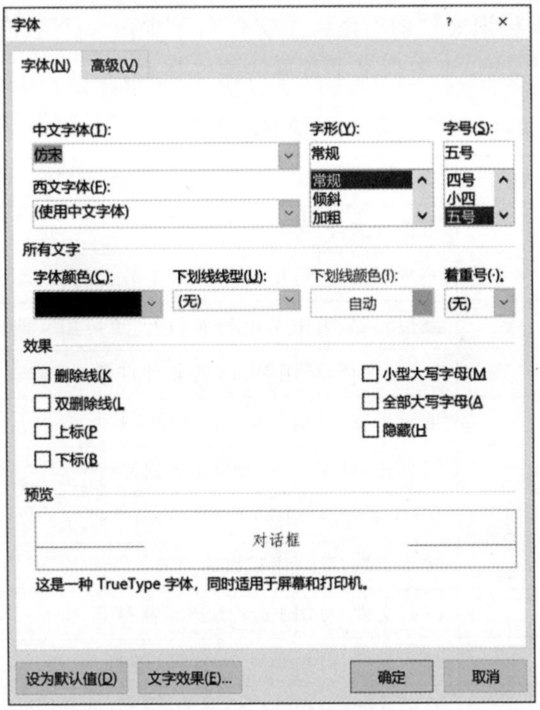

图 2.23　典型的对话框

2.3　Windows 10 的文件管理

计算机中任何的程序和数据都是以文件的形式存储在外部存储器上,每个文件都以文件名进行标识,计算机系统通过文件名存取文件,即"按名存取"。

2.3.1　文件和文件夹的概念

1. 文件

文件是指保存在计算机中的各种信息和数据,是一组相关信息的集合。计算机中的文件包括的类型很多,如文档、表格、图片、音乐和应用程序等。在默认情况下,文件在计算机中是以图标形式显示的,它由文件图标和文件名称两部分组成。

2. Windows 10 系统文件命名及其规则

1) 文件名的格式

文件名格式如下:主文件名.扩展名

文件名一般由主文件名和扩展名组成,中间使用符号"."隔开。主文件名标识文件的名称,扩展名主要用来标识文件的类型。主文件名至少由一个字符构成,不得为空;扩展名是可选的,可以为空,表 2.1 中列出了常见的文件类型。

表 2.1　常见的文件类型

扩 展 名	文 件 类 型
exe	可执行文件,可双击直接运行
rar、zip	一种压缩包,可用 WinRAR 等软件打开
iso	虚拟光驱,可用 WinRAR 打开,也可用其他虚拟光驱软件打开
doc、docx	Word 文档,可用 Word 等软件打开
xls、xlsx	电子表格,可用 Excel 等软件打开
Ppt、pptx	幻灯片,可用 PowerPoint 等软件打开
wps	WPS 文档,可用金山 WPS Office 打开
txt	文本文档,默认用记事本打开
html	网页文件,可用 Edge 等浏览器打开
rm、mp4、avi	视频文件,可用暴风影音等软件打开
Mp3、wma、wav	音乐文件,可用暴风影音等软件打开
Jpg、bmp、gif	图片文件,其中 gif 可以是动态的
pdf	电子读物文件,可用 Adobe Reader 等软件打开

文件名为 Readme.txt 的文件是一个文本文件。在计算机中,各种程序创建的文件一般都有其默认的扩展名,如记事本程序创建的文件默认扩展名为 txt,Word 2016 文档的默认扩展名为 docx。

2) 命名规则

(1) 文件名由字母、数字、汉字和其他符号组成,最多可包含 255 个字符,空格也是一个字符,若包含汉字,一个汉字相当于两个英文字符。

(2) 文件名中除了开头以外的任何地方都可以包含空格,但不能包含以下英文字符:?(问号)、*(星号)、/(斜杠)、\(反斜杠)、|(竖杠)、"(引号)、,(逗号)、:(冒号)、;(分号)、=(等于号)、<(小于号)、>(大于号)、!(感叹号)等。

(3) Windows 系统中文件名不区分大小写,即文件 ABC.txt 和文件 abc.txt 是相同的文件。

(4) 如果文件中包含多个分隔符".",则最后一个分隔符后面为扩展名,例如,文件"2021.02.18.docx"的扩展名是 docx。

(5) 在给文件命名时,尽量要能体现该文件的内容便于以后的管理和搜索。例如,要给一个 2021 年 2 月 18 日的日记文本文件命名,建议使用"日记 20210218.txt"这样日后在管理时通过文件名就略知文件内容是 2021 年 2 月 18 日的日记,即"见名知义"。

3. 文件夹

文件夹是用来组织和管理文件的,可以把相同类别或相关内容的文件存放在同一个文件夹中。磁盘上的文件夹结构是树状结构,即磁盘是根文件夹,根文件夹下可以包含多个文件和子文件夹,子文件夹下又可以包含多个文件和子文件夹,形成一个倒树状结构,如图 2.24 所示。不包含任何文件和文件夹的文件夹称为"空文件夹"。

在 Windows 操作系统的窗口中,文件夹的图标显示为黄色♯,而其他的各种图标则表示各类文件。文件夹的命名规则与文件的命名规则基本相同,但一般不使用扩展名。

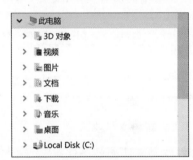

图 2.24　文件夹结构

4. 路径

每个文件和文件夹都存储于某个位置,称为"路径"。路径是从驱动器或当前文件夹开始,直到文件所在的文件夹所构成的字符串。

2.3.2　查看文件或文件夹

1. 文件资源管理器

文件管理主要是在文件资源管理器窗口中实现的。文件资源管理器是指"此电脑"窗口左侧的导航窗格,它将计算机资源分为快速访问、OneDrive、此电脑、网络 4 个类别,可以方便用户更好、更快地组织、管理及应用资源。

2. 文件及文件夹的查看方式

Windows 10 系统中共提供了 8 种查看方式：超大图标、大图标、中等图标、小图标、列表、详细信息、平铺和内容。如果要改变图标的显示方式，可以单击工具栏右侧的 ▦▾ 按钮或在窗口空白处右击，在弹出的快捷菜单中选择"查看"选项，按照需要选择显示方式。

3. 文件及文件夹的排序方式

在查看文件和文件夹时允许将图标按照需要的顺序进行排列显示。Windows 10 系统主要提供了按名称、修改日期、类型、大小 4 种排列方式，而"递增"和"递减"选项是指确定排序方式后再以增减排序。

4. 文件和文件夹的选择方式

在 Windows 中对文件或文件夹进行操作时应遵循"先选定后操作"的规则。选定操作可分为以下 4 种情况。

（1）单个对象的选择：找到要选择的对象后，单击该文件或文件夹。

（2）多个连续对象的选择：先选中第 1 个文件或文件夹，然后按住 Shift 键，单击要选中的最后一个文件，最后松开 Shift 键。

（3）多个不连续对象的选择：选定多个不连续的文件或文件夹，按住 Ctrl 键，逐个单击要选定的每一个文件和文件夹，最后松开 Ctrl 键。

（4）全部对象的选择：按住鼠标左键，在窗口文件区域中画矩形来选中"文件夹内容"窗口中的所有文件，或按 Ctrl＋A 组合键。

2.3.3 新建文件或文件夹

在计算机中写入资料或存储文件时，需要新建文件或文件夹。在 Windows 10 的相关窗口中，通过快捷菜单命令可以快速完成新建文件或文件夹操作。

1. 新建文件夹

创建一个新的文件夹（子文件夹），单击工具栏中的"新建文件夹"按钮，直接创建一个"新建文件夹"图标。还可以通过快捷菜单等其他方式新建文件夹。

2. 新建文件

在文件夹中建立一个文件，基本步骤和创建文件夹相似。

根据需要建立的文件类型进行选择，如新建文本文件则选择"文本文档"菜单命令，如果新建 Word 文件则应该选择"Microsoft Word 文档"菜单命令，选择完文件类型后将在窗口中增加一个文件图标，图标的下方显示文件名，默认为"新建文本文档"或"新建 Microsoft Word 文档"等，光标在文件名的地方闪烁，可以输入新的文件名，然后按 Enter 键。

2.3.4 移动与复制文件或文件夹

1. 剪贴板

剪贴板是 Windows 10 系统提供的一个缓冲空间，位于内存中。剪贴板一般用来暂时存放需要在 Windows 各程序和文件之间传递的信息,在移动和复制信息时起到"中转站"的作用。

剪贴板可以存放各种形式的信息,如文件、文件夹、文本、图片和声音等。

剪贴板的使用方法是:先选定需要的信息,通过复制或剪切功能将选定的信息送到剪贴板中,然后使用粘贴功能将剪贴板中的信息复制到目标位置。

2. 复制文件或文件夹

复制操作是指在目标文件夹中建立源文件或源文件夹的副本。文件夹复制与文件复制的方法是相同的,复制一个文件夹,则该文件夹中所有的子文件夹及文件也被一起复制。操作要点可简述为:"选定+复制+粘贴"。

一般常用以下 4 种方法来实现。

方法 1 快捷菜单操作。选中需要复制的文件或文件夹,右击,在弹出的列表栏中选择"复制"选项,打开目标位置后再次右击,选择"粘贴"选项,原文件或文件夹就会在目标位置创建一个副本。

方法 2 快捷键操作。选中需要复制的文件或文件夹后,按 Ctrl+C 组合键,找到存放文件或文件夹的目标位置后,按 Ctrl+V 组合键即能完成文件或文件夹的复制。

方法 3 选项卡操作。双击"此电脑"图标之后,打开存放文件或文件夹的磁盘路径,在"页"选项卡"组织"组中单击"复制到"按钮,简写成:单击"主页"→"组织"→"复制到"按钮,打开"复制项目"对话框,如图 2.25 所示,在相应区域中选择所需要复制的文件单击"复制"按钮即可。

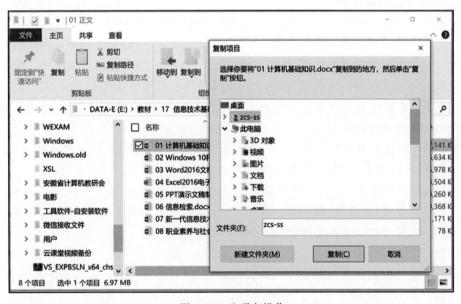

图 2.25 选项卡操作

方法 4 用鼠标拖动。选定要复制的文件或文件夹。按住 Ctrl 键,用鼠标指针指向要复制的对象,按下鼠标左键进行拖动。将对象拖动到目标文件夹中,然后依次释放鼠标左键和 Ctrl 键。

注意：

① 在不同驱动器之间用鼠标拖动方式复制对象时，可不用按 Ctrl 键。

② 当拖动到目标文件夹时，如执行的是复制操作，则鼠标指针右下侧将显示一个带"＋"的方框；如执行的是移动操作，则无此方框。

③ 当执行一次复制操作后，可多次执行粘贴操作，并且粘贴的内容相同。

3. 移动文件或文件夹

移动操作是指将选择的对象从一个位置（源文件夹）移动到另一个位置（目标文件夹），且只能从一处移至另一处，不能移到多处。操作如图 2.26 和图 2.27 所示。

图 2.26　鼠标复制操作

图 2.27　鼠标移动操作

操作要点可简述为："选定＋剪切＋粘贴"。

2.3.5　删除与恢复文件或文件夹

1. 删除文件和文件夹

文件或文件夹的删除是指将文件或文件夹从现在的位置删除，分为逻辑删除和物理删除。逻辑删除是将文件放到回收站中，需要的时候可以还原；物理删除是将文件直接删除，不放入回收站，无法还原。

删除文件或文件夹的方法很多，用户可灵活选用。常用方法如下。

方法 1　快捷键操作。选定要删除的文件或文件夹，然后按 Delete 键，弹出"删除文件夹"对话框，单击"是"按钮。

方法 2　快捷菜单操作。选定要删除的文件或文件夹，在选定的对象上右击，在弹出的快捷菜单中选择"删除"菜单命令，弹出"删除文件夹"对话框，单击"是"按钮。

方法 3　功能选项卡。选定要删除的文件或文件夹，单击"主页"→"组织"→"删除"按钮。也可以单击"删除"按钮下面小箭头，在弹出的下拉列表中选择"回收"命令，或"永久删除"命令，并可以设置是否弹出"显示回收确认"对话框。

注意：

（1）如果删除一个文件夹，将删除该文件夹中的所有内容（包括文件和子文件夹文件）。

（2）以上介绍的删除方法是逻辑删除，文件或文件夹被删除后，系统只是将文件或文件夹暂时放到回收站中。用户需要时，还可从回收站中恢复。

（3）如果在执行删除操作的同时按住 Shift 键，则被删除的对象将不再放入回收站，而是被永久性删除（又称为物理删除），无法恢复。

（4）删除文件时要求文件已被关闭，删除文件夹时也要求该文件夹以及其子文件夹中的所有文件都已被关闭，否则会出错，弹出如图 2.28 所示的对话框，无法删除。

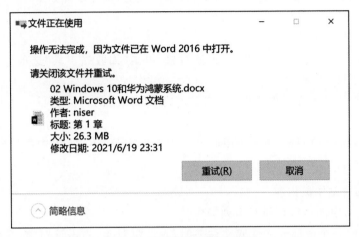

图 2.28　文件无法删除的情况

2. 回收站的使用

回收站是 Windows 系统用于存放逻辑删除信息的空间，位于硬盘上。

从硬盘删除任何项目时 Windows 系统会将该项目放在回收站中，而从移动存储设备（如 U 盘等）或网络驱动器中删除的项目将被永久删除，不能放到回收站中。

回收站中的项目将保留直到用户决定从计算机中永久地将它们删除。回收站中的项目仍然占用硬盘空间并可以被恢复或还原到原来位置。

双击桌面上的回收站图标，打开"回收站"窗口，如图 2.29 所示。

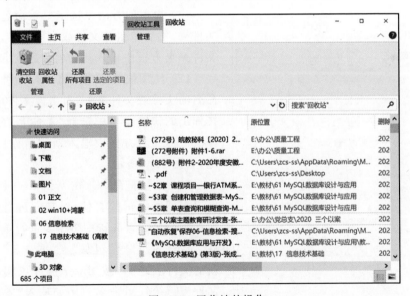

图 2.29　回收站的操作

3. 恢复文件和文件夹

恢复文件和文件夹是通过"回收站"窗口来实现的,操作步骤如下。

(1) 打开"回收站"窗口。

(2) 执行下列操作之一:

① 恢复某个文件或文件夹时,选定该对象,单击"回收站工具"选项卡"还原"组中的"还原选定的项目"按钮。

② 恢复某个文件或文件夹时,右击该对象,在弹出的快捷菜单中选择"还原"菜单命令。

③ 要恢复所有项目时,单击"回收站工具"选项卡"还原"组中的"还原所有项目"按钮。

4. 删除回收站中的内容

删除回收站中的内容可执行下列操作。

(1) 要删除一个或部分文件或文件夹时,先选定对象,右击该对象,在弹出的快捷菜单中选择"删除"菜单命令。

(2) 要删除所有文件和文件夹时,单击"回收站工具"→"管理"→"清空回收站"按钮。

注意:删除回收站中的文件或文件夹意味着将该对象从计算机中永久删除,不能再还原。

2.3.6　重命名文件或文件夹

要更改一个文件或文件夹的名字,可选用下列方法之一。

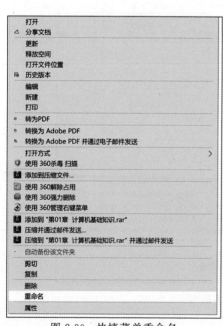

图 2.30　快捷菜单重命名

(1) 简单的方法。选定要重命名的文件或文件夹,然后单击该文件或文件夹名,在文件或文件夹名方框中输入新的名称后按 Enter 键。

(2) 使用快捷菜单。将鼠标指针移到需重命名的文件或文件夹处,右击该文件或文件夹,在弹出的快捷菜单中选择"重命名"命令,在文件或文件夹名方框中输入新的名称后按 Enter 键,如图 2.30 所示。

(3) 批量重命名。在 Windows 10 系统中,可以根据所编辑的文件,对它们进行统一的一次性重命名。首先选中多个要进行重命名的文件,单击"主页"→"组织"→"重命名"按钮输入新的文件名之后,按 Enter 键即可实现对多个文件进行统一重命名。例如输入"微课 1-1"则第 1 个文件名称是微课 1-1(1),其余文件则依次命名为微课 1-1(2)、微课 1-1(3),如图 2.31

所示。

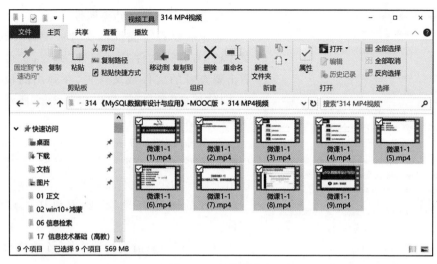

图 2.31　批量重命名

2.3.7　搜索文件或文件夹

当用户要查找一个文件或文件夹时,可以使用 Windows 10 操作系统提供的"搜索"功能,Windows 10 系统的搜索功能非常方便快捷。

1. 通配符"?"和"＊"

查找文件或文件夹时可以使用通配符"?"和"＊","?"代表任意一个字符,"＊"代表零个或任意多个合法字符。例如 a?.doc 代表所有以字符 a 开头,主文件名共两个字符,扩展名为 .doc 的文件;＊.doc 代表所有扩展名为 doc 的文件,主文件名不限。

2. 两种搜索方式

搜索主要有两种方式:一种是使用任务栏左侧的"搜索"按钮进行搜索;另一种是使用"文件资源管理器"窗口的"搜索"框进行搜索。

(1)任务栏"搜索"按钮。单击任务栏左侧的"搜索"按钮,把搜索的关键字输入到搜索框中,搜索就开始了,单击目标文件夹的超链接,即可直接跳转。

(2)"文件资源管理器"窗口搜索框。在"文件资源管理器"窗口右上角的搜索框中可以直接输入查询关键字,系统自动搜索而地址栏会在搜索时显示搜索的进度情况,搜索框仅在当前目录中搜索,因此只有在根目录"此电脑"窗口下搜索才会以整个计算机为搜索目标。

2.3.8　设置文件或文件夹属性

文件和文件夹的属性是系统为文件和文件夹保存信息的一部分,可帮助系统识别一个文件和文件夹,并控制该文件和文件夹所能完成的任务类型。

图 2.32　文件或文件夹属性

1. 查看文件或文件夹属性

选定需要查看属性的文件或文件夹,然后在菜单栏中选择"文件"→"属性"命令;也可用鼠标右击要查看的文件或文件夹,在弹出的快捷菜单中选择"属性"命令,将弹出如图 2.32 所示的文件"属性"对话框。

在文件"属性"对话框中,显示了文件的大小、位置和类型,底部有两个复选框和一个"高级"按钮用于显示和设置文件的属性。

文件的属性有只读、隐藏和其他高级属性三种。

(1)只读。只能进行读操作,不能修改文件的内容。

(2)隐藏。该文件通常不显示在文件夹内容框中。

(3)高级属性。用鼠标单击"高级"按钮,打开"高级属性"对话框,在对话框中进行相关的设置。

2. 修改文件属性

在文件"属性"对话框中,选中或取消相应属性的复选框,然后单击"确定"按钮即可。

2.4　Windows 10 系统设置

2.4.1　控制面板

Windows 10 的系统环境是可以进行调整和设置的,这些功能主要集中在"控制面板"窗口中。Windows 10 操作系统与早前操作系统相比有了比较大的变动,有时候会出现找不到"控制面板"的情况。可以按照以下步骤将"控制面板"窗口显示出来。

方法 1　在桌面空白处右击,在快捷菜单中选择"个性化"命令,在打开的窗口中单击"主题"→"桌面图标设置"超链接,在打开的对话框中选中"控制面板"复选框后单击"确定"按钮,"控制面板"图标显示在桌面上,可以直接双击进入"控制面板"窗口。

方法 2　右击"此电脑"图标,在快捷菜单中选择"属性"命令,在打开的"系统"窗口中,单击"控制面板主页"超链接。

"控制面板"有两种查看方式:按类别查看和按大图标(小图标)查看,按类别显示如图 2.33 所示,按图标查看是具体到每项设置的界面形式。按类别查看是 Windows 10 系统提供的最新的界面形式,它把相关的"控制面板"项目按类别组合在一起呈现给用户。

图 2.33　"控制面板"窗口

若系统的日期和时间不是当前的日期和时间,可将其设置为当前的日期和时间,还可对日期的格式进行设置。控制面板还可以完成很多操作,如查看计算机状态、用户账户管理、查看硬件设备、设置声音以及程序卸载,也可以进入外观和个性化设置中心。

2.4.2　个性化设置

1. 更改桌面背景

Windows 10 桌面的背景图案又称为"壁纸",要使 Windows 10 的桌面更加有趣,可以在桌面的图标下面采用一幅美丽的图片做背景,以使桌面风格独特。这些背景画就是通常所说的屏幕背景墙纸。在桌面空白处右击,在弹出的快捷菜单中选择"个性化"命令即可打开"设置"窗口,如图 2.34 所示。在该窗口可以根据需要更改桌面主题、桌面背景等设置。

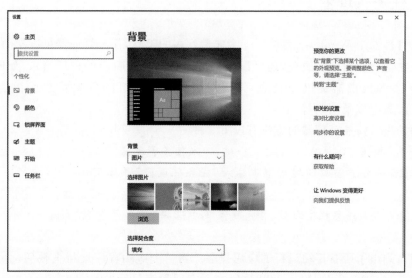

图 2.34　"个性化设置"窗口

2. 设置锁屏界面

在图 2.34 所示的窗口中，选择"锁屏界面"项将会进入如图 2.35 所示的窗口。可以选择自己喜欢的锁屏背景："Windows 聚焦"是微软公司推送的壁纸，用户浏览选择图片，幻灯片是切换用户指定的文件夹图片。

图 2.35　设置锁屏界面

2.4.3　任务管理器

任务管理器是 Windows 系统中一个非常好用的工具，任务管理器可以帮助用户查看系统中正在运行的程序和服务，还可以强制关闭一些没有响应的程序窗口，如图 2.36 所示。此外，资源监视器提供了全面、详细的系统与计算机的各项状态运行信号，包括 CPU、内存、磁盘以及网络等。

常用的进入任务管理器的方法有以下 3 种。

方法 1　按下 Ctrl＋Alt＋Del 组合键，进入任务管理器。

方法 2　在任意窗口的搜索框中输入"任务管理器"并按 Enter 建，即可进入任务管理器。

方法 3　右击任务栏空白处，在快捷菜单中选择"任务管理器"命令，打开"任务管理器"窗口。

该窗口列出了所有正在运行的应用程序。当一个应用程序运行失败后，为了释放它占据的内存和 CPU 资源，用户可以看到这个应用程序显示"没有响应"，右击，弹出快捷

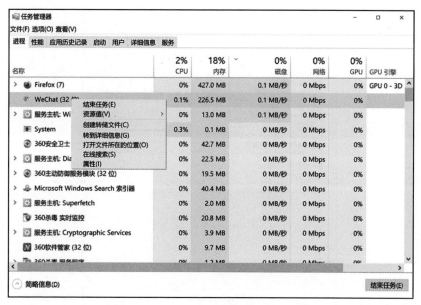

图 2.36　任务管理器

菜单,选择"结束任务"命令即可结束该应用程序,释放其所占据的所有资源。此外还可以选中一个应用程序,单击"切换至"按钮切换到该应用程序窗口。单击"运行新任务"按钮将打开"创建新任务"对话框,用户可直接输入命令运行某个应用程序。

2.4.4　磁盘清理

Windows 10 系统的系统工具中提供了备份、磁盘清理、磁盘碎片整理程序、任务计划和系统信息等工具,其中磁盘清理和磁盘碎片整理程序使用得相对较多。

1. 磁盘清理

用户在使用计算机进行读写与安装操作时,会留下大量的临时文件和没用的文件,不仅占用磁盘空间,还会降低系统的处理速度,因此需要定期进行磁盘清理,以释放磁盘空间,操作步骤如下。

(1)在"开始"菜单中选择"Windows 管理工具"→"磁盘管理"命令,打开"磁盘清理:驱动器选择"对话框,如图 2.37 所示。

(2)在对话框中选择需要进行清理的 C 盘,单击"确定"按钮,系统计算可以释放的空间后打开"磁盘清理"对话框。在"要删除的文件"列表框中选中"已下载的程序文件"和"Internet 临时文件"复选框,然后单击"确定"按钮。

2. 磁盘碎片整理程序

磁盘在长时间使用之后,文件可能会被分成许多"碎片",计算机读/写此文件所花的时间会大大增加。"磁盘碎片整理程序"通过重新安排文件在磁盘上的位置和合并磁盘碎片的方法来优化磁盘,以提高文件的访问速度和计算机的性能。要进行磁盘碎片整理,操

图 2.37　磁盘清理程序

作步骤如下。

在"开始"菜单中选择"Windows 管理工具"→"碎片整理和优化驱动器"命令,打开"优化驱动器"窗口,如图 2.38 所示。选择要整理的磁盘,然后单击"分析"按钮,系统进行分析。

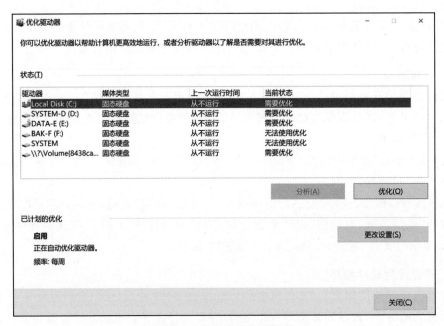

图 2.38　磁盘碎片整理程序

大学计算机基础(Windows 10+Office 2016)

2.5 本章小结

操作系统是用户和计算机之间的接口,是使用计算机时必须掌握的系统软件。应用软件是建立在操作系统软件之上的,所以操作系统的学习显得十分重要。本章介绍了Windows 10 的基本操作、文件与文件夹的含义和操作、常见的系统设置。通过本章的学习,读者应熟练掌握 Windows 10 操作系统的基本操作,理解文件及文件夹的概念,灵活运用文件及文件夹的基本操作,了解控制面板中常用的系统设置和常用工具程序的使用方法。

习　题　2

一、单项选择题

1. 在 Windows 10 系统中,"剪贴板"是程序和文件之间用来传递信息的临时存储区,此存储区是(　　)。

    A. 回收站的一部分　　　　　　　　B. 硬盘的一部分

    C. 内存的一部分　　　　　　　　　D. 外存的一部分

2. 关闭 Windows 10 系统后,回收站中的文件(　　)。

    A. 不会丢失　　　　　　　　　　　B. 可能丢失

    C. 一定丢失　　　　　　　　　　　D. 将会自动被还原

3. 下列关于删除的说法不正确的是(　　)。

    A. 在回收站里面删除文件相当于彻底删除该文件

    B. 彻底删除的快捷键是 Shift＋Delete

    C. 选择需要删除的文件之后,按 Delete 键,该文件将不能被找到

    D. 将所需删除的文件直接移动到回收站内可以达到删除的目的

4. 在 Windows 操作系统中,正确的说法是(　　)。

    A. 在不同的文件夹中不允许建立两个同名的文件或文件夹

    B. 同一文件夹中不允许建立两个同名的文件或文件夹

    C. 在根目录下允许建立多个同名的文件或文件夹

    D. 同一文件夹中可以建立两个同名的文件或文件夹

5. 删除 Windows 10 桌面上的某个应用程序的快捷图标,意味着(　　)。

    A. 该应用程序连同其图标一起被删除

    B. 只删除了该应用程序,对应的图标被隐藏

    C. 只删除了图标,对应的应用程序被保留

    D. 该应用程序连同其图标一起被隐藏

6. 在 Windows 10 中,下列叙述错误的是(　　)。

A. 可支持鼠标操作   B. 可同时运行多个程序

C. 不支持即插即用   D. 桌面上可同时容纳多个窗口

7. 在 Windows 10 中执行文件"搜索"命令时,( )通配符。

 A. 能使用"?"和"＊"   B. 不能使用"?"和"＊"

 C. 只能使用"?"   D. 只能使用"＊"

8. Windows 10 系统中的操作具有的特点是( )。

 A. 先选择操作对象,再选择操作项

 B. 先选择操作项,再选择操作对象

 C. 同时选择操作对象和操作项

 D. 需要将操作项拖到操作对象上

9. 在 Windows 10 中,对话框的形状是一个矩形框,其大小是( )的。

 A. 可以最大化 B. 可以最小化 C. 不能改变   D. 可以任意改变

10. 在 Windows 10 中,单击鼠标左键在同一驱动器的不同文件夹内拖动某一对象,其结果是( )。

 A. 移动该对象 B. 复制该对象 C. 没有变化   D. 删除该对象

11. 以下不是操作系统主要功能的是( )。

 A. 资源管理   B. 人机交互   C. 程序控制   D. 办公自动化

12. 文件的扩展名可以说明文件类型。下面的"文件类型-扩展名"对应关系错误的是( )。

 A. 多媒体文件-rmvb   B. 图片文件-jpg

 C. 可执行文件-com   D. 压缩文件-doc

13. 在资源管理器中选中某个文件,按 Delete 键可以将该文件删除,必要时还可以将其恢复,但如果将( )键和 Delete 键组合同时按下,则可以彻底删除此文件。

 A. Ctrl   B. Shift   C. Alt   D. Alt＋Ctrl

14. 以下( )不能实现窗口间的焦点切换操作。

 A. 在要变成活动窗口的任意位置单击

 B. 任务栏上排列所有窗口对应的按钮,若单击某个按钮,则该按钮对应的窗口成
  为活动窗口

 C. 利用 Alt＋Tab 键在不同窗口之间切换

 D. 在桌面空白区域右击,选择"切换窗口"命令

15. 通常情况下,通过 Windows 任务栏不能直接完成的操作是( )。

 A. 关闭已打开的窗口   B. 显示桌面

 C. 重新排列桌面图标   D. 打开任务管理器

16. 一个完整的文件名由主文件名和( )组成。

 A. 路径   B. 驱动器号   C. 驱动器号和路径 D. 扩展名

17. 在 Windows 10 中,如果使用键盘操作,默认情况下按( )键进行输入法的切换。

 A. Ctrl＋Space   B. Ctrl＋Alt

C. Ctrl＋Shift   D. Ctrl＋Alt＋Delete

18. 在 Windows 10 中,能弹出下层菜单的操作是(　　　)。

    A. 选择了带省略号的菜单项

    B. 选择了带向右黑色三角形箭头的菜单项

    C. 选择了文字颜色变灰的菜单项

    D. 选择了左边带对勾√的菜单项

19. 为了提高磁盘存取效率,人们常每隔一段时间进行磁盘碎片整理。所谓磁盘碎片是指磁盘使用一段时间后,(　　　)。

    A. 损坏的部分(碎片)越来越多

    B. 因多次建立、删除文件,磁盘上留下的很多可用的小空间

    C. 多次下载保留的信息块越来越多

    D. 磁盘的目录层次越来越多,越来越细

20. 在 Windows 10 中,下列关于文件删除和恢复的叙述中,错误的是(　　　)。

    A. 选择指定的文件,按 Delete 键,可以删除文件

    B. 将选定的文件拖曳到"回收站"中,可以删除文件

    C. 使用"还原"命令,可以把"回收站"中的文件恢复到原来的文件夹中

    D. 所有被删除的文件都在"回收站"中

二、操作题

1. 建立如图 2.39 所示的文件夹结构。

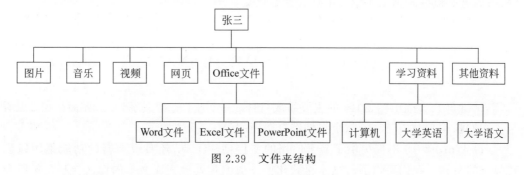

图 2.39　文件夹结构

2. 管理文件和文件夹,具体要求如下。

(1) 在计算机 D 盘中新建 FENG、WARM 和 SEED 三个文件夹,再在 FENG 文件夹中新建 WANG 子文件夹,在该子文件夹中新建一个 JIM.txt 文件。

(2) 将 WANG 子文件夹中的 JIM.txt 文件复制到 WARM 文件夹中。

(3) 将 WARM 文件夹中的 JIM.txt 文件删除。

3. 从网上下载搜狗拼音输入法的安装程序,然后安装到计算机中。

4. 请将个人拍摄的照片或下载的图片设置为桌面背景。

第 3 章 Word 2016 文字处理软件

本章学习目标

- 掌握 Word 2016 文档处理的基本操作。
- 掌握文档排版(字体格式、段落格式和页面格式)的基本操作和高级操作。
- 熟练掌握表格制作、编辑及格式设置。
- 掌握插入和编辑对象(图片、艺术字、数学公式)等相关操作,实现图文混排。
- 了解页面设置和文档打印的基本操作。

本章介绍 Word 文档的创建、保存和编辑,学习如何在文档中实现表格的制作和应用,图文的混排和应用。最后介绍 Word 文档的输出和打印的相关知识及使用方法。Word 2016 作为 Office 组件中的一款重要软件,对培养动手操作实践能力,增强计算机素养,未来更好地投入到工作学习中具有重要意义。

3.1　认识 Word 2016

Word 2016 是 Office 2016 的主要组成软件之一,用于进行文字处理,界面如图 3.1 所示。在 Office 2016 家族中,每个组件都有明确的分工,具体如下。

(1) Word 2016 不仅提供了易于使用的文档创建工具,还具有丰富的功能集用以创建复杂的文档。我们可以通过文本格式化操作或图片处理完成文本的输入、编辑、排版和打印工作。

(2) Excel 2016 主要用来进行各种表格数据的处理、统计分析和辅助决策等工作。

(3) PowerPoint 2016 不仅可以创建演示文稿,还可以在互联网上召开面对面会议、远程会议或在网上给观众展示作品或产品。

(4) Access 2016 是把数据库引擎的图形用户界面和软件开发工具结合在一起的一个数据库管理系统,用来进行数据处理、显示表和报表等工作。

(5) Outlook 2016 可以用来收发电子邮件、管理联系人信息、记日记、安排日程、分配任务等。

(6) Pulisher 2016 是一款入门级的桌面出版应用软件,能提供比 Microsoft Word 更强大的页面元素控制功能。

图 3.1　Word 2016 界面

Word 2016 的常用功能如下。

① 管理文档：文档的建立、保存、加密和意外恢复。

② 编辑文档：输入、复制、移动、查找替换文本。

③ 格式设置：设置字体、字号、段落和页面格式。

④ 表格处理：建立、保存、编辑和转换表格。

⑤ 图形处理：图形的绘制、插入、编辑和图文混排。

⑥ 公式编辑：数理化公式编辑。

⑦ 其他功能：项目编号和符号、邮件合并、样式与模板的制作和使用等。

3.1.1　Word 2016 的启动和退出

1. Word 2016 的启动

启动 Word 2016 的一般方法如下。

方法 1　在任务栏上单击"开始"按钮，在弹出的"开始"菜单中选择"Word 2016"命令。

方法 2　双击桌面的快捷方式图标。

方法 3　双击任意一个 Word 文档。

方法 4　右击任务栏上的"开始"按钮，在快捷菜单中选择"运行"命令，在打开的"运行"对话框中，输入文件名"winword.exe"及其所在的路径，或单击"浏览"按钮，在打开的"浏览"对话框中找到文件后单击"打开"按钮，然后单击"确定"按钮启动，如图 3.2 所示。

图 3.2　"运行"对话框

2. Word 2016 的退出

退出 Word 2016 的一般方法为：单击该窗口的⊠按钮。

3.1.2　Word 2016 工作窗口

1. 标题栏

Word 2016 标题栏如图 3.3 所示，从左到右依次是快速访问工具栏、文件名、程序名、功能区显示选项和 3 个窗口操作按钮（最小化、最大化/还原和关闭）。

图 3.3　Word 2016 标题栏

（1）快速访问工具栏包括保存、撤销和恢复等常用命令按钮，可以自定义添加或删除按钮。如单击右侧的下拉三角按钮，在下拉菜单中选择常用的命令可以直接添加，或选择"其他命令"命令，在"Word 选项"对话框中自动定位到"快速访问工具栏"选项卡，在命令列表中选取相应的命令，可以添加或删除相应的命令按钮。

（2）当前文档名为"03Word2016.docx"，新建默认的完整文件名是"文档 1.docx"。

（3）功能区显示选项包括"自动隐藏功能区""显示选项卡""不显示选项卡和命令"3 种。

（4）双击标题栏空白处可以最大化/还原窗口，在非最大化状态下，拖动可以移动窗口。

2. 选项卡和功能区

菜单栏中列出了 Word 2016 中的 9 个主选项卡，单击每一个选项卡标签，都会出现相应的功能区，功能区由若干个选项组构成，相关命令按选项组分类排列，命令可以是按钮、菜单、列表或者输入框，如图 3.4 所示。

图 3.4　选项卡、功能区和命令选项组

　大学计算机基础(Windows 10＋Office 2016)

3."字体"和"段落"选项组

如图 3.5 所示的"字体"和"段落"选项组列出了文档的基本编辑操作命令按钮,如果不清楚某个命令按钮的具体名称(如主题颜色)或具体功能(如文本效果),可用鼠标指针在这个命令按钮上停留片刻,系统会自动显示屏幕提示,帮助用户在日常操作或等级考试中解决一部分难题。另外单击某些选项组的右下角小箭头(对话框启动器),就会弹出带有更多命令的对话框或任务窗格。

图 3.5 "字体"和"段落"选项组

4."文件"选项卡和"Backstage 视图"

"文件"选项卡列出了对文件进行基本操作的固定选项卡。"文件"选项卡打开的窗口称为"Backstage 视图"。

5. 标尺

通过标尺可以选择不同制表符并设置制表符的位置,以调整页边距大小和设置不同段落缩进。

(1)要显示或隐藏标尺,可以选择"视图"选项卡,在"显示"选项组中"标尺"前面出现☑,表示正在显示状态。

(2)要改变标尺的度量单位,可以依次选择"文件"→"选项"命令,打开"Word 选项"对话框,打开"高级"选项卡,在"显示"选项组中首先通过选中"以字符宽度为度量单位"复选框,来设置当前是否以字符为度量单位。若不选用使用字符单位,则以"度量单位"右侧的下拉列表框中所选单位为当前度量单位。

6. 文档编辑区

文档编辑区用来显示和编辑文档内容。在编辑区左边空白处,鼠标显示为向左的空心箭头,该区域称为文本选定区。在此区域通过不同次数的单击或拖动鼠标可以选择整行、整段和整篇文本,在 3.3 节将具体介绍。

7. 插入点

文本中闪烁的"|"称为插入点,表示当前输入文本所在的位置。输入文本前必须先指定插入点的位置,可以用鼠标或键盘来完成,后面章节将具体介绍。Word 2016 支持"即点即输"和操作选项选择前的效果"实时预览"功能。

8. 滚动条

Word 2016 有垂直滚动条和水平滚动条,用于纵向和横向滚动查看文档。一般来说,拖动其中的滑块可以快速浏览显示文档,在进行大范围粗略定位文档时常用;单击⇧或⇩按钮可以将显示内容向上或向下滚动一行,常用于小范围仔细逐行浏览文本。

9. 状态栏

状态栏位于窗口的底部,如图 3.6 所示,它用于显示当前编辑操作的状态,包括正在显示文档的第 X 页,共 xx 页、字数、校对/更正错误、语言、录制新宏、视图方式和显示比例等。

第 6 页,共 58 页 29776 个字 🔲 中文(中国) 🖿 📖 ▤ 🌐 - ▐ + 120%

图 3.6 Word 2016 的状态栏

10. 视图方式

Word 2016 有多种视图方式,在其窗口显示的有 5 种视图,如图 3.7 所示。

图 3.7 Word 2016 的视图方式

1) 页面视图

在页面视图中,编辑时所见到的页面对象分布效果就是打印出来的效果,基本能做到"所见即所得",是最占用内存的一种视图方式。它能同时显示水平标尺和垂直标尺,从页面设置到文字录入、图形绘制,从页眉页脚设置到生成自动化目录都建议在编辑文档时使用,也是人们使用最多的视图。

2) 阅读视图

为了方便阅读文档而设计的视图模式,适合阅读长篇文章。此模式默认仅保留了方便在文档中跳转的导航窗格,将其他诸如插入、页面设置、审阅、邮件合并等文档编辑工具进行了隐藏,扩大了 Word 的显示区域,另外,对阅读功能进行了优化,最大限度地为用户提供良好的阅读体验,在该视图下同样可以进行文字的编辑工作,但视觉效果更好,眼睛不会感到疲劳。例如,单击正文左右两侧的箭头,或者直接按键盘上的左右方向键,就可以分屏切换文档显示。

要使用阅读视图,只需在打开的 Word 文档中,单击"视图"→"阅读视图"按钮。想要停止阅读文档时,单击"阅读版式"工具栏上的"页面视图"按钮或按 Esc 键,可以从阅读视图切换回来。

3) Web 版式视图

在 Web 版式视图中,文档显示效果和 Web 浏览网页的显示效果相同,正文显示的宽度不是页面宽度,而是整个文档窗口的宽度,并且自动折行以适应窗口。对文档不进行分页处理,不能查看页眉页脚等,显示的效果不是实际打印的效果。这种视图方式只显示水平标尺,利用 Word 2016 制作网页后可以查看在 Web 端的发布效果。

如果碰到文档中存在超宽的表格或图形对象又不方便选择调整的时候,可以考虑切换到此视图中进行操作,会有意想不到的效果。

4) 大纲视图

大纲视图可显示文档的结构,它可以将所有的标题或文字都转换成大纲标题进行显示。大纲视图中的缩进和符号并不影响文档在页面视图中的外观,而且也不会打印出来,不显示页边距、页眉和页脚、图片和背景。可以通过双击一个标题来查看标题下的文字内容,也可将大标题下的一些小标题和文字隐藏起来,使文档层次结构清晰明了,还可以通过拖动标题来移动、复制和重新组织文本,特别适合编辑含有大量章节的长文档,在查看、重新调整文档结构时使用,可以轻松地合并多个文档或拆分一个大型文档。

注意:大纲视图和文档结构图要求文章具备诸如标题样式、大纲符号等表明文章结构的元素。不是所有的文章都具备这样的文章结构,因此不一定都能显示出大纲视图和导航窗格。

5)草稿视图

在草稿视图中,可以显示文字的格式和分页符等,它简化了页面的布局,不能显示图片、页眉页脚和分栏等,只能显示水平标尺,不能显示垂直标尺,比较节约内存、适用于快速浏览文档及简单排版等。

另外,在"视图"选项卡中还可以通过单击"导航窗格"和"缩放"等命令选项来快速定位浏览文档。

3.2 Word 文档的基本操作

3.2.1 创建新文档

建立新文档通常有以下 4 种方法。

方法 1 启动 Word 2016 同时自动创建新文档:文档 1.docx。

方法 2 启动后按 Ctrl+N 组合键,可以快速创建一个空白文档。

方法 3 选择"文件"→"新建"命令,然后在"新建"列表内单击"空白文档"图标即可新建文档。

方法 4 选择"文件"→"新建"命令,然后在"联机模板"列表内选择"蓝灰色简历"或"快速日历"等模板,如图 3.8 所示,单击"创建"按钮即可。

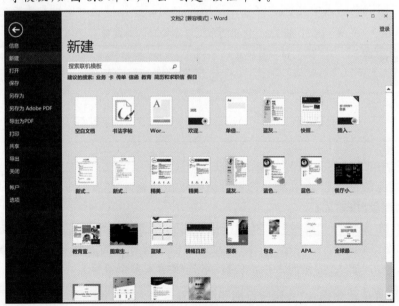

图 3.8 "联机模板"创建文档

3.2.2　输入文档内容

1. 选用合适的输入法

输入法的选择可以通过按 Ctrl+Shift 组合键循环切换。

2. 定位"插入点"

输入、修改文本前首先要指定文本对象输入的位置,可以通过鼠标和键盘来进行定位。

(1) 鼠标定位。通过滚动条浏览移动鼠标指针至目标位置后单击。

(2) 键盘定位。使用键盘上的光标移动键或组合键定位"插入点",常见操作见表 3.1。

表 3.1　定位"插入点"

组　合　键	定位单位	组　合　键	定位单位
PageUp	上移一页	Ctrl+↑	上移一段
PageDown	下移一页	Ctrl+↓	下移一段
Home	移到行首	Ctrl+ Home	移到文首
End	移到行尾	Ctrl+ End	移到文尾

3. 输入文本内容

自然段内系统自动换行,自然段结束按 Enter 键可以手动换行,同时显示段落符号。

4. 插入符号和特殊符号

(1) 利用键盘输入中文标点符号。常用的中文标点符号的对应键见表 3.2。

表 3.2　常用的中文标点符号的对应键

标点符号	对　应　键	标点符号	对　应　键
、	\	·	@
——	-	……	^
《	<	》	>

(2) 利用软键盘输入符号。在汉字输入法工具条上右击"软键盘"按钮,在弹出的菜单中选择相应的符号选项,在弹出的键盘图中单击要输入的符号即可。关闭软键盘可通过单击"软键盘"按钮完成。

(3) 单击"插入"→"符号"→"其他符号"按钮,在打开的"符号"对话框中打开"符号"选项卡,如图 3.9 所示,然后在"字体"下拉列表框中选择不同的符号集,找到要输入的符号后选中,单击"插入"按钮插入指定位置(可连续插入多个符号)。

5. 使用菜单命令插入"页码""日期和时间"

单击"插入"→"页眉和页脚"→"页码"按钮,在下拉列表中选择"页面底端"或"页面顶

图 3.9 "符号"对话框

端"命令,在弹出的列表中选择相应样式,如图 3.10 所示,可以设置页码在垂直方向上的位置和水平方向上的对齐方式,在所需位置插入页码;确定插入点后,单击"插入"→"文本"→"日期和时间"按钮,如图 3.11 所示,可以将日期和时间插入到文本中的任何位置。

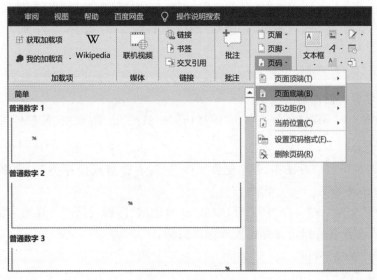

图 3.10 插入"页码"

图 3.11　插入日期和时间

3.2.3　保存文档

1. 保存新建文档

保存新建文档的操作步骤如下。

（1）选择"文件"→"保存"命令或单击"快速访问工具栏"上的"保存"按钮，打开"另存为"对话框。

（2）输入文件名。在"文件名"组合框中输入即可。

（3）选择保存位置。单击"保存位置"列表框右侧的箭头选择目标文件夹。

（4）选择保存类型。单击"保存类型"列表框右侧的箭头选择文件类型（默认类型为"Word 文档（ ＊.docx ）"）。

（5）单击"保存"按钮。

2. 以原名保存修改后的文档

选择"文件"→"保存"命令或单击"快速访问工具栏"上的"保存"按钮即可实现。

3. 另存文件

无论是否进行过修改操作，若想更换文件名、保存位置或保存类型，将原来的文件留作备份，操作步骤如下。

（1）选择"文件"→"另存为"命令，双击"这台电脑"图标，打开"另存为"对话框。

（2）输入文件名并指定保存位置或保存类型。

（3）单击"保存"按钮。

4. 自动保存

为了防止突然断电或其他意外情况的发生，Word 2016 提供了按指定时间间隔由系统自动保存文档的功能，设置步骤是：先选择"文件"→"选项"命令，打开"Word 选项"对话框，然后在"保存"选项卡中选中"保存自动恢复信息时间间隔"复选框，调整间隔时间后单击"确定"按钮即可,如图 3.12 所示。

图 3.12　文档的自动保存

5. 加密保存

某些文档需要保密,不希望被别人随意打开查看,有两种加密方法,可以按下列步骤为文档设置密码。

(1) 文件信息选项加密。

① 打开要加密的 Word 文档,选择"文件"→"信息"命令,如图 3.13 所示。

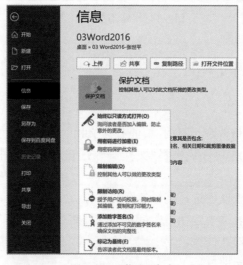

图 3.13　"信息"命令

② 在中间的窗格单击"保护文档"小三角形按钮,在弹出的菜单中选择"用密码进行加密"命令,打开"加密文档"对话框,在"密码"框中键入密码,修改完成后单击"确定"按钮。再输入一遍相同的密码,单击"确定"按钮即可。

③ 在随后弹出的"确认密码"对话框的文本框中再输入一遍相同的密码,单击"确定"按钮。

(2) 文件另存为工具选项加密。

打开要加密的 Word 文档,选择"文件"→"另存为"命令,双击"这台电脑"图标,打开"另存为"对话框。

单击"工具"按钮,在下拉菜单中选择"常规选项"命令,弹出"常规选项"对话框,如图 3.14 所示,在"打开文件时的密码"框中键入要设置的密码,单击"确定"按钮,最后保存设置好密码的文档即可。

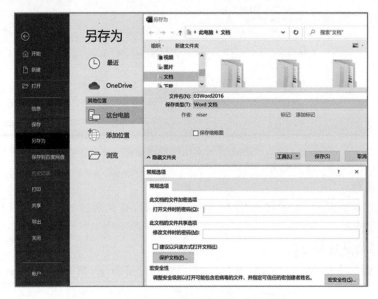

图 3.14 "确认密码"保存

3.2.4 打开和关闭文档

1. 打开文档

对已有的文件进行修改或浏览时,要先打开文档。操作步骤如下。

(1) 启动 Word 2016 程序后选择"文件"→"打开"命令,双击"这台电脑"图标,打开"打开"对话框,如图 3.15 所示。

(2) 在文件类型列表框中选择需要打开的文件类型。

(3) 在查找范围列表框中选择需要打开的文件路径。

(4) 单击需要打开的文件名。

(5) 单击"打开"按钮即可。

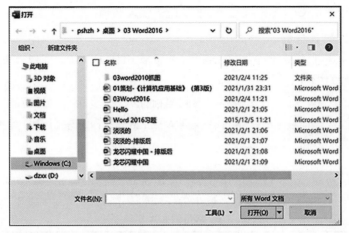

图 3.15 "打开"对话框

2. 关闭文档

关闭文档有以下两种方法。

方法 1 单击标题栏上的"关闭"按钮,退出 Word 2016 程序的同时关闭文档。

方法 2 选择"文件"→"关闭"命令,关闭文档窗口。

3.3 编辑 Word 文档

3.3.1 文本的基本编辑

1. 选定文本内容

文本编辑及格式化工作遵循"先选定、后操作"的原则,只有准确地选择好操作对象,才能进行正确的文本编辑。选定文本内容一般有鼠标法和键盘法两种。

(1) 鼠标法选择文本。鼠标在不同的区域操作时,选择的文本单位也不相同,详情见表 3.3。

表 3.3 鼠标操作和选定文本内容

正文编辑区	选择文本单位	文本选定区	选择文本单位
双击	一词	单击	一行
三击	一段	双击	一段
Ctrl+句中单击	一句	三击	全文
Alt+拖动	矩形区域	拖动	连续文本行

(2) 键盘法定位选择文本。

① 采用 Shift 键+光标移动↑↓←→方向键,可以从插入点位置开始选择任意连续

区域的文本。②采用 Ctrl＋A 组合键,可以选中整篇文档。

2. 设置文本输入状态

默认文本输入状态为"插入",此时可以在文档中插入字符;而要在文档中修改字符时,则应处于"改写"状态。

(1)"插入"状态:输入的文本将插入到当前插入点处,插入点后面的字符顺序后移。

(2)"改写"状态:输入的文本将替换插入点后的字符,其余字符位置不变。

(3)"插入"状态和"改写"状态的切换:按 Insert 键。

3. 删除文本

删除文本可用键盘、鼠标和菜单命令完成。常用的文本删除方法见表 3.4。

表 3.4　常用的文本删除方法

按(组合)键	删除文本单位	文本选定后操作
Delete	插入点后一字	按 Delete 键
Backspace	插入点前一字	按 Backspace 键
Ctrl＋Delete	插入点后一词	单击"开始"→"剪切"命令
Ctrl＋Backspace	插入点前一词	

4. 移动或复制文本

(1) 文件内文本的移动或复制。

① 用鼠标拖动,一般用于近距离文本的移动或复制。

移动文本:选择要移动的文本,直接拖动鼠标到目的地释放即可。

复制文本:选择要复制的文本,按 Ctrl 键,同时拖动鼠标到目的地释放即可。

② 用键盘操作,一般用于远距离文本的移动或复制。

移动文本:选择要移动的文本,按 Ctrl＋X 组合键,将移动文本剪切到剪贴板中;定位插入点于目的位置,按 Ctrl＋V 组合键将文本从剪贴板中粘贴到目的地。

复制文本:选择要复制的文本,按 Ctrl＋C 组合键;定位插入点于目的地,按 Ctrl＋V 组合键完成文本的复制。

③ 用菜单命令。

移动文本:选择要移动的文本,单击"开始"→"剪贴板"→"剪切"按钮;定位插入点于目的位置,再单击"开始"→"剪贴板"→"粘贴"按钮完成。

复制文本:选择要复制的文本,依次单击"开始"→"剪贴板"→"复制"按钮;定位插入点于目的位置,再单击"开始"→"剪贴板"→"粘贴"按钮完成。

(2) 文件间文本的移动或复制。用键盘或菜单命令操作。步骤同上,注意源文件和目标文件的插入点定位切换。

5. 查找和替换文本

在文档的编辑过程中,会经常需要进行单词或词语的查找和替换操作,Word 2016 提供了强大的查找和替换功能。

（1）查找。

① 单击"开始"→"编辑"→"查找"按钮，在下拉列表中选择"高级查找"命令，打开"查找和替换"对话框。

② 在"查找"选项卡（图 3.16）的"查找内容"文本框中输入要查找的文本内容，按 Enter 键或单击"查找下一处"按钮，就可以找到插入点之后第 1 个与输入文本内容相匹配的文本。

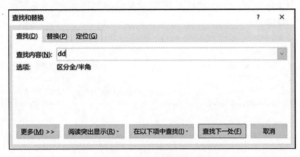

图 3.16　查找文本

③ 连续单击"查找下一处"按钮，可以进行多处匹配的文本内容的查找。

④ 所有相匹配的文本查找完毕后，会弹出"搜索完毕"提示框，显示查找结果。

（2）替换。

① 单击"开始"→"编辑"→"替换"按钮，打开"查找和替换"对话框。

② 在"替换"选项卡（图 3.17）的"查找内容"文本框中输入要查找的文本内容，在"替换为"文本框中输入替换的内容。

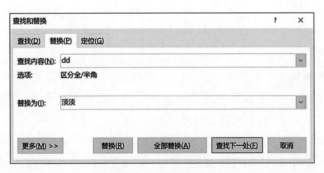

图 3.17　替换文本

③ 逐次单击"查找下一处"按钮，找到要替换的文本后，单击"替换"按钮，可以进行有选择性的替换；单击"全部替换"按钮，则可以一次性完成替换。

（3）更多查找替换。

除了可以查找替换的字符外，还可以查找替换某些特定的格式或特殊符号，这时需要通过单击"更多"按钮来扩展"查找和替换"对话框，如图 3.18 所示。

① "搜索"下拉列表框。用于选择查找和替换的方向。以当前插入点为起点，"向上""向下"或者"全部"搜索文档内容。

图 3.18　"查找和替换"对话框更多选项

② "区分大小写"复选框。查找和替换时区分字母的大小写。

③ "全字匹配"复选框。单词或词组必须完全相同,部分相同不执行查找和替换操作。

④ "使用通配符"复选框。单词或词组部分相同也可以进行查找和替换操作。

⑤ "格式"按钮。可以对文本的字体、段落和样式等排版格式进行查找和替换。

⑥ "特殊格式"按钮。查找和替换的对象是特殊字符,如通配符、制表符、分栏符等。

⑦ "不限定格式"按钮。查找和替换时不考虑"查找内容"文本框或"替换为"文本框中的文本格式。

6. 撤销、恢复文本

如果在文档编辑过程中操作有误或存在冗余操作,想撤销本次错误操作或之前的冗余操作,可以使用 Word 2016 的撤销操作功能。

(1) 撤销操作。

① 单击快速访问工具栏上的"撤销"按钮(或按 Ctrl＋Z 组合键),可以撤销之前的一次操作;多次执行该命令可以依次撤销之前的多次操作。

② 单击快速访问工具栏上的"撤销"按钮右侧的下拉按钮可以撤销指定某次操作之前的多次操作。

(2) 恢复撤销操作。如果撤销过多,需要恢复部分操作,可以使用恢复功能完成。

① 单击快速访问工具栏上的"恢复"按钮(或按 Ctrl＋Y 组合键),可以恢复之前的一次操作;多次执行该命令可以依次恢复之前的多次撤销操作。

② 单击快速访问工具栏上的"恢复"按钮右侧的下拉按钮,可以依次恢复指定某次撤销操作之前的多次撤销操作。

3.3.2 字符格式

字符指文本中汉字、字母、标点符号、数字、运算符号以及某些特殊符号。字符格式的设置决定了字符在屏幕上显示和打印出的效果,包括字符的字体和字号,字符的粗体、斜体、空心和下画线等修饰,调整字符间距等。对字符格式的设置,在字符输入前或后都可以进行。输入前,可以通过选择新的格式定义对将要输入的文本进行格式设置;对已输入的文字格式进行设置,要先选定需设置格式的文本范围,再对其进行各种设置。为了能够集中输入,一般采用先输入后设置的方法。设置字符格式主要使用"字体"选项组中的命令选项和"字体"对话框中的选项。

1."字体"选项组

"开始"选项卡下的"字体"选项组中有"字体""字号"下拉列表框和"加粗""倾斜""下画线"等按钮,如图 3.19 所示。

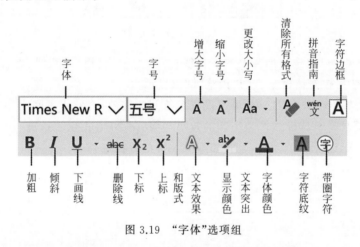

图 3.19 "字体"选项组

(1)"字体"下拉列表框提供了宋体、楷体、黑体等多种常用字体。

(2)"字号"下拉列表框提供了多种字号以表示字符大小的变化。字号的单位有字号和磅两种。

(3)"加粗""倾斜""下画线""字符边框""字符底纹""字符缩放"提供了字形的修饰方法。

使用"字体"选项组只能进行字符的简单格式设置,若设置更为复杂多样,则应当使用"字体"对话框中的选项。

2."字体"对话框

单击"开始"→"字体"→对话框启动器,打开如图 3.20 所示的"字体"对话框。

对话框中有"字体"和"高级"两个选项卡。

在"字体"选项卡中,可以设置字体、字号(磅)和字符的颜色;可以设置加粗、倾斜、加下画线;可以加删除线、双删除线、上标和下标;还可以设置小型大写字母、全部大写字母、隐藏文字等。通过"字体颜色"下拉列表框可以从多种颜色中选择一种颜色;通过"下画线

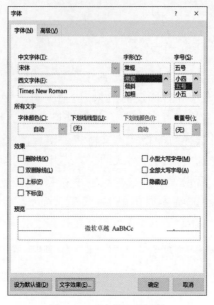

图 3.20　"字体"对话框

线型"下拉列表框,可以选择所需要的下画线样式(如单线、粗线、双线、虚线、波浪线等类型)。操作的效果在对话框下方的"预览"框内显示。

在"高级"选项卡(图 3.21)中,可以设置字符间的缩放比例、水平间距和字符间的垂直位置,使字符更具有可读性或产生特殊的效果。Word 2016 提供了标准、加宽和紧缩 3 种字符间距供选择,还提供了标准、上升和降低 3 种位置供选择。

单击"文字效果"按钮,打开"设置文本效果格式"对话框,如图 3.22 所示,用来设置字符的填充、边框、阴影等显示效果。

图 3.21　"高级"选项卡

图 3.22　"设置文本效果格式"对话框

3. 格式刷

利用"开始"选项卡"剪贴板"选项组中的"格式刷"按钮可以复制字符格式。操作步骤如下。

（1）选定带有需要复制字符格式的文本。

（2）单击或双击"开始"→"剪贴板"→"格式刷"按钮 ▼。

（3）用刷子形状的鼠标指针在需要设置新格式的文本处拖过,该文本即被设置新的格式。

4. 特殊字体效果

通过"开始"选项卡"段落"选项组中的"中文版式"列表中的"双行合一""合并字符"（最多 6 个字）、"纵横混排"以及"字体"选项组中的"拼音指南""带圈字符"等菜单命令可以设置相应效果,如图 3.23 所示。

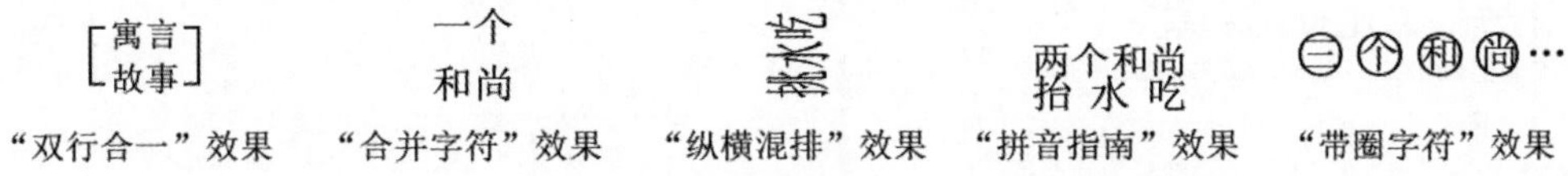

[寓言故事]　　　　一个和尚　　　　抬水吃　　　　两个和尚抬水吃　　　　○一个和尚…

"双行合一"效果　　"合并字符"效果　　"纵横混排"效果　　"拼音指南"效果　　"带圈字符"效果

图 3.23　设置特殊字体效果

3.3.3　段落格式

段落的格式主要包括段落的对齐方式、段落的缩进（左右缩进、首行缩进）、行间距与段间距、段落的修饰、段落首字下沉等处理。对段落的格式进行设置时,不用选定整个段落,只需要将插入点移至该段落内即可,但如果同时对多个连续段落进行设置,在设置之前必须要选定进行设置的段落。

进行段落格式化主要利用"开始"选项卡"段落"选项组的命令选项、"段落"对话框和标尺。

1. 设置段落缩进格式

所谓段落的缩进是指段落中的文本内容相对边界缩进一定的距离。段落缩进的方式分为左缩进、右缩进、悬挂缩进,以及首行缩进等。所谓首行缩进是指对本段落的第 1 行进行缩进设置;悬挂缩进是指段落中除了第 1 行之外的其他行的缩进设置。设置段落缩进位置可以使用对话框、标尺和段落选项组中的按钮,其中使用标尺最为简单。

（1）使用"段落"对话框。单击"开始"→"段落"→对话框启动器,打开"段落"对话框,在"缩进和间距"的选项卡中进行左、右缩进及特殊格式的设置,如图 3.24 所示。

（2）使用标尺。水平标尺位于正文区的上侧,由刻度标记、左右边界缩进标记、悬挂缩进标记和首行缩进标记组成,用来标记水平缩进位置和页面边界等。用鼠标在标尺上拖动左、右缩进标记,或首行缩进标记以确定其位置。

（3）使用"段落"选项组。单击"开始"→"段落"→"减少/增加缩进量"按钮,如图 3.25

所示,可使所在段落的左边整体减少和增加缩进一个默认的制表位,默认的制表位一般是0.5英寸。

图 3.24 "段落"对话框

图 3.25 "段落"选项组

2. 设置段落对齐方式

在编辑文本时,有时希望某些段落的内容在行内居中、左端对齐、右端对齐、分散对齐或两端对齐。所谓"两端对齐"是指使段落内容同时按左右缩进对齐,但段落的最后一行左对齐。"分散对齐"是指使行内字符左右对齐、均匀分散,这种格式使用较少。设置段落对齐方式常用"开始"选项卡"段落"选项组中的按钮或"段落"对话框。

（1）"段落"对话框。在"段落"对话框"缩进和间距"选项卡的"对齐方式"下拉列表框中选择段落的对齐方式。

（2）使用"段落"选项组中的按钮。用鼠标单击"段落"选项组中的"左对齐"按钮、"居中"按钮、"右对齐"按钮、"两端对齐"按钮或"分散对齐"按钮,设置段落的对齐方式。

3. 设置段落间距和段落内行间距

段落间距是指相邻段落间的间隔。段落间距设置通过单击"开始"→"段落"→对话框启动器,在打开的"段落"对话框中的"缩进和间距"选项卡的"间距"区域进行。它有段前、段后、行距 3 个选项,用于设置段落前、段落后间距以及段落中的行间距。行距有单倍行距、1.5 倍行距、2 倍行距、最小值、固定值、多倍行距等多种。选择最小值、固定值后,还要在"设置值"框中确定具体值。

大学计算机基础(Windows 10＋Office 2016)

4. 设置段落修饰

段落修饰设置是指给选定段落加上各式各样的框线和（或底纹），以达到美化版面的目的。设置段落修饰可以使用"开始"选项卡"段落"选项组中的"底纹"按钮和"边框"按钮进行简单设置，还可以通过单击"开始"→"段落"→"边框"下拉按钮，在下拉列表中选择"边框和底效"命令，在打开的"边框和底纹"对话框中完成，如图3.26所示。其中，在"边框"选项卡中设置段落边框类型（无边框、方框、加阴影的方框、三维边框和自定义边框）、框线样式、颜色和宽度、文字与边框的间距选项等；在"底纹"选项卡中设置底纹的类型及前景、背景颜色。

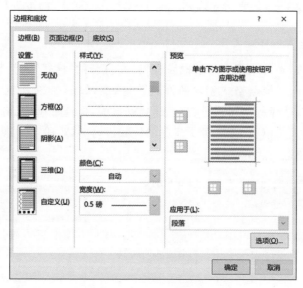

图 3.26 "边框和底纹"对话框

5. 设置段落首字下沉

段落首字下沉可以使段落第1个字放大数倍，以增强文章的可读性。突出显示段首段落的首字下沉，或篇首位置。设置段落首字下沉的方法是将插入点定位于段落，单击"插入"→"文本"→"首字下沉"按钮，在下拉列表中选择"首字下沉"选项命令，在"首字下沉"对话框的"位置"框中有"无、下沉、悬挂"3个选项，如图3.27所示。

（1）"无"：不进行首字下沉，若该段落已设置首字下沉，则可以取消下沉。

（2）"下沉"：首字后的文字围绕在首字的右下方。

（3）"悬挂"：首字下面不排放文字。

图 3.27 "首字下沉"选项

6. 样式

1）样式的概念

样式是一组已命名的字符和段落格式的组合。样式是 Word 2016 的强大功能之一，通过使用样式可以在文档中对字符、段落和版面等进行规范、快速的设置。当定义一个样式后，只要把这个样式应用到其他段落或字符，就可以使这些段落或字符具有相同的格式。

Word 2016 不仅能定义和使用样式，还能查找某一指定样式出现的位置，或对已有的样式进行修改，也可以在已有的样式基础上建立新的样式。

使用样式的优势主要体现在以下两方面。

（1）可以保证文档中段落和字符格式的规范，修改样式即自动改变了引用该样式的段落、字符的格式。

（2）使用方便、快捷，只要从样式列表框中选定一个样式，即可进行段落、字符的格式设置。

2）样式的建立

依次单击"开始"→"样式"→对话框启动器，在打开的"样式"对话框（图 3.28）中单击"新建样式"按钮，打开"根据格式创建新样式"对话框，如图 3.29 所示。在"名称"文本框中先输入样式名称，选择所建样式的类型、样式基准等，再通过单击"格式"按钮，在下拉菜单中选择对应的格式菜单项，可以对所建立的样式进行字体、段落等格式设置。样式建立后，单击"确定"按钮退出。

图 3.28 "样式"对话框

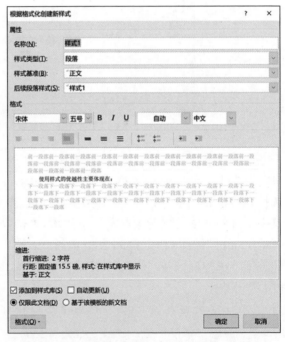

图 3.29 "根据格式化创建新样式"对话框

3）查看样式内容

在"样式"对话框中，滚动查找并选中要查看的样式，如"正文"，单击底部的"样式检查器"按钮图，这时在"说明"框中会自动显示出样式所定义的段落格式和文字级别格式内容。

4）应用样式编排文档

实际上，Word 2016 预定义了许多标准样式，如各级标题、正文、页眉、页脚等，这些样式可适用于大多数类型的文档。在应用已有样式编排文档时，首先选定段落或字符，然后在"样式"选项组的"样式"下拉列表框中选择所需要的样式，所选定的段落或字符便按照该样式格式来编排；或者单击"开始"→"样式"→"其他"按钮，在下拉列表中选择"应用样式"命令，在打开的"应用样式"对话框（图 3.30）"样式名"列表框中选择所需要的样式后单击"重新应用"按钮即可。当然，也可以先选定样式，再输入文字。在"样式"选项组中的名称列表中仅列出部分标准样式，而"应用样式"对话框会列出所有的已定义样式。

图 3.30 "应用样式"对话框

5）样式的修改

应用样式之后，如果某些格式需要修改，不必分别设置每一段文字，只用修改所引用的样式即可。样式修改完成后，所有使用该样式的文字格式都会做相应的修改。

修改样式的方法是：首先在"样式"选项组的"样式"下拉列表框中选择"应用样式"命令，在"应用样式"对话框中单击"修改"按钮，然后在打开的"修改样式"对话框中单击"格式"按钮，在下拉菜单中选择相应的命令对该样式的各种格式进行修改。

7. 模板及其应用

模板是一种特殊的 Word 文档（＊.dotx）或者启用宏的模板（＊.dotm），它提供了制作最终文档外观的基本工具和文本，是多种不同样式的集合体。

针对不同的使用情况，Word 2016 预先提供了丰富的模板文件，使得在大部分情况下，不需要对所要处理的文档进行格式化，直接套用 Word 提供的模板，录入相应文字，即可得到比较专业的效果，如发传真、新闻稿、报表、简历、报告和信函等。如果需要新的文章格式，也可以通过创建一个新的模板或修改一个旧模板来实现。

1）利用模板建立新文档

Word 2016 中还内置了多种文档模板，如书法字帖模板等。另外，Office.com 网站还提供了证书、奖状、名片、简历等特定功能模板。在 Word 2016 中使用模板创建文档的步骤为：

选择"文件"→"新建"命令，在"建议的搜索"Office 模板中选择类别（业务、卡、传单、信函等），如图 3.31 所示，在出现的模板列表中选择所需的模板，再单击"创建"按钮即可修改编辑。

2）新模板文件的制作

所有的 Word 文档都是基于模板建立的，Word 2016 为用户提供了许多精心设计的模板，但对于一些特殊的需求格式，我们可以根据自己的实际工作需要制作一些特定的模板。例如，建立自己的简历、试卷、文件等的模板。用户可以将自定义的 Word 模板保存在"自定义 Office 模板"文件夹（C:\Users\Administrator\Documents\ 自定义 Office 模板）中，以便随时使用。以 Windows 10 系统为例，在 Word 2016 文档中新建模板可采用

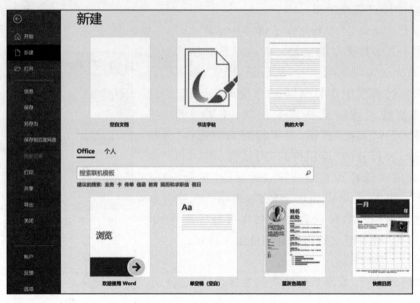

图 3.31 Word 2016 文档模板

以下两种方法。

方法 1 通过修改已有的模板或文档建立新的模板文件。用已有的模板或文档制作新模板是一种最简便的制作模板的方法,其操作步骤如下。

① 打开一个要作为新模板基础的文档或模板;编辑修改其中的元素格式,如文本、图片表格、样式等;选择"文件"→"另存为"命令,在"另存为"对话框中选择存储的"保存位置"为"自定义 Office 模板"文件夹。

② 单击"保存类型"下拉按钮,在下拉列表中选择"Word 模板"选项。在"文件名"文本框中输入模板名称,并单击"保存"按钮即可,如图 3.32 所示。

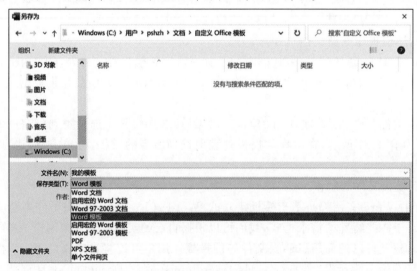

图 3.32 保存 word 模板

③ 选择"文件"→"新建"命令,在模板类别中选择"个人"选项。在个人模板列表可以看到新建的自定义模板。选中该模板并单击"确定"按钮即可新建一个文档。

方法2 创建新模板。当文档的格式与已有模板的格式差异过大时,可以直接创建模板。模板的制作方法与一般文档的制作方法完全相同,选择"文件"→"新建"命令,选择"空白文档"图标,如图 3.33 所示设计好格式和样式后,选择"文件"→"另存为"命令,在打开的"另存为"对话框中设置保存位置、文件名和保存类型(Word 模板)即可完成。

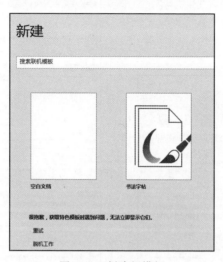

图 3.33 创建新模板

3.3.4 页面格式

页面格式主要包括页中分栏,插入页眉、页脚、页面边框和背景设置等,用以美化页面外观。页面格式将直接影响文档的最后打印效果。"设计"选项卡功能区主要有"文档格式"和"页面背景"等选项组,"布局"选项卡功能区的主要选项组有"页面设置""稿纸""段落""排列"等选项组。也可以打开"页面设置"和"段落"对话框进行页面格式的设置。

1. 设置分栏

所谓多栏文本,是指在一个页面上,文本被安排为自左至右并排排列的续栏形式。

选中需分栏文本,单击"布局"→"页面设置"→"栏"按钮,在下拉列表中选择"更多栏"命令,在打开的"栏"对话框中设置栏数、各栏的宽度及间距、分隔线等,如图 3.34 所示。也可以使用栏"预设"列表中的快速设置按钮进行 1~3 栏的分栏设置。

2. 设置页眉和页脚

在实际工作中,我们常常希望在每页的顶部或底部显示页码及一些其他信息,如文章标题、作者姓名、日期或某些标志等。这些信息若在页的顶部,称为页眉;若在页的底部,称为页脚。可以从库中快速添加页眉或页脚,也可以添加自定义页眉或页脚。设置页眉

和页脚可以在"插入"选项卡的"页眉和页脚"组中,单击"页眉"按钮或"页脚"按钮,在下拉列表中选择要添加到文档中的页眉或页脚类型,并显示虚线页眉(脚)区,如图 3.35 所示,可以在其中插入页码,输入、排版文本,甚至插入图片。设置页眉(页脚)后,单击"页眉和页脚工具|设计"→"关闭"→"关闭页眉和页脚"按钮,返回正文。

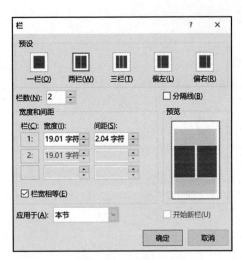

图 3.34　设置分栏　　　　　　　　　　　　图 3.35　设置页眉和页脚

1) 页眉和页脚的"设计"选项卡

"页眉和页脚工具|设计"选项卡中的"导航"选项组(初始为页眉项)用以切换转至页眉或页脚信息;"上一条"或"下一条"按钮用以显示前面或后面页的页眉(脚)内容,如图 3.36所示。

图 3.36　页眉和页脚选项卡

若要将信息放置到页面中间或右侧,单击"页眉和页脚工具|设计"→"位置"→"插入对齐制表位"按钮,在打开的"对齐制表位"对话框中选中"居中"(或"右对齐")单选按钮,再单击"确定"按钮即可。

2) 给页眉(脚)添加页码、日期和时间

使用"页眉和页脚工具|设计"选项卡中的"页码""日期和时间""图片"等可将页码、日期和时间、图片等插入到页眉(脚)中,使用时先把插入点定位于页眉(脚)相应位置,或添

加后用"位置"组中的"插入对齐制表位"按钮进行修改。

3) 设置在首页不设置页眉(脚)和奇偶页不同的页眉(脚)

可以在文档的第 2 页开始编号,也可以在其他页面上开始编号,具体如图 3.37 所示。

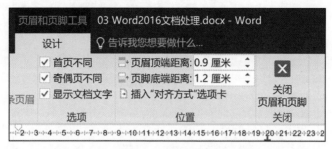

图 3.37　给页眉(脚)添加页码、日期和时间

(1)"首页不同"页码。双击页码,在"页眉和页脚工具|设计"选项卡"选项"中,选中"首页不同"复选框。若要从 1 开始编号,单击"页眉和页脚"→"页码"下拉按钮,在下拉列表中选择"设置页码格式"命令,在打开的对话框中选中"起始页码"单选按钮并输入 1,单击"关闭"→"关闭页眉和页脚"按钮返回正文。

(2)在其他页面上开始编号。若要从其他页面而非文档首页开始编号,在开始编号的页面之前需要添加分页符,以"节"为单位进行,设置应用于本节的节内页码。

单击要开始编号的页面的开头,单击"布局"→"页设置",在下拉列表中选择"分节符"→"下一页"选项。

双击页眉区域或页脚区域(靠近页面顶部或页面底部)。显示"页眉和页脚工具|格式"选项卡。单击"导航"→"链接到前一节"按钮以禁用它。若要从 1 开始编号,单击"页眉和页脚"→"页码"下拉按钮,在下拉列表中选择"设置页码格式"命令,在打开的对话框中选中"起始编号"单选按钮并输入"1"。单击"关闭"→"关闭页眉和页脚"按钮,返回正文。

(3)奇偶页不同的页眉(页脚)。双击页眉区域或页脚区域,显示"页眉和页脚工具|格式"选项卡。在"选项"组中,选中"奇偶页不同"复选框。

当在其中一个奇数页上,添加要在奇数页上显示的页眉、页脚或页码编号。

4) 删除页眉和页脚

要删除页眉(页脚),把光标定位到页眉(页脚)区,选择所有页眉(页脚)文本,按 Delete 键即可。

3. 设置页面边框和底纹

设置方法与段落边框和底纹相同,单击"设计"→"页面背景"→"页面边框"按钮,打开"边框和底纹"对话框,如图 3.38 所示,其中多了"艺术型"边框,应用范围为"整篇文档"。

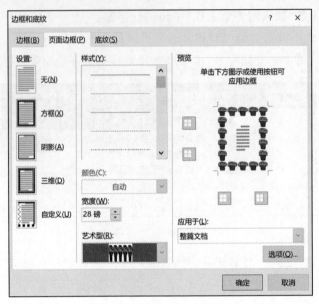

图 3.38　设置页面边框和底纹

3.4　制　作　表　格

通过 Word 2016 可以制作和编辑各种效果的表格,并可以对表格数据进行简单的计算。在中文文字处理中,常采用表格的形式将一些数据分门别类、有条有理、集中直观地表现出来。Word 2016 所提供的制表功能非常简单有效。建立一个表格,一般的步骤是先定义好一个规则表格,再对表格线进行调整,而后填入表格内容,使其成为一个完整的表格。

3.4.1　创建表格

Word 2016 的表格由水平的行和竖直的列组成,行与列相交的方框称为单元格。在单元格中,用户可以输入及处理有关的文字符号、数字以及图形、图片等。

表格的建立可以使用“插入”→“表格”→“表格命令”选项。在表格建立之前要把插入点定位在表格制作的前一行。

1. 利用“插入表格”网格

单击“插入”→“表格”→“插入表格”下拉按钮,弹出如图 3.39 所示的网格示意图。在图中拖动鼠标选择需要的行列数(网格下方显示当前的“行×列”数),这部分网格将反色显示,单击后即在插入点处建立一个指定行列数的空表格。

2. 利用“插入表格”对话框

单击“插入”→“表格”→“插入表格”下拉按钮,在下拉列表中选择“插入表格”命令,打

大学计算机基础(Windows 10＋Office 2016)

开"插入表格"对话框,如图 3.40 所示,根据需要输入行数、列数及列宽,列宽的默认设置为"自动",表示左页边距到右页边距的宽度除以列数作为列宽。单击"确定"按钮后即可在插入点处建立一个空表格。

图 3.39 "插入表格"网格

图 3.40 "插入表格"对话框

3. 利用"快速表格"菜单选项

可以通过单击"插入"→"表格"→"表格"下拉按钮,在下拉列表中选择"快速表格"命令,在级联菜单中选择所需选项来建立一些特殊样式的表格,如表格式列表、带副标题、矩阵、日历和双表等。

4. 利用"绘制表格"绘制工具

确定插入点后,单击"插入"→"表格"→"表格"下拉按钮,在下拉列表中选择"绘制表格"命令,启动画笔工具来自行绘制(注意完成后选择"边框"选项命令或按 Ese 键取消画笔工具)。此外,还可以直接单击"插入"→"表格"→"表格"下拉按钮,在下拉列表中选择"Excel 电子表格"命令来生成 Excel 组件表格并按 Excel 来编辑计算。

3.4.2 表格编辑

为了制作更漂亮、更具专业水平的表格,在建立表格之后,经常要根据需要对表格中的文字和单元格进行格式化,进行表格的格式化同文档文字的格式化,格式化表格包括添加行或列、改变表格列宽、改变表格行高、单元格的拆分与合并、删除单元格等。

表格调整,可以使用"表格工具|布局"选项卡,如图 3.41 所示。

1. 单元格的选定

(1) 对表格处理时一般都要求首先选定操作对象,包括单元格、表行、表列或整个

图 3.41　"表格工具"选项卡

表格。

（2）在行左外侧选定栏中，当鼠标变为右上空心箭头时，单击选定一行或拖动选定。

（3）在表格上边线处，当鼠标变为向下的实箭头时，单击或拖动选定一列或多列。

（4）单击"表格工具|布局"→"表"→"选择"按钮，在下拉列表中选择相关命令，以选定当前插入点所在单元格、列、行或表格。

（5）当鼠标在表格内，且表格左上角出现一个十字方框时，用鼠标单击该图标，即选中整个表格。

2. 调整列宽和行高

（1）将鼠标移到表格的竖框线上，当鼠标指针变成垂直分隔箭头时，拖动框线到新位置，松开鼠标后该竖线即移至新位置，该竖线右边各表列的框线不动。采用同样的方法也可以调整表行的高度。

若拖动的是当前被选定的单元格的左右框线，则将仅调整当前单元格宽度。

（2）利用标尺。当把光标移到表格中时，Word 在标尺上用交叉槽标志出表格的列分隔线，如图 3.42 所示。用鼠标拖动列分隔线，与使用表格框线一样可以调整列宽，不同的是使用标尺调整列宽时，其右边的框线进行相应的移动。同样，用鼠标拖动垂直标尺的行分隔线可以调整行高。

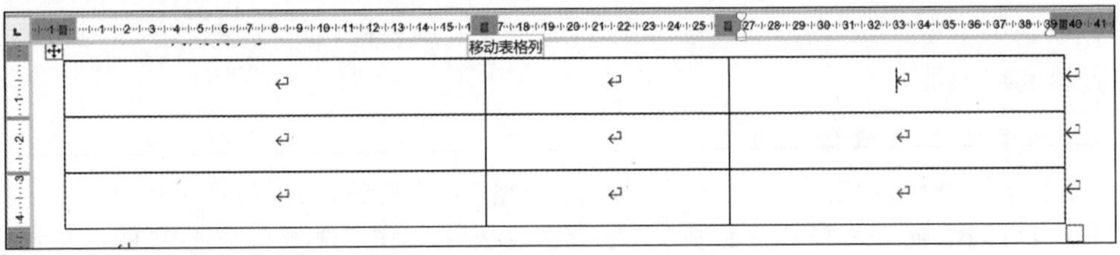

图 3.42　利用标尺调整表格

以上两种方法可以进行列宽和行高的粗略调整，按下 Alt 键的同时拖动表格标尺或框线，可以根据标尺显示的具体尺寸按要求进行一定程度的精确调整。

（3）利用"表格"菜单精确调整。当要调整表格的列宽时，应先选定该列或单元格，单击"表格工具|布局"→"单元格大小"→对话框启动器，打开"表格属性"对话框，如图 3.43 所示，在"列"选项卡中指定列的宽度。"前一列"和"后一列"按钮用来设置当前列的前一列和后一列的宽度。行高的设置基本与列宽的设置方法相同，可通过"表格属性"对话框的"行"选项卡调整行高。

要平均分布各列/行，可以使用"表格工具|布局"选项卡"单元格大小"选项组中的"分布列"按钮和"分布行"按钮，来平均分布表格中选定的列/行。利用"自动调整"命令菜单还可以根据具体的表格内容或窗口进行列/行的自动调整，如图 3.44 所示。

　———————————————————大学计算机基础(Windows 10＋Office 2016)

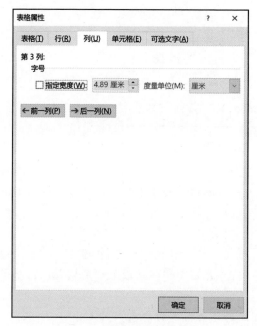

图 3.43 "表格属性"对话框

图 3.44 "自动调整"菜单

3. 插入/删除表格行或列

1) 插入/删除表格行

在表格的指定位置插入新行时,常用方法如下。

(1) 定位插入点欲插入行的上或下单元格,单击"表格工具|布局"→"行和列"→"在上(下)方插入"按钮或"在左(右)侧插入"按钮,如图 3.45 所示。

(2) 单击"表格工具|布局"→"行和列"→对话框启动器。增加行时,应先选定插入新行的下一行的任意一个单元格,然后在"插入单元格"对话框中选中"整行插入"单选按钮,单击"确定"按钮后即可插入一新行。

(3) 当插入点在表外行末时,可以直接按 Enter 键,则在本表行下面插入一个新的空表行。

图 3.45 插入行/列菜单

选定要删除的几行后,删除表格指定行的方法如下:

方法 1 单击"表格工具|布局"→"行和列"→"删除"按钮,在下拉列表中选择"删除行"命令。

方法 2 单击"表格工具|布局"→"行和列"→"删除"按钮,在下拉列表中选择"删除单元格"命令,打开"删除单元格"对话框,如图 3.46 所示,从中选中"删除整行"单选按钮,单击"确定"按钮。

方法 3 右击该行,从快捷菜单中选择"删除单元格"命令,即可删除这些被选定的行。

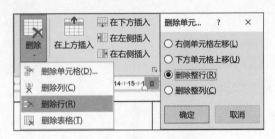

图 3.46　删除行/列菜单

2）插入/删除表格列

插入/删除表格列的操作与插入/删除表格行的操作基本相间,不同的只是选定的对象不同,插入的位置不同(一般是当前列的左边)。

3）删除整个表格

当插入点在表格中时,单击"表格工具|布局"→"行和列"→"删除"按钮,在下拉列表中选择"删除表格"命令,或选定整个表格后单击"开始"→"剪贴板"→"剪切"按钮,都可以删除整个表格。

注意：当选择了表格后按 Delete 键,删除的是表格中的内容。

4）在表格中插入表格(嵌套表格)

嵌套表格就是在表格中创建新的表格。嵌套表格的创建与正常表格的创建方法完全相同。

4. 合并和拆分单元格

1）合并单元格

Word 2016 可以把同一行或同一列中两个或多个单元格合并起来。在操作时,首先选定要合并的单元格,常用方法如下。

方法 1　单击"表格工具|布局"→"合并"→"合并单元格"按钮。

方法 2　右击,在快捷菜单中选择"合并单元格"命令。

方法 3　单击"表格工具|布局"→"绘图"→"橡皮擦"按钮,可以擦除相邻单元格的分隔线,实现单元格的合并。

2）拆分单元格

当需要把一个单元格拆分成若干个单元格时,首先选定要拆分的单元格,然后采用下列方法之一即可完成。

图 3.47　拆分单元格

方法 1　单击"表格工具|布局"→"合并"→"拆分单元格"按钮,在打开的"拆分单元格"对话框(图 3.47)中输入拆分成的"行数"或"列数"后单击"确定"按钮,即可完成拆分单元格。

方法 2　单击"表格工具|布局"→"边框"→"绘制表格"按钮,在单元格中绘制水平或垂直直线,实现单元格的拆分。

3）拆分表格

将光标定位于要拆分表格的这一行处,单击"表格工具布局"→"合并"→"拆分表格"按钮,或按 Ctrl＋Shift＋Enter 组合键,Word 将在当前行的上方将表格拆分成上下两个表格。

5. 表格排列

当表格的宽度比当前文本宽度小时,可以对整个表格进行对齐排列。操作时,首先选定整个表格,然后采用下列方法之一即可完成。

方法 1 单击"表格工具|布局"→"对齐方式"选项组中的各个对齐按钮,如图 3.48 所示。

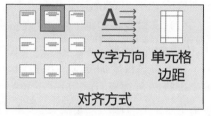

图 3.48 对齐按钮

方法 2 单击"开始"→"段落"选项组中的"表格属性"命令,或单击"表格"下的"表格属性"命令。

方法 3 右击该表格,从弹出的快捷菜单中选择"表格属性"命令打开"表格属性"对话框,在"表格"选项中单击"布局"→"单元格大小"中的对话框启动器,选择所需的对齐方式,即可完成表格的排列。

6. 绘制斜线

首先选定要斜线拆分的单元格,然后采用下列方法之一即可完成。

方法 1 单击"表格工具|设计"→"边框"→"边框"按钮,在下拉列表中选择"斜下框线"或"斜上框线"命令进行绘制。

方法 2 单击"表格工具|设计"→"边框"→"边框"按钮,在下拉列表中选择"边框和底纹"命令,在打开的"边框和底纹"对话框(图 3.49)中单击相应的"斜线"按钮,在"应用于"列表框中选择"单元格"项,可以在当前单元格制作对角斜线。

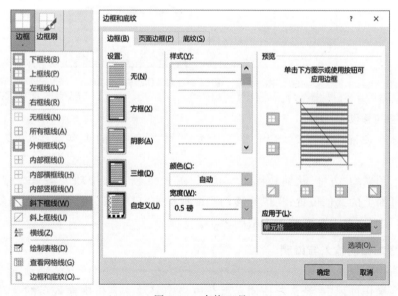

图 3.49 表格工具

方法 3 单击"表格工具|设计"→"边框"→"边框"按钮,在下拉列表中选择"绘制表格"命令,拖动鼠标在一个单元格中绘制对角斜线。

7. 给表格添加边框和底纹

为了美化、突出表格内容,可以适当地给表格添加边框和底纹。在设置之前要先选定要处理的表格或单元格。

(1) 给表格添加边框。单击"表格工具|设计"→"边框"→"边框"按钮,在下拉列表中选择所需选项给表格添加内外边框。

(2) 设置表格边框。单击"表格工具|设计"→"边框"→"边框"按钮,在下拉列表中选择"边框和底纹"命令,在打开的对话框中可以设置表格边框的线型、颜色和宽度。

(3) 为表格添加底纹。单击"表格工具|设计"→"表格样式"→"底纹"按钮,在下拉列表中进行颜色选择;在"边框"下拉列表中选择"边框和底纹"命令,在打开的"边框和底纹"对话框(图 3.50)中的"底纹"选项卡中进行设置。

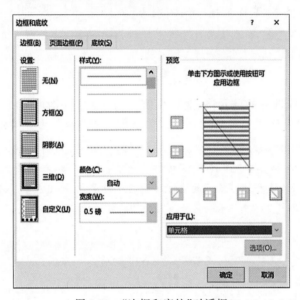

图 3.50 "边框和底纹"对话框

8. 表格的移动与缩放

当鼠标在表格内移动时,在表格左上角新增"带方框的十字箭头"状表格全选标志"⊕"。

在右下角新增"方框"状缩放标志"□",如图 3.51 所示。拖动表格全选标志,可将表格移动到页面上的其他位置;当鼠标移动到缩放标志"□"上时,鼠标指针变为斜对的双向箭头,拖动可成比例地改变整个表格的大小。

9. 表格数据的输入与编辑

1) 表格中插入点的移动

在表格操作过程中,经常要使插入点在表格中移动。表格中插入点的移动有多种方法,可以使用鼠标在单元格中直接移动,也可以使用快捷键在单元格间移动。

2) 在表格中输入文本

在表格中输入文本同输入文档文本一样,把插入点移动到要输入文本的单元格,再输

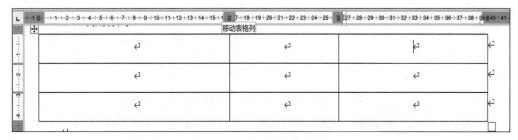

图 3.51　表格的移动与缩放

入文本即可。在输入过程中，如果输入的文本比当前单元格宽，Word 会自动增加本行单元格的宽度，以保证始终把文本包含在单元格中。表格中的文字方向可分为水平排列、垂直排列两类，共有 5 种排列方式。设置表格中文本方向的操作是：选定需要修改文字方向的单元格，单击"布局"→"页面设置"→"文字方向"按钮，在下拉列表中选择合适的方向选项，还可以选择"文字方向选项"命令，或右击，在其快捷菜单中选择"文字方向"命令，在打开的"文字方向.表格单元格"对话框（图 3.52）中选定所需要的文字方向，单击"确定"按钮即可。竖排文本除用于表格外，也可用于整个文档。

3）编辑表格内容

在正文文档中使用的增加、修改、删除、编辑、剪切、复制和粘贴等编辑命令多数可直接用于表格。

4）表格内容的格式设置

Word 2016 允许对整个表格、单元格、行、列进行字符格式和段落格式的设置，如进行字体、字号、缩进、排列，行距、字间距等设置。但在设置之前，必须首先选定对象。单击"表格工具"→"布局"→"对齐方式"组中的相关按钮，如图 3.53 所示，或单击"表格工具"→"布局"→"单元格大小"→对话框启动器，打开"表格属性"对话框，在其中可以对选定单元格中的文本在水平和垂直两个方向进行靠上、居中或靠下对齐排列。

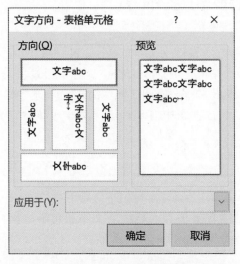

图 3.52　"文字方向"对话框

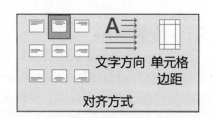

图 3.53　对齐方式按钮

10. 表格数据的排序

Word 2016 不仅具有对表格数据计算的功能,而且还具有对数据排序的功能。

单击表格工具"布局"→"数据"→"排序"按钮。在打开的"排序"对话框中分别进行以下设置,如图 3.54 所示。

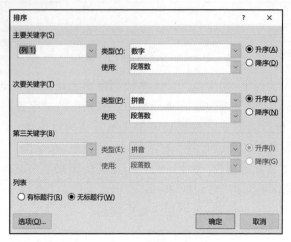

图 3.54　表格数据的排序

(1) 关键字:排序关键字最多 3 个,主要关键字相同的,按次要关键字进行,以此类推。

(2) "类型":排序按所选列的笔画、数字、拼音或日期等不同类型进行。

(3) "升序|降序":按所选排序类型的递增/递减进行排列。

单击"确定"按钮后,表格中各行重新进行了排列。

3.5　插入图形和艺术字

通过 Word 2016 可以绘制简单图形,还可以实现图文混排。Word 2016 提供的绘图工具可使用户按需要在其中制作图形、标志等,并将它们插入文档中。可以通过单击"插入"→"插图"→"形状"按钮,或在进入绘图环境后,单击"绘图工具|格式"选项卡"插入形状"选项组中的工具按钮进行绘制。"形状样式"选项组中有多种已定义样式和自定义形状的填充、轮廓和效果。

3.5.1　绘制图形

图形的删除、移动,复制,加边框和底纹的操作方法和文档中的文字和句子的操作基本相同,但也有一些不同之处。操作前提仍然是先选定要编辑的图形。

1. 图形的绘制和选定

(1) 图形的绘制。单击"绘图工具|格式"选项卡"插入形状"选项组中的"直线""箭

头""矩形""椭圆"等按钮,或在"形状"下拉列表中选择各种图形,如图 3.55 所示,在文本编辑区鼠标变成"+"形时拖动鼠标就可以绘制图形了,按住 Shift 键的同时拖动鼠标可以绘制高、宽等比例的图形,如正方形、正圆、等边三角形和立方体等。

（2）图形的选择很简单,单击该图即可。一个图形被选定后,由一个方框包围。方框的 4 条边线和 4 个角上各有一个控制点（控点）,如图 3.56 所示;按 Shift 键的同时单击各个图形可以一次性选择多个图形。

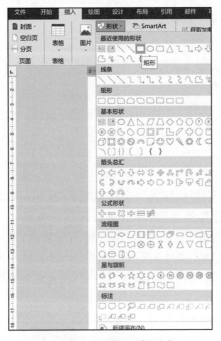

图 3.55 "形状"下拉列表

图 3.56 图形的控制点

2. 图形的放大与缩小

使用鼠标拖动控点可以改变图形的大小,按住 Alt 键的同时拖动控点可精确调整其大小。

3. 给图形添加文字

右击图形后,在弹出的快捷菜单中选择"添加文字"命令（未输入文字）或"编辑文字"命令（已输入文字）,在图形区域中输入文字即可。适当调整图形和文字大小,使它们融为一体。

4. 图形的删除

选定图形后,按 Delete 键即可删除图形。

5. 图形的移动和复制

选定图形后,直接拖动即可实现移动操作;按住 Ctrl 键的同时拖动可完成复制操作;或使用"剪切"→"粘贴"命令进行移动,使用"复制"→"粘贴"命令进行复制。按组合键 Ctrl+(←→↑↓)可以进行小范围的精确定位。

6. 设置线型、虚线线型和箭头样式

选中图形后,单击"绘图工具|格式"→"形状样式"→"形状轮廓"按钮,在下拉菜单中选择"粗细"级联选项可以改变线条的线型和粗细;选择"虚线"选项可以改变虚线的线型和粗细;选择"箭头"选项可以改变前端、后端箭头的形状和大小,如图 3.57 所示。

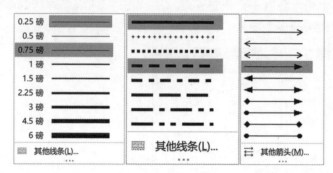

图 3.57 设置图形线条

7. 设置线条的颜色和填充颜色

选中图形后,单击"绘图工具|格式"→"形状样式"→"形状轮廓"按钮,弹出颜料盒,从中可以直接选取主体颜色或选择"其他轮廓颜色"命令后进行图形边框颜色调整。单击"绘图工具|格式"→"形状样式"→"形状填充"下拉按钮,可以弹出颜料盒,从中可以直接选取图形内部填充主题颜色或选择"其他填充颜色"命令,在打开的对话框中选择更丰富的色调,还可选择"图片""渐变""纹理"等选项,在其中选择多彩的填充效果图案。"颜色"对话框如图 3.58 所示,"线条颜色"对话框类同。

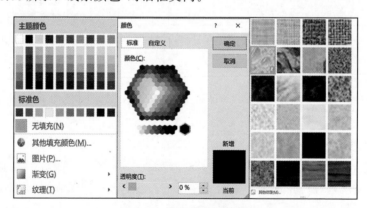

图 3.58 设置颜色和填充

以上操作步骤还可以通过右击对象,选择"设置形状格式"命令,在弹出的"设置形状格式"任务窗格中的"形状选项""填充与线条"选项卡下的"填充"和"线条"选项组中进行具体的设置。还可以通过右击对象,在快捷菜单中选择"其他布局选项"命令,在打开的"布局"对话框中设置图形的"位置"和"大小"等。

8. 组合图形、取消组合

组合图形前,首先按 Shift 键＋逐个单击选中这些图形,单击"绘图工具‖格式"→

"组合"按钮,在下拉列表中选择"组合"命令或右击图形,在快捷菜单中选择"组合"命令,即可把多个简单图形组合起来形成一个整体,如图 3.59 所示。

图 3.59　组合图形

取消图形组合时,选中组合后的图形,单击"绘图工具|格式"→"排列"→"组合"按钮,在下拉列表中选择"取消组合"命令或右击图形,在快捷菜单中选择"组合"→"取消组合"命令,即可把一个图形拆分为多个图形,分别处理。

3.5.2　插入图片

在 Word 2016 中插入图片等对象的方法主要有以下几种。在插入图片之前应当将插入点定位,然后按下述方法插入图片。

1. 将图片文件插入文档

将图片文件插入到文档中的操作步骤如下。

(1) 将插入点定位于要插入图片的位置。

(2) 单击"插入"→"插图"→"图片"按钮,选择"此设备"命令后打开如图 3.60 所示的"插入图片"对话框。

图 3.60　"插入图片"对话框

（3）在对话框中确定查找范围，选定所需要的图片文件。

（4）单击"插入"按钮，此图片就插入到文本插入点位置。

2. 利用剪贴板插入图片

Word 2016 允许将其他 Windows 应用软件所产生的图形和图片剪切或复制到剪贴板上，再使用"粘贴"命令粘贴到文档的插入点位置。

3. 图形的编辑

剪切图形的操作方法为：选定要剪切的图形，如图 3.61 所示，单击"图片工具|格式"→"大小"→"裁剪"按钮，拖动图形控制点即可进行剪切操作，操作结果如图 3.62 所示。

图 3.61　图像剪切前　　　　　图 3.62　图像剪切后

3.5.3　插入艺术字

有时在输入文字时会希望文字有一些特殊的显示效果，让文档显得更加生动活泼、富有艺术色彩，例如产生弯曲、倾斜、旋转、拉长和阴影等效果。插入艺术字的操作步骤如下。

（1）单击"插入"→"文本"→"艺术字"按钮，屏幕即显示"艺术字"下拉列表，如图 3.63 所示。

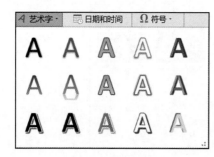

图 3.63　艺术字样式

（2）在"艺术字"下拉列表中选择艺术字样式。

（3）在"艺术字"文本框中输入、编辑文本。

（4）输入的文字按所设置的艺术字样式显示，单击"绘图工具|格式"→"艺术字样式"→对话框启动器，弹出"设置形状格式"任务窗格，如图 3.64 所示。

（5）单击"艺术字样式"→"文字效果"按钮可以设置特殊文本效果，可以同时设置多种效果，还可以编辑文本并为文本设置形状转换、文本轮廓颜色和文本填充颜色等。可不断试验直到满足要求为止。也可以通过快捷菜单选择"设置格式"命令，在弹出的任务窗格中进行修改和修饰。

大学计算机基础(Windows 10＋Office 2016)

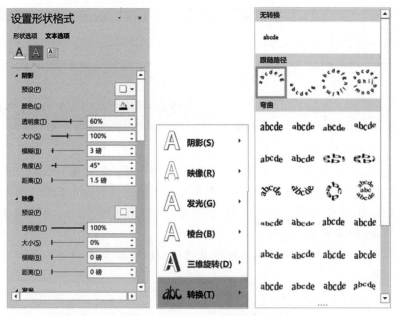

图 3.64　艺术字样式设置

3.5.4　公式编辑器

使用 Word 2016 的公式编辑器,可以在 Word 文档中加入分数、指数、微分、积分、级数以及其他复杂的数学符号,创建数学公式和化学方程式。启动公式编辑器创建公式的步骤如下。

（1）在文档中定位要插入公式的位置。

（2）依次单击"插入"→"符号"→"公式"按钮,弹出如图 3.65 所示的"公式"下拉列表。

（3）从"公式"下拉列表中选择"插入新公式"命令,屏幕将显示"公式工具|设计"选项卡和输入公式的文本框。

（4）从工具栏中挑选符号或结构并输入变量和数字来建立复杂的公式,如图 3.66所示。

在创建公式时,公式编辑器会根据数学上的排印惯例自动调整字体大小、间距,而且可以自行调整格式设置并重新定义自动样式。"公式工具|设计"选项卡由"工具"、"转换"、"符号"栏和"结构"选项组组成。

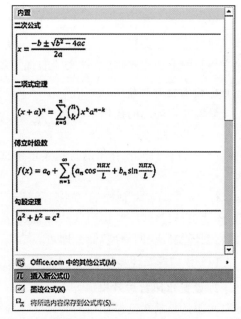

图 3.65　"公式"下拉列表

图 3.66　公式编辑器

"符号"选项组中的每个按钮都包含了许多相关的符号,在插入符号时,只需单击相应的工具按钮,在弹出的工具面板中选取要加入的符号,该符号便会加入公式输入文本框中的插入点处。"符号"选项组中有关系符号、间距和省略号、修饰符号、运算符号、箭头符号、逻辑符号、集合论符号、其他符号、大写小写、希腊字母。如果要在公式中插入符号,用户可以单击"符号"列表栏中的相关按钮,然后在弹出的工具面板上选取所需的符号。

"结构"选项组中有分式、上下标、根式、积分、大型运算符、括号、函数、标注符号极限和对数、运算符、矩阵等命令选项。

用户可以在对应结构的插槽内再插入其他样板以便建立复杂层次结构的多级公式,如图 3.67 所示。

$$\int \frac{\mathrm{d}x}{\sqrt{1-x^2}} = \arcsin x + c \qquad\qquad 2H_2O \xrightarrow{\text{电解}} 2H_2 \uparrow + O_2 \uparrow$$

图 3.67　自定义公式

在文本框中创建完公式之后,单击公式以外的任何区域即可返回文档状态。

3.5.5　图文混排

Word 2016 具有强大的图文混排功能,它提供了许多图形对象,如图片、图形、艺术字体、数学公式、图文框、文本框、图表等。使文档图文并茂,引人入胜。利用这些功能,可以使文档和图形合理安排,增强文档的视觉效果。

1. 设置文字环绕

设置文字环绕的操作步骤如下。

(1)插入图片。

(2)右击图片,在弹出的快捷菜单中选择"其他布局选项"命令或单击"图片工具|格式"→"排列"→"环绕文字"按钮。

(3)在"布局"对话框的"文字环绕"选项卡中选用"四周型"或"紧密型"环绕方式,单击"图片工具|格式"→"排列"→"环绕文字"按钮,弹出其下拉菜单,如图 3.68 所示,选择"紧密型环绕"或"四周型"命令即可。

(4)移动调整图形位置,完成设置。

2. 设置水印背景效果

水印是显示在已经存在的文档文字前面或后面的任何文字和图案。如果想要创建能够打印的背景,就必须使用水印,因为背景色和纹理默认设置下都是不可打印的。

(1)单击"设计"→"页面背景"→"水印"按钮,在下拉菜单中选择"自定义水印"命令。

　　大学计算机基础(Windows 10＋Office 2016)

图 3.68　设置文字环绕

（2）在打开的"水印"对话框中选中"图片水印"单选按钮，单击"选择图片"按钮，单击"从文件"超链接，打开"插入图片"对话框，如图 3.69 所示，浏览或搜索图片保存位置，找到并选择作为水印的图片后单击"插入"按钮，即可插入水印图片。

图 3.69　设置水印背景

（3）调整水印图片的亮度、大小和位置。依次单击"插入"→"页眉和页脚"→"页眉"按钮，在下拉菜单中选择"编辑页眉"命令（如果只需在其中某一页或某段文字下添加水印图片，则水印区域前后分别提前添加分节符，方法如下：单击"布局"→"页面设置"→"分隔符"按钮，在下拉菜单中选择"下页"或"连续"分页符，并在页眉和页脚工具中的"设计"选项卡的"导航"选项组中取消"链接到前一条页眉"）。

（4）选中水印图片，在"图片工具|格式"选项卡中调整对比度和亮度，适当裁剪后，拖动或指定高度和宽度后完成设置，如图 3.70 所示。

图 3.70　调整水印效果

（5）单击"设计"→"页面背景"→"水印"按钮，在下拉菜单中选择"删除水印"命令。

3.6　页面设置和文档输出

3.6.1　页面设置

1. 定义纸张规格

单击"布局"→"页面设置"→对话框启动器，在打开的"页面设置"对话框的"纸张"选项卡（图 3.71）中可以选择纸张大小（A4、A5、B4、B5\16K、8K、32K、自定义大小等）、应用范围（本节、插入点之后及整篇文档）等。

图 3.71　定义纸张

2. 设置页边距

在一般情况下,文档打印时的边界与所选页的外缘总是有一定的距离,称为页边距。页边距分上、下、左、右4种。设置合适的页边距,既可规范输出格式,便于阅读,美化页面,也可合理地使用纸张,便于装订。单击"布局"→"页面设置"→对话框启动器,在打开的"页面设置"对话框的"页边距"选项卡(图3.72)中定义页边距(上、下、左和右页边距)、装订线位置、输出文本的方向(纵向、横向)、对称页边距及应用范围。

图 3.72 设置页边距

3. 设置版式

在长文档编辑排版中,有时首页不需要页眉和页脚,而在正文页面中,奇数页与偶数页的页眉内容不同,例如在偶数页的页眉中需要将文档的名称添加上去,而在奇数页的页眉中则包含章节标题。这样就需要在"版式"中对相应选项进行设置。

单击"布局"→"页面设置"→对话框启动器,在打开的"页面设置"对话框中打开"版式"选项卡,在"页眉和眉脚"选项区中选中"奇偶页不同"和"首页不同"两个复选框,以备将来对页眉和页脚做进一步的设置。设置完成后单击"确定"按钮关闭"页面设置"对话框,如图3.73所示。

图 3.73 设置版式

3.6.2 文档打印功能

Word 2016 提供了文档打印功能,还提供了在屏幕上模拟显示实际打印效果的打印预览操作。

1. 打印预览

在文档正式打印之前,一般先要进行打印预览。打印预览可以在一个缩小的尺寸范围内显示全部页面内容。如果对编辑效果不满意,可以退出打印预览状态继续编辑修改,从而避免不适当打印而造成的纸张和时间的浪费。选择"文件"→"打印"命令或按钮,屏幕右侧将显示打印预览窗口。在"快速访问工具栏"中单击打印机图标。

2. 打印文档

打印机的设置一般在 Windows "开始"→"Windows 系统"→"控制面板"→"硬件和声音"→"设备和打印机"窗口中进行。在 Word 2016 中也可以查看或修改当前打印机的设置,在正式打印前应连通打印机,装好打印纸,并打开打印机开关。打印操作步骤如下:

(1) 选择"文件"→"打印"命令,弹出"打印"窗口,如图 3.74 所示。

(2) 在"打印"窗口中,选择打印机名称、打印页面范围(全部、当前页、页码范围)、打印内容、打印份数等。

(3) 单击"确定"按钮,即开始打印。

也可以单击"快速访问工具栏"中的"打印"按钮,不进行设置而直接打印全部内容。

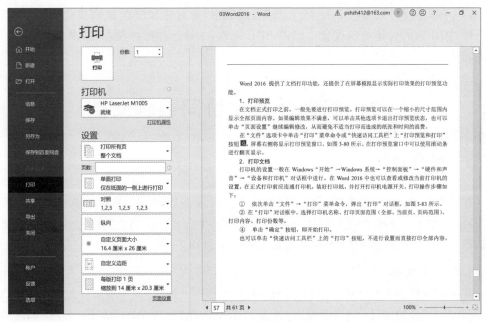

图 3.74 "打印"设置窗口

3.6.3 发布 PDF 格式文档

将已有的 Word 文档转换为 PDF 文档的基本步骤如下。

（1）首先用 Word 2016 打开要转换的 Word 文档，然后在 Word 2016 主界面中选择"文件"→"导出"命令，在弹出的"导出"窗口中单击右侧的"创建 PDF/XPS"按钮，如图 3.75 所示。

图 3.75 导出文档格式

（2）在打开的"发布为 PDF 或 XPS"对话框中,设置保存位置和 PDF 文件名,保存类型选择"PDF",同时还可以优化生成的 PDF 文档,一般选择标准项即可,单击"发布"按钮完成转换。

3.7　邮件合并和协同编辑文档

3.7.1　邮件合并

在日常工作中,可能需要一次性制作多份座位标签、准考证、录取通知书等文档,下面以"录用通知书"为例,介绍如何使用 Word 中的邮件合并功能高效完成创建主文档、选择数据源、插入合并域、预览结果和生成新文档 5 大过程。

1. 创建主文档

常见的文档类型有信函、标签和普通 Word 文档等。编辑"录用通知书主文档.docx",单击"邮件"→"开始邮件合并"按钮,在下拉菜单中选择"普通 Word 文档"选项,如图 3.76所示。

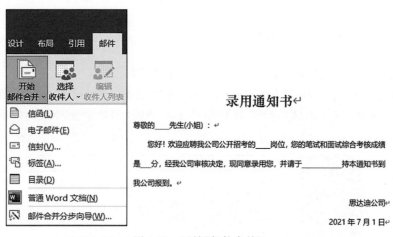

图 3.76　开始"邮件合并"

2. 选择数据源

数据源中存放主文档所需的数据。数据源的来源有很多,如 Word 文档、Excel 表格、文本文件、Access 数据库、Outlook 联系人、SQL 数据库、Oracle 数据库等多种类型的文件。编辑"录用通知书数据源.xlsx"并保存,单击"邮件"→"开始邮件合并"→"选择收件人"按钮,出现下拉菜单,选择"使用现有列表"命令,打开"选取数据源"对话框,选择"录用通知书"数据源并打开,单击"编辑收件人列表"按钮,在打开的"邮件合并收件人"对话框中单击"筛选"超链接,在打开的"筛选和排序"对话框中设置"考核成绩大于或等于 80"条件后单击"确定"按钮。

3. 插入合并域

将光标移至主文档需输入合并域的位置,单击"文件"→"编写和插入域"→"插入合并域"下拉按钮,在下拉列表中选择插入需要的域,如图 3.77 所示。

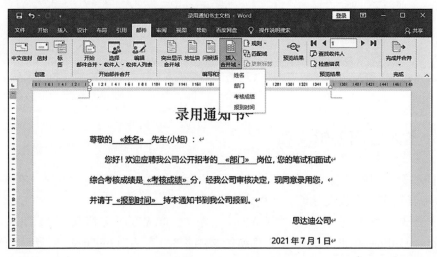

图 3.77　插入"合并域"

4. 预览结果

单击"预览结果"按钮就可看到邮件合并的结果,如图 3.78 所示。

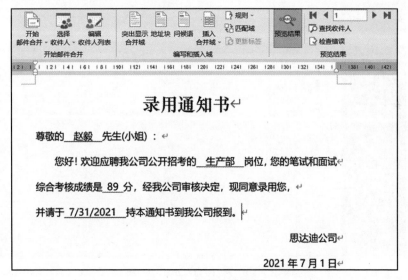

图 3.78　邮件合并结果

5. 生成新文档

单击"邮件"→"完成"→"完成并合并"下拉按钮,在下拉列表中选择"编辑单个文档",在打开的"合并到新文档"对话框中选中"全部"单选按钮,如图 3.79 所示,确定生成信函并保存为"录用通知书新文档.docx"。

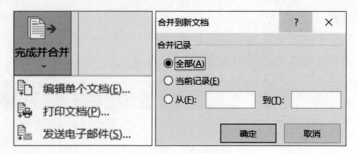

图 3.79　生成新文档

3.7.2　多人协同编辑文档

协同编辑文档除了使用"审阅"选项卡中的"批注"和"修订"选项组外,还可以使用 OneDrive 真正实现在线交互编辑文档。

(1)首先注册并登录自己的 OneDrive 账号,将 Word 文档保存到 OneDrive 或 SharePoint Online,真正实现在线交互编辑文档。"另存为"OneDrive 项界面如图 3.80 所示。

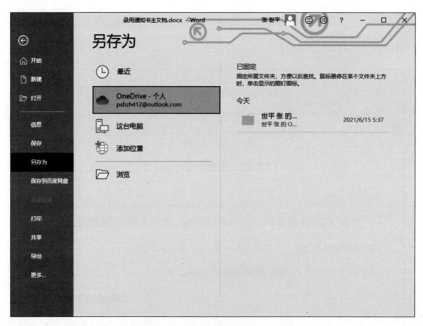

图 3.80　"另存为"OneDrive 项

(2)在 Word"文件"窗口中,单击左上角的"共享"按钮,然后输入要与其共享人员的一个或多个电子邮件地址,如图 3.81 所示。

(3)将其权限设置为"可编辑"(默认情况下选择)。如果有必要可添加消息,并且对于"自动共享更改",选择"总是"选项。注:"总是"选项是指其他人会在制作时实时看到并进行更改。如果共同作者选择"询问我"选项,则会在文档打开时自动提示分享更改。

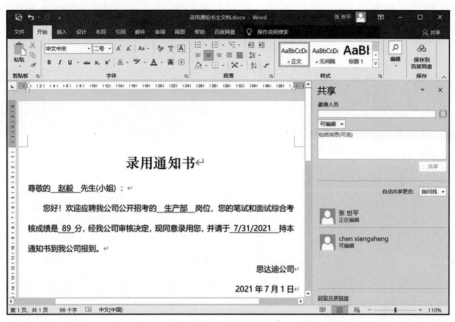

图 3.81 "共享"窗口

（4）单击"获取共享链接"超链接，复制共享链接上拥有此链接的人都可以编辑可共享的文档，如图 3.82 所示。

图 3.82 "获取共享链接"窗口

（5）当开始更改文本时，Word 将锁定该区域以防止任何人覆盖更改，以先到先得的原则操作。如有其他人在同一时间更改相同的文本，Word 将在下次打开时显示冲突保存，可以选择保留。

3.8 本章小结

Word 2016 是微软公司出品的、受市场欢迎度很高的文档处理软件，本章重点介绍了文件的创建、文本的输入、格式的排版、页面的设置、表格的插入和编辑、图片的插入和处理、图片和文字的混合排版、邮件的合并和多人协同办公。通过本章的学习,能够熟练掌握 Word 的基本操作和技巧,为以后的文档处理节约大量的时间,提高工作效率。

习 题 3

一、单项选择题

1. 首次启动 Word 2016 时,系统自动创建一个( )的新文档。

  A. 以用户输入的前 8 个字符作为文件名

  B. 没有名称

  C. 名称为 *.docx

  D. 名称为"文档 1.docx"

2. 当一个 Word 2016 窗口被关闭后,被编辑的文件将( )。

  A. 被从磁盘中清除   B. 被从内存中清除

  C. 被从内存或磁盘中清除   D. 不会从内存和磁盘中被清除

3. 用"文件"选项卡中的"另存为"命令保存文件时,不可以( )。

  A. 将新保存的文件覆盖原有的文件

  B. 修改文件的扩展名 docx

  C. 将文件保存为无格式的纯文本文件

  D. 将文件存放到非当前驱动器的位置

4. 在 Word 2016 中,选定行文本块使用( )。

  A. Ctrl   B. Shift   C. Alt   D. Tab

5. 下列关于 Word 2016 文档中"段落"的说法正确的是( )。

  A. 段落是以回车符作为标记的   B. 段落是以空格作为标记的

  C. 段落是以句号作为标记的   D. 段落是以空行作为标记的

6. 在 Word 2016 中,利用标尺可以改变段落缩排方式、调整左右边界、改变表格栏宽度,以下对标尺描述不正确的有( )。

  A. 标尺可以设置为隐藏   B. 标尺可以有横标尺和竖标尺

  C. 可以通过标尺进行定位   D. 可以利用标尺画任意直线图形

7. 在 Word 中,若要对表格的一行进行数据求平均值,正确的公式是( )。

  A. sum(above)   B. average(left)

  C. sum(left)   D. average(above)

8. 在 Word 2016 表格中,如果输入的内容超过了单元格的宽度,则( )。

  A. 多余的文字放在下一单元格中

  B. 多余的文字被视为无效

  C. 单元格自动增加宽度,以保证文字的输入

  D. 单元格自动换行,增加高度,以保证文字的输入

9. 在 Word 2016 中,为设定精确的页边距可用( )。

A. "文件"选项卡中的"页面设置"选项组

B. "布局"选项卡中的"页面设置"选项组

C. 标尺上的"页边距"符号

D. 打印预览中的"标尺"按钮

10. Word 2016 文档在"打印预览"状态时，如果要执行打印操作，则（　　）。

A. 必须退出预览状态才能打印　　　　B. 可直接从预览状态去执行打印

C. 从预览状态不能直接打印　　　　　D. 只能在预览后转为打印

11. 移动光标到文件末尾的组合键是（　　）。

A. Ctrl＋PageDown　　　　　　　　B. Ctrl＋PageUp

C. Ctrl＋Home　　　　　　　　　　D. Ctrl＋End

12. 选中文本框后，将鼠标指向（　　），右击，在快捷菜单中选择"设置自选图形/图片格式"命令。

A. 文本框的任意位置　　　　　　　　B. 文本框外边

C. 文本框的边界位置　　　　　　　　D. 文本框内部

13. 单击水平标尺左端特殊制表符按钮，可切换（　　）种特殊制表符。

A. 1　　　　　B. 2　　　　　C. 4　　　　　D. 5

14. 选中文本框后，文本框边界显示（　　）个控制块。

A. 2　　　　　B. 4　　　　　C. 1　　　　　D. 8

15. 要取消利用"字符边框"按钮为一段文本所添加的文本框，（　　），再单击"字符边框"按钮。

A. 先选定已加边框的文本　　　　　　B. 不选定文本

C. 将插入点置于任意位置　　　　　　D. 选定整篇文档

16. 在单击文本框后，按（　　）键可以删除文本框。

A. Enter　　　　B. Alt　　　　C. Delete　　　　D. Shift

17. 如果要删除文本框中的部分字符，插入点应置于（　　）位置。

A. 文档中的任意　　　　　　　　　　B. 文本框中需要删除的字符

C. 文本框中的任意　　　　　　　　　D. 文本框的开始

18. 对文本框的内容选择"查找"命令时，应切换到（　　）视图。

A. 普通　　　　　　　　　　　　　　B. 页面或 Web 版式

C. 打印预览　　　　　　　　　　　　D. 大纲

19. 当插入点位于文本框中时，（　　）中的内容进行查找。

A. 既可对文本框又可对文档　　　　　B. 只能对文档

C. 只能对文本框　　　　　　　　　　D. 不能对任何部分

20. 在设置文本框格式时，文本框对文档的环绕方式有（　　）种。

A. 1　　　　　B. 2　　　　　C. 5　　　　　D. 4

二、操作题

1. 在 Word 2016 中录入以下这段文字：

如何帮孩子提高警惕，练就鉴定真伪的能力？

可能你会想,实施四步真伪鉴定大法的确不难,但前提是要对消息的真伪产生怀疑。而现在的难点是,怎么能帮助孩子培养起对假消息假新闻的警惕性呢?下面是人们总结的四个真伪预警器,帮助家长和孩子们共同培养对虚假媒体信息的警惕性。

(1)时效性。媒体信息,包括信息中引用的科研结果,都有时效性。有人或者是自己不当心,或者是别有图谋,把过时的、错误的信息拿出来。要留心:①这信息是什么时候的?②最后的更新时间是什么时候?

(2)可信度。任何一条媒体信息都是人精心炮制出来的,哪怕在网络上可能很难追踪到原始的作者,但一定要让孩子意识到,是人创造了每一条媒体信息。要请孩子思考:①信息是从哪里来的?是谁制作了这条媒体信息?②如果其中提到相关数据,这些数据有正当的来源吗?③信息参考了哪些文献?这些文献可靠吗?④你有什么证据证明信息是可靠的吗?

(3)目的性。让孩子知道,所有的媒体信息都是有目的的。有些媒体信息是经济利益驱动的,比如所有的广告、企业宣传;有些媒体信息是权力驱动的,大到政党政治权力,小到点击率、点赞数等社会影响力。这是媒体信息的基本属性。所以要问问孩子:①为什么有人要传播这条信息?②这条信息是要通知你什么消息,还是为了逗你开心消磨时光,还是为了说服你做出什么决定?③这条信息听起来是事实还是观点?有没有明显的偏见?

(4)去广告。要让孩子知道什么是广告,广告都有哪些形式,以及广告是怎么操控我们的。同时还要让孩子知道,除了硬广,还要当心软广,比如电影里的植入广告、打着科研旗号实则是由商家赞助的研究、利益相关方的调查,等等。所以告诉孩子,但凡激发你购物冲动的,都是广告!!!

狄更斯说:"这是最好的时代,也是最坏的时代。"21世纪的孩子们注定要在享受最便捷的信息的同时,也要面对最庞杂的信息困扰。而我们这代家长更是任重道远。

请在 Word 中对所给定的文档完成以下操作:

(1)将标题文字"帮孩子提高警惕,练就鉴定真伪能力"设置为小二号字,标题文字填充标准色黄色的底纹,要求底纹图案样式为"12.5%"的标准色红色杂点;标题设置为居中对齐,段后间距为 1.5 行。

(2)将正文第一段"可能你会想,实施……"字体设置为隶书,并将该段落分为两栏,栏宽相等,栏间加分隔线。

(3)将正文第二段"(1)时效性。媒体信息……"文字设置为标准色蓝色,添加段落边框,框内正文距离边框上下左右各 6 磅。

(4)插入页眉,内容为"鉴别真伪",且设置为右对齐(注意页眉中无空行)。

(5)在文档最后插入一个 3 行 4 列的表格,表格列宽为 1.8 厘米。

2. 在 Word 2016 中录入以下这段文字:

标题:"充分发挥青年科技人才作用"

在神舟十三号载人飞行任务中,北京航天飞行控制中心的"北京明白"继神舟十二号任务后再次迎来网友纷纷点赞。年轻的总调度员高健,在岗位上用清脆的指令,沉稳的"北京明白!"回答,保障航天发射信息交互畅通,确保航天员能在太空随时随地与地面联系。这个由 9 名"90 后"组成的"北京明白"团队，让人看到了航天人青春的样貌、蓬勃的活力。

在中国航天科技集团有限公司的科技人才队伍中，35 岁及以下的占 52.5%，45 岁及以下的占 83.1%。中国航天能够取得举世瞩目的成就，正与拥有这样一群敢打敢拼敢创新的年轻科技人才队伍分不开。在各行各业，一张张年轻、朝气蓬勃的面孔，可以说是行业发展的最大"红利"。从跨越星辰大海，到探索未知奥秘，从科学实验室到企业研发中心，年轻人才群体已在各个领域开始担当、有所作为：有"95 后"青年学者当上高校博导，也有年轻的程序员、年轻的"大国工匠"让人叹服……

让优秀青年人才脱颖而出，就要不拘一格放手使用。有舞台才有展示，压担子才善承重。就是要让青年骨干打头阵、当先锋，在关键岗位上和重大项目攻关中经风雨、见世面、壮筋骨、长才干。尤其是对年轻的帅才苗子，要打破论资排辈，促其快速成长。托举年轻人才的腾飞，需要真抓实干、真金白银。值得欣喜的是，科技部最近公布，在首批启动的"十四五"国家重点研发计划重点专项中，有 43 个专项设立青年科学家项目，约占 80%，2021 年拟有 230 多个青年科学家团队获得支持。而且，在这些专项中设立了"揭榜挂帅"项目，榜单申报"不设门槛"，对揭榜团队负责人无年龄、学历和职称要求，真正体现创新不问出身，英雄不论出处。

请在 Word 中对所给定的文档完成以下操作：

(1) 将标题文字"充分发挥青年科技人才作用"设置为黑体、小一号字、标准色红色；标题设置为居中对齐、段后间距为 1 行。

(2) 将整篇文档纸张设置为自定义大小(宽 21 厘米，高 28 厘米)，左、右页边距分别设置为 3 厘米和 2.5 厘米。

(3) 将正文第一段"在神舟十三号载人飞行任务中，北京航天飞行控制中心的……"设置为文本首字下沉 2 行。

(4) 将正文第二段"在中国航天科技集团有限公司的科技人才队伍中，35 岁及以下……"分为三栏，栏宽相等。

(5) 在文档底端居中插入页码(注意页脚中无空行)。

(6) 在文档后插入一个 5 行 5 列的表格。

(7) 在文档最后插入一横排文本框，内容为"充分发挥青年科技人才作用"。

3. 在 Word 2016 中录入以下这段文字：

怎么吃辣椒有营养？

如今辣椒在我们的生活中随处可见，也叫作辣子、辣角、海椒、番椒、秦椒等，既能作为蔬菜直接食用，也可以作为香辛料用于多种菜品的调味。我国四川、湖南、贵州、云南、江西等省份都是有名的"无辣不欢"地区。

"辣"中营养知多少？辣椒中的营养主要有四类。①维生素 C，辣椒的营养，最值得称道的是其中丰富的维生素 C，在蔬菜界可谓翘楚(青尖椒 100 克中含有维生素 C 62 毫克，而小红辣椒的维生素 C 含量更高，每 100 克中高达 144 毫克，是西红柿的 7 倍，橙子的 4 倍)；②胡萝卜素，辣椒中的胡萝卜素也很丰富，有助于维持眼睛和皮肤健康；③辣椒素；④其他营养素，B 族维生素、维生素 E、钾、镁、铁、锌、硒等营养素。

辣椒素,也就是辣椒中的辛辣成分。是一类独特的活性物质。大量研究表明,辣椒素具有多种生理功能,包括增进食欲,促进消化;保护胃黏膜,预防和治疗胃溃疡;促进脂肪代谢,降脂减肥;镇痛消炎止痒;祛风湿,保护关节健康;降血压和降胆固醇,保护心血管系统;抗癌等。

辣椒可谓是维生素 C 之王,但维生素 C 很不稳定,若烹调方法不合理,很容易就会被破坏。所以为尽可能少破坏辣椒中的维生素 C,生吃是很好的选择。若要炒着吃,最好是急火快炒。吃辣椒酱、辣椒油等辣椒制品,这样的吃法不仅维生素大大减少,还容易摄入过量的盐分,不利于健康。不能吃辣的人可在做凉拌菜的时候,用甜椒替代部分辣椒。甜椒中辣椒素含量少,但维生素 C 和胡萝卜素等营养成分含量不亚于辣椒,而且彩椒颜色丰富,能够愉悦心情。

请在 Word 中对所给定的文档完成以下操作:

(1) 将标题文字"怎么吃辣椒有营养"设置为小二号字、加粗、标准色红色;标题段后间距设置为 2 行。

(2) 将正文中所有"辣椒"替换为"cayenne"(标题中内容不得替换)。

(3) 将正文第二段"'辣'中营养知多少?……"左右分别缩进 2 字符和 1 字符,并加标准色红色段落边框。

(4) 插入页眉,内容为"辣椒与营养",且设置为右对齐(注意页眉中无空行),在文档底端右侧插入页码(注意页脚中无空行)。

(5) 设置整篇文档的纸张大小为 A4(21 厘米×29.7 厘米),上页边距和左页边距分别为 2 厘米和 3 厘米。

(6) 在文档最后插入一个 3 行 4 列的表格。

4. 在 Word 2016 中录入以下这段文字:

何为幸福,何为家?

有人问,什么才是幸福? 我说,有家才有幸福! 也有人问,什么才算是家? 我说,家就是那个温暖有爱的地方。所以,何为幸福? 何为家? 或许一千个人,有一千个不同的答案。

何为幸福呢? 我曾在后台收到过一位中年人的留言。他说,有一段时间,自己在事业上遭受各种打击,再看着身边的朋友都顺风顺水的,而围绕他的却只有焦虑和无助。那段时间,他感觉生活变得极其糟糕,不想面对任何人。于是,他每天故意很晚回家。

一天下班后,他才在公园的长椅上坐下不久,便接到了妻子喊他回家吃饭的电话。心情不好的他,觉得吃饭是一件多么小的事情,还要被人催促,然后他很不悦,还挂断了妻子的电话,也没有打算立即回家,接着在公园继续坐着。十分钟后,妻子又打来电话,问他到哪段路了。他很不耐烦地朝妻子发了脾气,可电话那头的妻子并没有因此生气,反倒说了句让他感动的话:"工作累了吧,那就赶紧回家吃饭,给自己补充点能量,快点回来,就等你了。"

当他拖着疲惫的双腿回到家,发现妻子就在门口迎接他,进门前,妻子还拥抱了他,并对他说:"生日快乐!"这时,三岁的孩子也跟着跑过来,笑呵呵地一直喊他爸爸,他才意识到,妻子之所以一直打电话催自己,原来是迫不及待地要给自己一个生日惊喜。然后,他看着父母把早已做好的饭菜端上桌,全是他爱吃的菜。当他大口吃着父母做的美味,看着一家人其乐融融的样子,他才明白,这是再多的财富也换不来的幸福,其他的烦恼又算得上什么呢。

林语堂曾说过:"什么是幸福?一是睡在自家的床上,二是吃父母做的饭菜,三是听爱人给你说情话,四是跟孩子做游戏。"我深以为然。其实,幸福本就是非常简单的,能有家人的陪伴、夫妻恩爱、家庭和睦,还能与孩子一起成长,这不就是人生中最大的幸福!

请在 Word 中对所给定的文档完成以下操作:

(1) 将标题文字"何为幸福,何为家?"设为黑体、三号字、加粗;标题设置为居中对齐。

(2) 将正文第一段"有人问,什么才是幸福?……"设为悬挂缩进 2 字符。

(3) 将正文第二段"何为幸福呢?……"加标准色黄色,双实线,1.5 磅段落边框。

(4) 将正文第三段落"一天下班后,他……"字符间距设置为加宽 1 磅,行距设置为 1.5 倍行距。

(5) 插入页眉,内容为"感触幸福",且设置为两端对齐(注意页眉中无空行)。

(6) 在文字后部插入一个 3 行 3 列、列宽为 4 厘米的表格。

(7) 在文档最后插入高宽分别为 3cm 和 11cm 的艺术字,字体为隶书,艺术字内容为"简单本就是幸福"。

5. 在 Word 2016 中录入以下这段文字:

什么是自律?

以为自由就是想做什么就做什么,后来才发现自律者才会有自由。随着阅历的增加,会渐渐发现:每一个不自律的行为,都会给人带来更大的痛苦。人的本性难移,要做自己心的主人,只能靠自律。什么是自律?就是将这两件事做到极致的能力。

一是做不喜欢但应该做的事情。人是一种十分矛盾的动物,强大的惰性与巨大的潜力在体内共存。在没有压力的情况下,人就会变得十分懒散,做事拖拖拉拉,得过且过,十足一个平庸之辈。而施加了一定的压力和强迫之后,不断朝向一个目标努力,人的潜力才会被激发出来,显现出不同于常人的地方。

要做到自律,关键在于每天去做一点自己心里并不愿意做、但对自己有益的事情,以此来磨砺、调控自己的心性。这样,你便不会为那些真正需要你完成的义务而感到痛苦。久而久之,这种自律行为就变成习惯,主宰着你的行为。人必须强迫自己,才能将自身潜在的才华和智慧发挥得淋漓尽致。人都有习气,蒙蔽了自己的心,习气和蒙蔽越重,强迫自己就越艰难。所以,多做不喜欢但应该做的事情,能获得意想不到的修为和成功。

二是不去做喜欢但不应该做的事情。为什么大家都知道自律的重要性,但现实中,却很少有人做得到?因为自律意味着你必须有所放弃,放弃自己的偏好,放弃自己的惰性。你想要保持完美的体型、健康的身体,就必须和垃圾食品说再见;你想要成为学霸,拿到奖学金,就不能半夜三更玩游戏,谈恋爱煲电话粥;你想要拥有自己的事业,就必须在业余时间,研究自己感兴趣的领域,拒绝无益的社交聚会。

请在 Word 中对所给定的文档完成以下操作:

(1) 将标题文字"什么是自律?"设置为楷体、二号字、加粗;标题设置为居中对齐。

(2) 将正文第一段"以为自由就是想做什么就做什么……"加双实线、1.5 磅、蓝色

（RGB 颜色模式：红色 0，绿色 0，蓝色 255)的段落边框。

（3）将正文第二段"一是做不喜欢但应该做的事情……"设置为首行缩进 2 字符。

（4）将正文第三段"要做到自律，关键在于……"字符间距设置为加宽 2 磅，行距设置为 1.5 倍行距。

（5）插入页眉，内容为"自律"，且设置为两端对齐(注意页眉中无空行)。

（6）在文档后插入一个 3 行 3 列的表格，表格列宽为 4 厘米。

（7）在文档最后插入形状中的爆炸型 1，并设置纯色填充，填充颜色为标准色红色。

第 4 章　Excel 2016 电子表格处理软件

本章学习目标

- 熟悉掌握 Excel 2016 的基本使用方法。
- 了解公式法与常见的函数。
- 熟悉使用 Excel 进行计算与数据处理。
- 灵活使用 Excel 2016 进行数据分析。
- 熟悉图表使用的场景与编辑美化图表的方法。
- 掌握对工作表页面打印进行设置与操作的方法。

本章介绍 Office 2016 重要组件之一的自动化办公软件——Excel 2016，用于电子表格处理的软件。书中首先介绍 Excel 2016 基本使用方法，再介绍工作表的美化，公式法和常见的函数应用，接着介绍 Excel 强大的数据分析与处理的能力，最后介绍图表的应用与工作表页面打印相关的使用方法。学习本章可提升学生基本的办公技能和数据处理、数据分析的能力。

4.1　Excel 2016 基本使用方法

Excel 软件创建的文件就是工作簿，它可以包含多个工作表、图表等，功能上相当于一个电子记录账本。每张工作表是由行与列组成的小网格也就是单元格组成的。工作簿由多张电子表格共同组成，主要用于数据分析、数据处理和信息存储的办公文件。简单而言，工作簿就是计算、处理和存储数据的文件，一个工作簿对应着一个 Excel 文件。

4.1.1　Excel 2016 的启动

启动 Excel 2016 可以有以下几种方式。

方法 1　单击"开始"按钮，选择"所有应用"菜单，单击 Microsoft Excel 选项，即进入 Excel 窗口，如图 4.1 所示。

图 4.1 启动 Excel 2016

方法 2 双击桌面上的 Microsoft Excel 2016 快捷方式图标,如图 4.2 所示,打开工作簿所在的路径,即进入 Excel 窗口。

方法 3 双击已存在的电子表格文件(扩展名为 xlsx 的文件),系统会启动 Excel 2016,并打开该文件。

图 4.2 Excel 2016 桌面快捷方式

4.1.2 Excel 2016 的退出

关闭 Excel 2016 可以有以下几种方式。

方法 1 单击 Excel 工作窗口右上角的"关闭"按钮,如图 4.3 所示。

图 4.3 Excel 控制程序窗口

方法 2 在"文件"下拉菜单中选择"关闭"命令,如图 4.4 所示。

方法 3 如果 Excel 窗口为当前活动窗口,可以按 Alt+F4 键退出 Excel。

方法 4 双击 Excel 工作窗口左上角的控制菜单框,选择"关闭"命令,如图 4.5 所示。

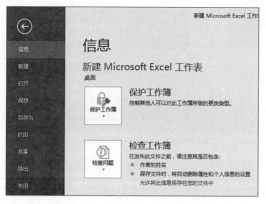

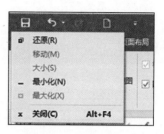

图 4.4　"文件"→"关闭"Excel　　　　　　图 4.5　程序控制菜单

4.1.3　认识 Excel 2016 工作界面

打开 Excel,工作界面如图 4.6 所示。

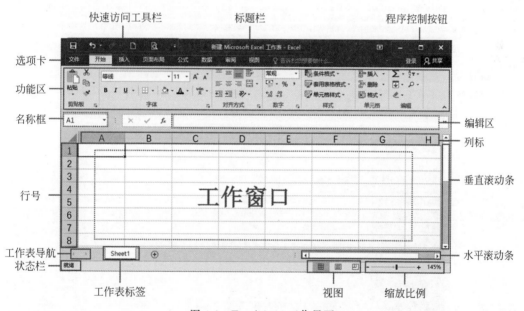

图 4.6　Excel 2016 工作界面

快速访问工具栏包含了 Excel 操作中使用频率较高的命令按钮。可以通过"自定义快速工具栏"添加和删除快速访问工具栏中的工具。可以添加保存、撤销、恢复等常用的工具。每个命令按钮前有"√"则显示在快速访问工具栏中,没有勾选的将不出现在快速访问工具栏中,如图 4.7 所示。

功能区显示选项主要分为"自动隐藏功能区",具有隐藏功能区的功能,只有单击应用程序顶部才能显示功能区。"显示选项卡"主要作用是仅显示功能区的选项卡,单击选项卡可显示命令。"显示选项卡和命令"也是默认状态,如图 4.8 所示。

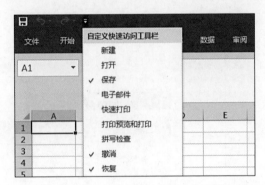

图 4.7 快速访问工具栏自定义命令按钮

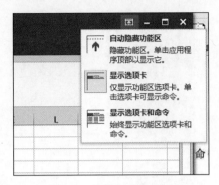

图 4.8 功能区显示选项

4.1.4 Excel 2016 工作簿及其操作

工作簿是处理和存储数据的文件,也就是通常意义上的 Excel 文件(如工作簿 1.xlsx)。每一个工作簿最多可以包含 255 张工作表,在默认的情况下由 3 张工作表组成,工作表默认名分别为:sheet1、sheet2、sheet3。

1. 新建工作簿

常用方法如下。

方法 1 双击桌面 Excel 2016 图标→"空白工作簿"。

方法 2 双击打开一个已有的 Excel 文件,单击"文件"→"新建"→"空白工作簿"按钮,如图 4.9 所示。

图 4.9 新建工作簿

——— 大学计算机基础(Windows 10+Office 2016)

方法3 在桌面空白位置右击,在弹出的快捷菜单中选择"新建"→"Microsoft Excel 工作表"命令新建文件。

方法4 在已打开 Excel 的工作簿下,使用 Ctrl+N 组合键,新建工作簿。

2. 保存工作簿

常用方法如下。

方法1 单击快速访问工具栏的保存按钮,如图 4.10 所示,图中自左向右依次为"保存"按钮、"撤销"按钮、"恢复"按钮、"新建页面"按钮。

图 4.10 单击快速访问工具栏最左边的"保存"按钮

方法2 单击"文件"→"保存"命令。

方法3 按快捷键 Ctrl+S。

方法4 单击"文件"→"另存为"命令。

4.1.5 Excel 2016 工作表及其操作

工作表又称电子表格。工作簿中的工作表名称不能重复,默认情况下,在工作表名为 Sheet1 的表下编辑,如图 4.11 所示。用户根据实际情况可以增减工作表和选择工作表,一个工作簿可以由多个工作表组成,最多可以包含 5450 个工作表。这样可以使一个文件中包含多种类型的相关信息,用户可以将若干相关工作表组成一个工作簿,在同一个文件的不同工作表中进行切换。

在工作表左下角处的标签处如 Sheet1(图 4.11)处右击可以实现插入新工作表,删除工作表,重命名、移动或复制工作表,保护工作表,对工作表标签颜色进行设置、隐藏工作表等的操作。

(1) 工作表的切换。一个工作簿可以有多张工作表,但当前只能编辑并显示一张工作表,此时用户想快速切换到其他工作表可以单击目标工作表标签;也可以按 Ctrl+Page Down 组合键切换到后一张工作表,按 Ctrl+Page Up 组合键切换到前一张工作表。

(2) 工作表的选定。单击某个工作表的标签即选定了该工作表,并以白底显示。选定相邻的工作表时,需按住 Shift 键的同时单击第一个和最后一个工作表标签,即可同时选中这几个相邻的工作表。当选定不连续的工作表时,需按住 Ctrl 键的同时,依次单击不连续的若干工作表标签即可。

(3) 工作表重命名。

常见方法如下。

方法1 在工作表标签处右击,在快捷菜单中选择"重命名"命令,可以进行工作表的重命名操作,如图 4.11 所示。

方法2 单击"开始"→"单元格"→"格式"→"重命名工作表"命令。

（4）工作表的移动或复制。

常见方法如下。

方法1　单击"开始"→"单元格"→"格式"→"移动或复制工作表"命令,如图 4.12 所示。

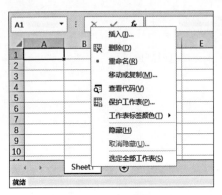

图 4.11　重命名工作表

图 4.12　"格式"→"移动或复制工作表"

方法2　选中需要编辑的工作表,右击工作表的标签,在弹出的下拉列表中选择"移动或复制"选项,如图 4.13 所示,打开"移动或复制工作表"对话框,如果选中"建立副本"复选框,单击"确定"按钮后,即可实现工作表的复制。如果进行工作表移动,无需勾选"建立副本"复选框,需要在"下列选定工作表之前"选择工作表,如图 4.14 所示,即可实现将当前的工作表移动至所选工作表之前。

图 4.13　选择"移动或复制"选项

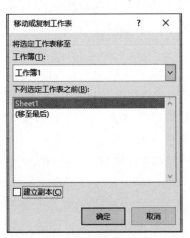

图 4.14　移动工作簿

方法3　鼠标拖动法。移动工作表:用鼠标拖动工作表至目标位置。复制工作表,按住 Ctrl 键,用鼠标进行拖动,移动到合适的目标位置。

（5）删除工作表。

常见方法如下。

方法 1　依次单击"开始"→"单元格"→"删除"→"删除工作表"命令。

方法 2　右击工作表标签,在弹出的右键菜单中选择"删除"命令。

4.1.6　拆分和冻结窗口

1. 窗口的拆分

通过拆分窗口可以查看或滚动查看工作表的不同部分,可以将工作表水平或垂直拆分成多个单独的窗格。将工作表拆分成多个窗格后,可以同时查看工作表的不同部分,拆分窗口的操作步骤如下。

（1）确定拆分点,单击某单元格。

（2）选择"视图"选项卡,在"窗口"选项组中单击"拆分"按钮,效果如图 4.15 所示。

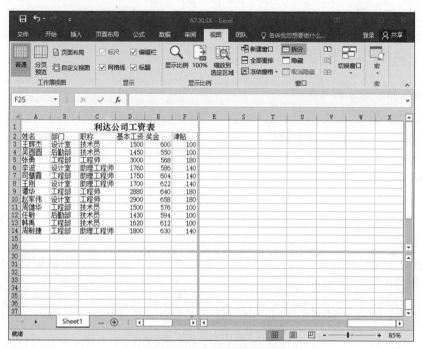

图 4.15　拆分窗口效果图

2. 窗口的冻结

当在较大的工作表区域范围内对数据进行查看需滚动工作表时,上方的行或左侧的列中的数据会被滚动出屏,为了在滚动工作表时保证顶部的一些行标题、左边的一些列标题或者其他数据不会被滚动出屏幕,而是始终可见,可使用窗口冻结的方法将需查看的数据进行冻结,操作步骤如下。

（1）确定冻点,如需要单独冻结某行或某列,选中它的下一行或下一列,如冻结前 2 行,则选中第 3 行;如需同时冻结行与列,选中该行与该列交点的右下角单元格。

（2）选择"视图"选项卡,在"窗口"选项组中选择"冻结窗格"下拉列表框中的"冻结窗格"选项,如图 4.16 所示操作,若选择冻结首行,则首行单元格内容不会随滚动条的滚动而变化,始终保持首行不变。

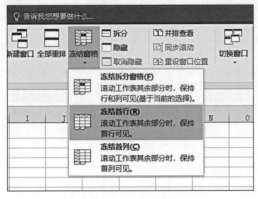

图 4.16　冻结首行操作

4.1.7　Excel 2016 单元格及其操作

1. 单元格的基本概念

单元格是组成工作表的最小单位。单击单元格即激活单元格,被激活的单元格称为活动单元格。单元格是由行和列组成的矩形块。用来存储数据信息。单元格地址就是单元格所在的位置。

在 Excel 2016 中,每张工作表由 2^{20}(1048576) 行、2^{14}(16384) 列组成,每个行列交叉处即为一单元格,共有 2^{34}(1048576×16384) 个单元格。单元格所在的位置用单元格的列标和行标表示。列名用字母 A,B,…,Z 及字母组合 AA,AB,…,ZZ 表示,行号用正整数 1,2,255,…表示。例如 A1,B2,H6,…就表示单元格的列标和行号来引用的单元格。

单元格区域的表示方式为左上角单元格位置:右下角位置,例如选中单元格区域(A2:D6),如图 4.17 所示。

图 4.17　单元格区域(A2:D6)

2. 单元格大小的基本操作

1) 调整行高

方法 1　将鼠标指针移到窗口左侧行号上,当鼠标指针变成向右的黑色箭头时单击,即可选中表格中该行所有单元格,然后右击,设置行高。例如将第二行行高设置为 20,如

图 4.18 和图 4.19 所示。

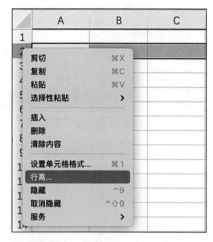

图 4.18　右击选择"行高"命令

图 4.19　设置行高值

方法 2　选中某一行或某些行后,选择"开始"→"单元格"→"格式"→"行高"命令,在弹出的对话框中设置行高。

2)调整列宽

方法 1　将鼠标指针移到表格编辑区上方列标上,如 A 列,当鼠标指针变成向下的黑色箭头时,单击鼠标,选中这一列的所有单元格,右击,选择"列宽"命令,即可设置列宽值,如将列宽改为 16,如图 4.20 和图 4.21 所示。

图 4.20　右击选择"列宽"命令

图 4.21　设置列宽值

方法 2　选中某一列后,然后依次单击"开始"→"单元格"→"格式"→"列宽"命令,在弹出的对话框中设置列宽值。

3)自动调整行高或列宽

除了自定义设置单元格的行高和列宽以外,如果表格数据较多,还可以根据单元格的内容自动调整行高或自动调整列宽。选择某一行或若干行后,依次单击"开始"→"单元格"→"格式"→"自动调整行高"命令,即可根据单元格的内容自动调整行高,如图4.22所示。设置自动调整列宽时,选中某列或若干列,依次单击"开始"→"单元格"→"格式"→"自动调整列宽"命令即可。

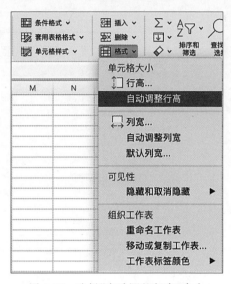

3. 选取单元格、行、列的操作

1) 选取单元格以及单元格区域

(1) 选择单个单元格。

方法1 单击需要选定的单元格。

方法2 在名称框中输入该单元格的地址,如A1,再按Enter键。

(2) 选择不连续的多个单元格。

单击第一个单元格,接着按住Ctrl键不放,依次单击不连续区域的单元格,直到最后一个单元格。

(3) 选择连续的单元格区域。

图4.22 选择"自动调整行高"命令

方法1 拖动鼠标选择多个单元格。

方法2 先单击左上角的第一个单元格,再按住Shift键,借助鼠标单击最后一个单元格。

方法3 在名称框中输入单元格区域引用(如A1:D6)。

(4) 选择不连续的单元格区域。

方法1 在名称框输入单元格或单元格区域的地址,用逗号分隔,按Enter键即可选中(如A1:D4,F2,H1:G4)。

方法2 按住Ctrl键,依次单击或拖动需要选定的单元格或单元格区域。

2) 选取行或列操作

(1) 选择整行或整列。

将光标放在行号或列标上,单击行号或列标即可。

(2) 选中连续的多行或多列。

方法1 在行号或列标上拖动选择多行或多列。

方法2 如需选定连续的多行,应结合Shift键。选中某行,如第1行,接着按住Shift键不放,选择最后的行数如第5行,即可选中第1行到第5行的所有单元格。

选定连续的整列的操作时,如先选中A列,接着按住Shift键不放,选中D列,即可选中A列到D列。

(3) 选中不连续的多行或多列。

选定多行且不连续的行数时,应配合使用Ctrl键,依次单击或拖动行号/列标。选中某行,如第1行,接着按住Ctrl键的同时,依次选择其他不连续的行数如第3行、第7行,即可选中第1、3、7这3行所有的单元格。

选定不连续的多列的操作时,如先选中A列,接着按住Ctrl键不放,选中D列、H列,即可选中A、D、H这三列。

3）通过名称框选取单元格、行、列

（1）通过名称框选取单元格。

在名称框中输入"A1"则选中 A1 单元格，在名称框中输入"A1：D5"，则选中 A1 到 D5 单元格区域。

在名称框中输入"A1：D5，F3"则选中 A1：D5 以及 F3 单元格。

（2）通过名称框选中若干行。

在名称框中输入"行号：行号"，然后按 Enter 键。如输入"1：5"，选择第 1 行到第 5 行；选择多个行数，不连续的行数间用逗号分隔开，例如输入"1：2，4：6"，选择第 1 行到第 2 行和第 4 行到第 6 行，如图 4.23 所示。

（3）通过名称框选中若干列。

选定整列的操作和选定整行的操作类似。如输入"A：C"，选择第 1 列到第 4 列；输入"A：D，H：H"，选择第 1 列到第 4 列和第 8 列，最后按 Enter 键。即可选中连续或不连续的整列，如图 4.24 所示。

图 4.23　通过名称框选定多个不连续的行数

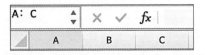

图 4.24　通过名称框来选定 A 到 C 列

4）选择整张工作表

方法 1　单击工作表的全选按钮。

方法 2　按快捷 Ctrl＋A 键。

4. 单元格、行、列的基本操作

1）插入单元格

方法 1　选中单元格，依次选择"开始"→"单元格"→"插入单元格"命令选择插入新单元格的位置，如图 4.25 所示。

方法 2　选中单元格，右击，选择"插入"命令，在弹出的"插入"对话框中进行设置，如图 4.26 所示。

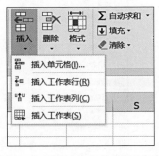

图 4.25　选择"插入单元格"命令

图 4.26　右击选择"插入"命令

2）插入行和列

方法 1　用鼠标选取一行或者一列，依次选择"开始"→"单元格"→"插入工作表"命令,如图 4.25 所示,即可在选中行的上方插入一行,或者在选中列的左侧插入一列。

方法 2 选中某行或者某列,右击,选择"插入"命令。

3）删除行或列

方法 1 用鼠标选取一行或者一列,依次选择"开始"→"单元格"→"删除"命令,即可删除选中行或者选中列,如图 4.27 和图 4.28 所示。

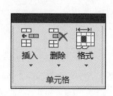

图 4.27　选择"单元格"→"删除"命令　　　　图 4.28　删除单元格

方法 2 选中要删除的某行或某列,右击,选择"删除"命令。

4）隐藏行或列

方法 1 选中需隐藏的行或列,依次选择"开始"→"单元格"→"格式"下拉按钮,在弹出的下拉列表中选择"隐藏和取消隐藏"→"隐藏行"或"隐藏列"选项,所选的行或列将被隐藏起来。如果选择"取消隐藏行"或"取消隐藏列"选项,就会显现出之前被隐藏的行或列,如图 4.29 和图 4.30 所示。

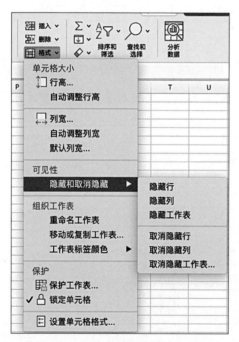

图 4.29　"格式"→"隐藏和取消隐藏"　　　　图 4.30　右击,选择"隐藏"命令

方法 2 选中需隐藏的行或列右击,选择"隐藏"命令。所选的行或列将被隐藏起来,如图 4.30 所示。

　　　大学计算机基础(Windows 10＋Office 2016)

方法 3　若在弹出的"行高"或"列宽"对话框中输入数值"0",也可以实现整行或整列的"隐藏"。例如隐藏某行的操作如图 4.31 所示。

5）取消行或列的隐藏

方法 1　单击□或 Ctrl＋A 选中整个表格,右击选择"取消隐藏"命令。所有被隐藏的行或列将全部显现出来。

图 4.31　行高设置为 0
实现隐藏某行

方法 2　选中包含隐藏的行或列,例如,B 列和 C 列被隐藏,可以选中 A 列到 D 列,或选中整个表格。选择"开始"→"单元格"→"格式"下拉按钮,在弹出的下拉列表中选择"隐藏和取消隐藏"→"取消隐藏行"或"取消隐藏列"选项,则会再现被隐藏的行或列,如图 4.29 所示。

6）合并单元格

方法 1　选中单元格区域,如 B2：C5,然后选择"开始"→"对齐方式"→"合并后居中"按钮▤,如图 4.32 所示,合并效果如图 4.33 所示,如果再次单击"合并后居中"按钮,即可自动取消单元格的合并操作。

图 4.32　单元格合并

图 4.33　单元格合并效果

方法 2　单元格合并操作也可以通过在"设置单元格格式"对话框的"对齐"选项卡"文本控制"中勾选"合并单元格"选项来实现,若取消勾选即可取消合并,如图 4.34 所示。

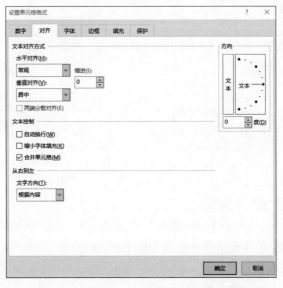

图 4.34　通过单元格格式设置合并单元格

4.1.8 Excel 2016 数据的输入编辑与有效性

1. 数据的输入

双击选中的活动单元格,在单元格中,出现光标闪动时即可输入内容,实现即点即输。单元格中允许输入的数据类型有数值型、货币型、日期型、时间格式、百分比格式、分数型、文本型等。

2. 文本的填充

进行文本输入时,如 A1 单元格输入文本"计算机",可以使用填充柄快速输入相同文本。将鼠标指针移动到单元格的右下角,当鼠标指针由空心粗十字形状 ✛ 变成黑色细十字形状 ＋ 时,就具备填充柄的功能,按下鼠标左键,向下拖动,释放鼠标左键后,单元格内容自动填充文本,如图 4.35 所示。

3. 数值快速输入

在进行数据输入时,如 A1 单元格输入文本"1",如果需要输入的数据是由序列构成的,可以使用填充柄快速输入数值数据,提高工作效率。如选中 A1 单元格,将鼠标指针移动到 A1 单元格的右下角,当鼠标指针变为黑色细十字形状 ＋ 时,按下鼠标左键,向下拖动至 A5 单元格处,释放鼠标左键后即会出现"自动填充选项"按钮 ⊞,单击其右侧下拉按钮选择填充方式,选中"填充系列"选项,则序号按照 1,2,3,…的规律进行填充,如图 4.36 所示。

注:如果不选"填充选项"选项,则默认功能是复制单元格 A1 的内容。

图 4.35　文本填充效果

图 4.36　填充系列效果

4. 其他方式快速填充单元格

使用"填充"命令。在 A1 单元格输入 1,选定单元格区域 A1：A5,依次选择"开始"→"编辑"→"填充"选项,在其子菜单中选择"序列"命令,打开"序列"对话框,操作如图 4.37 和图 4.38 所示。在"序列"对话框中选择"列"和"等差序列"单选按钮,"步长值"设为 1,单击"确定"按钮,得到快速填充效果。

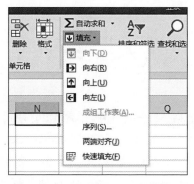

图 4.37　选择"编辑"→"填充"选项

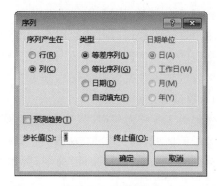

图 4.38　序列填充

5. 自定义序列

如果 Excel 提供的序列不能满足特殊要求,可自定义序列。选择数据源,选择"编辑"→"排序和筛选"→"自定义排序"命令,在"排序"对话框中选定排序列、排序依据为"数值",在"次序"下拉列表框中选择"自定义序列"选项,打开"自定义序列"对话框,在对话框中"自定义序列"选择"新序列",在"输入序列"框中输入新建立序列的每项,单击"添加"→"确定"按钮。如图 4.39～图 4.41 所示。

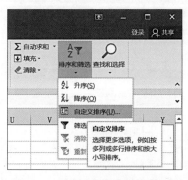

图 4.39　选择"自定义排序"命令

图 4.40　选择"自定义序列"命令

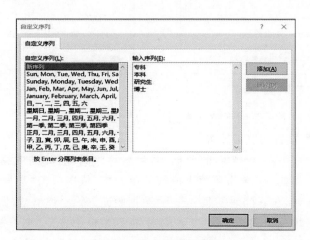

图 4.41　输入自定义序列

6. 数据的有效性验证

用户在输入数据时可能会因为一些误操作造成输入错误数据,为避免用户误操作,可以在指定的单元格区域设置数据验证,当出现数据有误时,及时给出警告弹窗来提醒,单元格区域内输入数据时只能输入满足有效性条件的数据。

1) 数据有效性设置

例如员工年终考核时,只有优秀、良好、中等、合格、不合格 5 种结果(图 4.42)。选中考核结果的区域,依次单击"数据"→"数据工具"→"数据验证"下拉按钮,如图 4.43 所示,在下拉列表中选择"数据验证"命令,弹出"数据验证"对话框(图 4.44)。先在"设置"选项卡中填写验证条件:在"允许"下拉列表中选择"序列"选项,在"来源"下拉列表框中输入"优秀,良好,中等,合格,不合格",其中逗号是英文状态下的逗号,如图 4.45 所示。

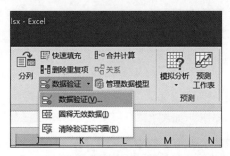

图 4.42　下拉列表效果展示　　　　图 4.43　单击"数据"→"数据工具"→"数据验证"下拉按钮

图 4.44　"数据验证"对话框　　　　　　图 4.45　输入验证序列的来源

最终在相应区域下可使用下拉列表选择选项,如图 4.42 所示。

2) 数据有效性设置与出错警告

对于年终考核成绩在 0～100 的数据,若考核等级为优秀,则成绩应位于 90～100。通过下拉列表框操作如下:单击要填入成绩的单元格,依次单击"数据"→"数据工具"→"数据验证"下拉按钮,在下拉列表框中选择"数据验证"命令,弹出"数据验证"对话框。先在"设置"选项卡中填写验证条件:在"允许"下拉列表框中选择"小数"选项,在"最小值"文本框中填入"90"选项,在"最大值"文本框中输入数字"100",如图 4.46 所示。最后打开

　　　　　　　　　　大学计算机基础(Windows 10＋Office 2016)

"出错警告"选项卡,单击"确定"按钮,若输入数据不在 90 到 100 范围内,则出现如图 4.47 所示的提示弹框。

图 4.46 设置优秀等级时应该输入的数值范围　　　　图 4.47 出错警告弹框

3）清除单元格数据格式

清除单元格格式可以将单元格的内容、格式、公式、批注等清除,单元格本身仍然存在。

依次选取"开始"→"编辑"→"清除"选项,如图 4.48 所示。

全部清除:清除所选单元格中的全部内容。

清除格式:仅清除应用于所选单元格的格式。

清除内容:仅清除所选单元格中的内容。

清除批注:清除附加到所选单元格的任何注释。

清除超链接:清除所选单元格中的超链接。

图 4.48 清除单元格命令

4.2　美化 Excel 2016 工作表

4.2.1　设置单元格格式

常见的单元格格式编辑有:单元格的数字、对齐、字体、边框、填充和保护这几种设置,可以通过"设置单元格格式"对话框和格式工具栏来设定,如图 4.49 所示。

打开"设置单元格格式"对话框的具体操作如下。

方法 1　单击"开始"→"单元格"→"格式"→"单元格格式"命令。

方法 2　右击选定的单元格或单元格区域,在弹出的右键快捷菜单中选择"设置单元格格式"命令。

图 4.49 "设置单元格格式"对话框

方法 3 按 Ctrl+1 快捷键。

1. 数字格式设置

（1）在打开的"设置单元格格式"对话框的"数字"选项卡,即可实现调整。

例如,将单元格数据设置为数值型,保留 2 位小数,负数类型为第 4 种,如图 4.50 所示。

图 4.50　设置数值型操作

再如,将单元格数据设置为人民币类型,保留 2 位小数,负数类型为第 2 种,如图 4.51 所示。

大学计算机基础(Windows 10+Office 2016)

图 4.51 设置货币类型操作

单元格常见的数字类型与说明如表 4.1。

表 4.1 数字类型与说明

数字类型	说 明
常规	常规单元格格式不包含任何特定的数字格式,整数位超过 11 位时以科学记数法显示
数值	数值格式一般用于数字的表示,可设置小数位数、添加千位分隔符和选择负数表示形式
货币	货币格式用于表示一般货币数值,可设置小数位数、添加货币符号和选择负数表示形式
会计专用	会计格式可对一列数值进行货币符号和小数点对齐操作
日期	把日期和时间系列数显示为日期值,有多种可供选择的日期显示形式
时间	把日期和时间系列数显示为时间值,有多种可供选择的时间显示形式
百分比	以百分数形式显示单元格的值,可设置小数位数
分数	以分数形式显示单元格的值,有多种可供选择的分数显示形式
科学记数	以科学记数法显示单元格的值,可设置小数位数
文本	数字作为文本处理,不具备计算能力
特殊	可用于跟踪数据列表及数据库的值,可设置类型有邮政编码、中文小写数字、中文大写数字
自定义	以现有格式为基础,生成自定义的数字格式

（2）利用格式工具栏工具按钮,如图 4.52 和表 4.2 说明所示。

表 4.2　工具栏数字按钮说明

数字组按钮	功　　能	说　　　明
	数字格式	格式设置为美元、欧元、其他货币
%	百分比样式	格式设置为百分比
,	千位分隔样式	使用千位分隔符设置格式
	增加小数位数	显示更多小数位数以获得较高的精度值
	减少小数位数	显示较少的小数位数

图 4.52　数字组按钮展示

2. 对齐方式设置

单元格格式对齐方式有对齐方式、文本对齐方式、文字方向等格式。

（1）单元格格式设置如图 4.53 所示。

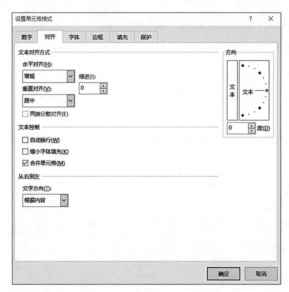

图 4.53　单元格格式设置

（2）格式工具栏上的"开始"选项卡的功能区按钮，如图 4.54 所示。

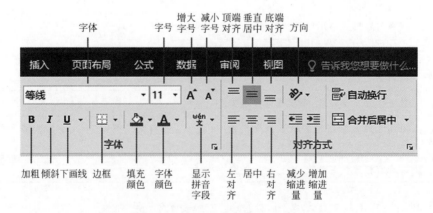

图 4.54　工具栏上的对齐方式按钮

大学计算机基础（Windows 10＋Office 2016）

3. 字体设置

对单元格字体的设置包括字体、字形、字号、下画线、颜色、效果编辑。

(1) 单元格格式设置。

例如：将字体设置为黑体，加粗，字号为 9 号，橄榄色，个性 3，深色 50%，单击"确定"按钮，如图 4.55 所示。

(2) 格式工具栏上的工具按钮。

单击"开始"→"字体"选项，可以设置字体、字号、字形、颜色等，如图 4.56 所示。

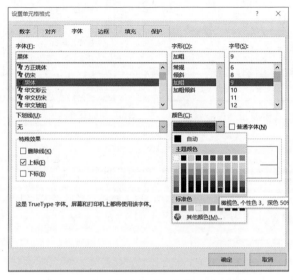

图 4.55　单元格格式设置字体方式对话框　　　图 4.56　格式工具栏的字体工具按钮

4. 边框设置

单元格边框设置包括单元格的内外边框线、线型、线宽、颜色等的设置。

方法 1　单击"单元格格式"→"边框"选项。依次选择线型样式，颜色，最后选择边框线。如图 4.57 所示，外框线为 1.5 磅，红色，双线型，内框线为绿色的实线，效果如图 4.58 所示。

图 4.57　单元格格式设置边框

方法 2 利用格式工具栏字体组的边框工具按钮 ⊞▾ 下拉列表，选择其他边框，如图 4.59 所示。

利达公司工资表						
姓名	部门	职称	基本工资	奖金	津贴	
王辉杰	设计室	技术员	1500	600	150	
吴圆圆	后勤部	技术员	1450	550	150	
张勇	工程部	工程师	3000	568	180	
李波	设计室	助理工程师	1760	586	140	
司慧霞	工程部	助理工程师	1750	604	140	
王刚	设计室	助理工程师	1700	622	140	
谭华	工程部	工程师	2880	640	180	
赵军伟	设计室	工程师	2900	658	180	
周健华	工程部	技术员	1500	576	150	
任敏	后勤部	技术员	1430	594	150	
韩禹	工程部	技术员	1620	612	150	
周敏捷	工程部	助理工程师	1800	630	140	
冯丹丹	后勤部	助理工程师	1780	648	140	

图 4.58　单元格边框设置效果展示

图 4.59　边框工具→其他边框

5. 单元格填充效果

默认状态下，单元格式无填充颜色，编辑单元格的图案和颜色的操作如下。

方法 1 单击"单元格格式"→"填充"命令，在相应界面进行设置，如图 4.60 所示。

方法 2 利用格式工具栏填充颜色工具按钮 ♨，如图 4.61 所示。

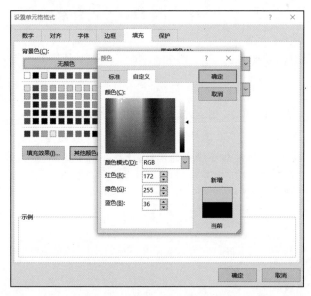

图 4.60　单元格设置填充效果

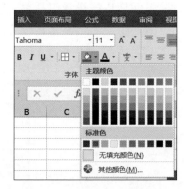

图 4.61　格式工具栏填充颜色

4.2.2　使用条件格式

为了在众多单元格中突出显示某些单元格，选中要突出显示的单元格区域，单击"条件格式"下拉按钮,在弹出的下拉列表框中选择"突出显示单元格规则"选项中的一种条件规则,如图 4.62 所示。然后在打开的对话框中根据需要设置条件格式并单击"确定"按钮,即可对满足条件的单元格进行突出显示。

条件格式中的"项目选取规则",如图 4.63 所示。

图 4.62 突出单元格规则   图 4.63 项目选取规则

1. 突出显示单元格

默认的条件格式之外,用户还可以自定义突出显示格式。在弹出的"介于"对话框中,在"设置为"下拉列表框中选择"自定义格式"选项,在弹出的"设置单元格格式"对话框中可以设置各种自定义的格式。例如,基本工资介于 1000 到 1590 元之间的用浅红色填充深红色文本,如图 4.64 所示。

图 4.64 自定义突出显示格式效果

2. 数据条

选择要显示数据条的单元格区域,单击"条件格式"下拉按钮,在弹出的下拉列表框中选择"数据条"选项中的数据条样式。即可在选择的单元格区域中根据数据的大小使用相应的数据条样式,相同值应用的数据条的长短也将相同。

3. 色阶

选择要使用色阶的单元格区域,单击"条件格式"下拉按钮,在弹出的下拉列表框中选择"色阶"中的一种色阶样式,如图 4.65 所示,即可在选择的单元格区域中根据数值使用相应的色阶样式,相同数值应用的色阶也将相同。

4. 图标集

选择要使用图标集的单元格区域,单击"条件格式"下拉按钮,在弹出的下拉列表框中选择"图标集"中的一种色阶样式,如图 4.66 所示。

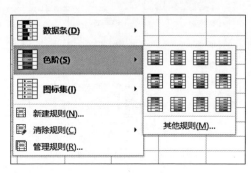

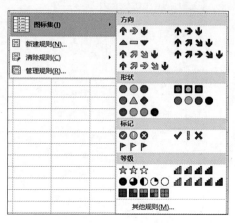

图 4.65　色阶及其他规则　　　　　　　图 4.66　图标集设置

5. 新建规则

用户可以根据自己的需要新建条件格式规则。单击"条件格式"下拉按钮,在弹出的下拉列表框中选择"新建规则"选项,在打开的"新建格式规则"对话框中设置条件格式的规则,然后单击"确定"按钮即可。

6. 清除规则

对单元格区域使用条件格式后,是不能使用普通的格式设置对其进行清除的。要清除单元格的条件格式,应该使用如下方法:选择要清除条件格式的单元格或单元格区域,然后在"条件格式"下拉列表框中选择"清除规则"选项,再根据需要在"清除规则"选项的子菜单中选择要清除条件格式的对象。

7. 管理规则

在"条件格式"下拉列表框中选择"管理规则"选项,打开"条件格式规则管理器"对话框,在该对话框中可以对条件格式的规则进行管理。在"显示其格式规则"下拉列表框中可以选择要管理格式规则的工作表;在"应用于"文本框中可以输入要管理格式规则的单元格区域;单击"新建规则"按钮可以新建规则;单击"编辑规则"按钮可以编辑选择的规则;单击"删除规则"按钮可以删除选择的规则。

4.2.3　工作表的背景

为工作表添加背景的操作步骤如下。

　　　　　　大学计算机基础(Windows 10＋Office 2016)

1. 添加背景

单击"页面布局"选项卡下"页面设置"选项组中的"背景"按钮,弹出"插入图片"对话框,从中找到合适的图片作为工作表的背景。在联网状态下,还可以通过必应图像搜索方式添加背景图片。选中图片以后,按 Enter 键,即可为工作表添加背景,如图 4.67 所示。

图 4.67　设置工作表背景

2. 删除工作表的背景

单击"页面布局"选项卡下"页面设置"选项组中的"删除背景"按钮，即可将背景删除。

4.2.4　单元格批注

当对单元格做一些说明信息时,可设置批注编辑。

1. 添加批注

方法 1　选中需添加批注的单元格,打开"审阅"选项卡,单击"批注"选项组中的"新建批注"按钮,在弹出的批注框中输入批注文本。完成后单击批注框外部的工作表区域,结束批注操作。

方法 2　选中需要备注批注的单元格,右击,在快捷菜单中选择"插入批注"命令,在批注对话框中输入需要的批注文字。

2. 浏览批注

打开"审阅"选项卡,单击"批注"选项组中的"显示所有批注"按钮。

如果要按顺序查看每个批注,可在"批注"选项组中单击"下一条"按钮;如果要按相反的顺序查看批注,可单击"上一条"按钮;如果要查看单独的某个批注,则将鼠标指针移至已添加批注的单元格进行浏览。

3. 更改批注

在需要修改批注的单元格上右击,在弹出的快捷菜单中选择"编辑批注"命令,即可对批注的内容进行更新。

4. 删除批注

选中需要删除批注的单元格右击,在弹出的快捷菜单中选择"删除批注"命令即可。

4.2.5 套用表格样式

Excel 2016 中自带了一些比较实用的工作表样式,进行表格美化时可直接套用这些自带的样式。

1. 套用表格格式

Excel 2016 中提供了大量的工作表样式,自动套用这些样式,可以使制表更加快捷、高效。自动套用表格样式的具体操作步骤如下。

(1) 选择要套用表格样式的单元格区域,单击"样式"选项组中的"套用表格样式"下拉按钮,在弹出的下拉列表中选择需要套用的样式,如图 4.68 所示。

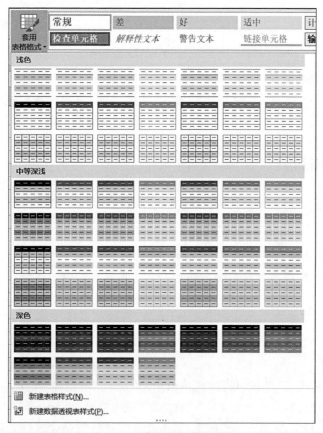

图 4.68　套用表格格式样式

(2) 在打开的"套用表格式"对话框中设置数据的来源或直接单击"确定"按钮。

注意:如果在"套用表格式"对话框中勾选"表包含标题"复选框,表格的标题将套用样式栏中的标题样式。

（3）在"套用表格式"对话框中单击"确定"按钮，即可套用选择的表格样式。

注意：在套用表格样式后，表格的首行标题处将出现下拉按钮，单击该下拉按钮，可以对其中的数据进行排序和筛选操作。

2. 新建表样式

单击"样式"选项组中的"套用表格样式"下拉按钮，在弹出的下拉列表中选择"新建表样式"选项，在打开的"新建表快速样式"对话框中即可设置新建表样式的格式，然后单击"确定"按钮。

4.2.6　应用单元格样式

样式是格式设置选项的集合，使用单元格样式可以达到一次应用多种格式，确保得到一致的单元格格式的效果。

1. 应用样式

选择要应用样式的单元格或单元格区域，然后选择"开始"选项卡，单击"样式"选项组中的"单元格样式"下拉按钮，在弹出的下拉列表中选择需要的样式即可。

"单元格样式"下拉列表中包括 5 种类型的单元格样式，具体内容为"好、差和适中""数据和模型""标题""主题单元格样式""数字格式"，如图 4.69 所示。

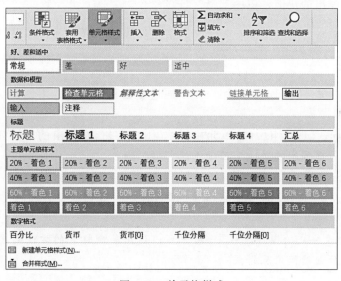

图 4.69　单元格样式

2. 新建样式

新建样式的具体操作步骤如下。

（1）单击"样式"选项组中的"单元格样式"下拉按钮，在弹出的下拉列表框中选择"新建单元格样式"选项，打开"样式"对话框。

（2）在"样式名"文本框中输入创建样式的"名称"；在"样式包括"选项组中选择要包括的样式内容；单击"格式"按钮，可以在打开的"设置单元格格式"对话框中设置样式的各种格式。设置好样式的各个选项后，单击"确定"按钮，即可创建一个新的样式，并且存放于"单元格格式"下拉列表中的"自定义"栏目中。

3. 合并样式

如果需要在当前工作簿中调用另一个工作簿的样式，可以进行合并样式的操作。合并样式的具体操作步骤如下。

（1）打开两个工作簿，如"工作簿1"和"工作簿2"。

（2）在"工作簿1"中单击"样式"选项组中的"单元格样式"下拉按钮，在弹出的下拉列表中选择"新建单元格样式"选项，将"样式名"命名为"自定义样式1"。

（3）选择"工作簿2"，单击"单元格样式"下拉按钮，在弹出的下拉列表中选择"合并样式"选项。

（4）在打开的"合并样式"对话框中选择要合并样式的来源。然后单击"确定"按钮，即可将"工作簿1"中的样式合并到"工作簿2"中。

4. 修改样式

用户可以通过对已有的样式进行修改来满足自己的需要。修改样式的具体操作步骤如下。

（1）单击"样式"选项组中的"单元格样式"下拉按钮，在弹出的下拉列表框中右击要修改的样式，在弹出的快捷菜单中选择"修改"命令。

（2）在打开的"样式"对话框中根据需要进行修改，单击"格式"按钮，可以在打开的"设置单元格格式"对话框中对格式进行修改。

5. 复制样式

在"单元格样式"下拉列表中，用户可以通过复制其中的样式来创建一个该样式的副本，操作方法如下。

（1）单击"样式"选项组中的"单元格样式"下拉按钮，在弹出的下拉列表框中右击要复制的样式，然后在弹出的快捷菜单中选择"复制"命令。

（2）在打开的"样式"对话框中对复制得到的样式进行命名或修改其中的格式。

（3）单击"确定"按钮，即可复制指定的样式，复制得到的样式将存放于"自定义"栏目中。

注意：在修改样式的操作过程中，用户可以使用复制样式的方法对要修改的样式进行备份，方便以后继续使用原样式。

6. 删除样式

如果用户需要删除样式，可以单击"样式"选项组中的"单元格样式"下拉按钮，在弹出的下拉列表框中右击要删除的样式，然后在弹出的快捷菜单中选择"删除"命令，即可删除样式。

注意：删除样式是一个不可撤销的操作，因此在删除样式之前，需要慎重考虑，不主张用户随意进行删除样式的操作。

4.3　Excel 2016 公式与函数

4.3.1　函数输入

Excel 2016 核心作用能实现对数据的自动化处理,可利用公式法和函数法来实现计算功能。在 Excel 中利用公式进行运算时,是以=(或"+")开头,后面是用于计算的表达式,由常量、函数、单元格引用和运算符组成的表达式。实现自动运算功能。

利用函数进行运算时,即可使用预定义的公式,按照特定的顺序或结构进行计算。合理利用公式可以对数据进行简单的加、减、乘、除计算,也可实现一些复杂的财务统计及科学计算,还可以比较和操作文本内容。

4.3.2　在公式中使用常量和运算符

1. 常量

Excel 2016 中的常量有 3 种:数值型、文本型、逻辑型。

(1) 数值型常量。但在输入日期、时间数据时要注意,虽然其本质是数值,但作为常量,需要借用英文双引号引起来,如=TEXT("08:30","上午/下午 h 时 mm 分")。

(2) 文本型常量。将数值变成文本型时需要引用英文双引号或逗号来实现,如("123456")或('123456)。

(3) 逻辑型常量。直接输入 True 或 False,不需要用英文双引号引起来。

2. 运算符

公式运算符可以对公式中的元素进行特定类型的运算。Excel 2016 中包含以下几种类型的运算符:算术运算符、比较运算符、文本运算符和引用运算符,如表 4.3 所示。

表 4.3　运算符

运算符类型	主要运算符
算术运算符	+(加法)、-(减法)、*(乘法)、/(除法)、^(乘方)、%(百分比)
比较运算符	=、>、<、>=、<=、<>(不等于)
文本连接运算符	&(连接文本)
引用运算符	:(区域运算符)、,(联合运算符)、!(工作表引用)

(1) 算术运算符:完成基本的数学运算,如加法、减法和乘法,运算符如表 4.4 所示。

(2) 比较运算符:用来对两个单元格中的数据进行比较运算,其结果是一个逻辑值,真(true)或假(false),如表 4.5 所示。

表 4.4　算术运算符			表 4.5　比较运算符			
算术运算符	含　义	示　例	比较运算符	含　义	示　例	结果
＋	加	5＋2	＝	等于	A1＝A2	false
－	减	6－3	＞	大于	A1＞A2	true
＊	乘	12＊3	＞＝	大于或等于	A1＞＝A2	true
/	除	25/6	＜	小于	A1＜A2	false
％	百分比	5％	＜＝	小于或等于	A1＜＝A2	false
＾	乘方	2^5	＜＞	不等于	A1＜＞A2	true

（3）文本运算符：使用"&"将一个文本或多个文本连接为一个组合文本。如"我是"&"一名学生"等于"我是一名学生"。

（4）单元格引用运算符：可以将单元格区域合并，运算符有冒号、逗号、空格三种，如表 4.6 所示。

表 4.6　单元格引用运算符

单元格引用运算符	含　义	示　例
:	区域运算符：引用以两个单元格对角线所组成的方形或长方形区域	B1：C3 所表示的区域包括 B1、B2、B3、C1、C2、C3 共 6 个单元格 例如：＝SUM(B1：C3)求单元格区域内，6 个单元格之和
,	联合操作符：引用多个分散的区域	例如：＝SUM(B1,C2,D3)，表示求 B1、C2、D3 这 3 个单元格之和
	空格操作符：引用交叉区域	例如：＝SUM(A3：C5 B1：B7)，表示求交叉区域(B3：B5)之和

公式运算是按优先级从高到低的顺序进行的。对同一优先级的运算，是从等号开始，按照从左到右的顺序逐步计算的；对于不是同一级运算的公式，则按照运算符从高到低的优先级进行计算。

4.3.3　单元格的引用

单元格的引用是指在公式中通过对单元格地址的引用来访问单元格中存放的数据，其格式为：[工作簿名]工作表名!列号行号。如果是在当前工作表中，则工作簿和工作表名可省略。工作簿需用方括号括起来，工作表名与单元格之间用感叹号分隔。例如[表1]Sheet1!B2 表示表 1 工作簿中 Sheet1 工作表的 B 列的第二行单元格，单元格地址常用以下几种方式表达。

1. 相对引用
相对引用是指用列号和行号直接表示的地址引用，在复制移动公式或自动填充时，会随着公式位置的变化而自动调整引用单元格的行号、列标。

2. 混合引用

混合引用是将相对引用和绝对引用结合起来,在复制移动公式或自动填充时,在行号或列标中只加一个"$"符号,即"$列标行号"或"列标$行号"的形式,这时所引用单元格的行号或列标只有一个进行自动调整,而另一个保持不变。如$A2或A$2。

3. 绝对引用

绝对引用是指不随单元格变动而变动的地址引用,在复制移动公式或自动填充时,绝对地址需要使用绝对地址符号"$",即在列标和行号前都要加上符号"$",公式中所引用单元格的行号和列标均保持不变。如$A$2。

注意单元格引用之间的相互切换,我们先选中A2单元格,再通过F4键切换为混合引用和绝对引用。

4. 引用其他工作表

如果要引用其他工作表的单元格,则应在引用地址之前说明单元格所在的工作表名称,形式为"工作表!单元格地址"。如Sheet3!A2。

4.3.4 公式的输入与应用

1. 公式的输入

在表1单元格中G3处输入"=D3+E3+F3",同时输入的公式出现在编辑栏中。编辑栏中会显示出公式的完整信息,按下Enter键后,单元格中得到显示公式的计算值,如图4.70所示。

图4.70 公式输入法

操作如下:

(1) 单击要输入公式的单元格。

(2) 在编辑栏中输入"="。

(3) 按照公式中操作数和运算符的顺序输入具体的公式内容。

(4) 最后按Enter键。

2. 公式的其他应用

公式法实现对工作表的数据进行算术逻辑运算,还能对公式进行命名、隐藏、复制、删除等基本操作。

4.3.5　函数的概念

函数是按照特定语法结构进行计算的一种表达式。Excel 提供了数学、财务、统计等丰富的函数，用于完成复杂、烦琐的计算或处理工作。与公式一样，使用函数可以方便地对工作表中的数据进行分析和处理，当数据源发生变化时，由函数计算的结果也将会自动更新。

函数使用的格式由函数名和参数表组成，格式为"函数名（[参数 1]，[参数 2]，…）"。其中，函数名是系统预先设置的名称，是要执行特定运算的。函数参数表是用"（）"括起来的部分，参数表中的参数可以是数字、文本、逻辑值、单元格引用等。当函数的参数为其他函数或公式时，则称为函数的嵌套调用。如果函数包含有 1 个、2 个、多个参数时，各个参数之间用逗号隔开；如果函数没有参数，圆括号也不可以省略。

4.3.6　输入函数

函数的输入

输入函数要遵循语法规则，可以在单元格中输入，也可以在公式编辑栏中输入。常用的函数输入方法有直按输入和使用函数向导输入。

方法 1　在单元格直接输入函数，输入相应的函数名和函数的参数，最常用的函数输入方法就是直接输入函数。

例如，求 C4：H4 的数据总和，在结果存放的单元格 I4 中直接输入公式"＝SUM(C4：H4)"，输入完成后按 Enter 键，Excel 就会自动把单元格区域 C4：H4 中所有数据的总和显示在 I4 单元格内。

方法 2　使用函数向导输入，将鼠标指针定位到某单元格中，使用命令在"公式"选项卡的"函数库"选项组中分类展示了很多不同函数库，可以选择各函数库中的函数命令对工作表中选择的单元格进行计算。这里以"自动求和"为例，单击该下拉按钮，弹出的下拉列表中包括自动求和、求平均、最大值、最小值等。操作步骤如下。

(1) 选定求和的单元格，选择"自动求和"下拉列表中的选项。

(2) 编辑栏中出现了求和函数，如图 4.71 所示。

图 4.71　选择"公式"→"插入函数"命令

(3) 检查函数 SUM( )括号中的单元格区域是否为所需的单元格，若不是，则将括号内的地址删除后，再重新选择相应单元格区域。

单击"输入"按钮确定公式。

方法 3 使用函数向导创建含有函数的公式。选定要输入函数的单元格,单击"公式"选项卡中的"插入函数"按钮,弹出如图 4.72 所示的"插入函数"对话框,输入函数后按 Enter 键即可。或者单击"编辑栏"中的"插入函数"按钮,在弹出的"插入函数"对话框输入函数,如图 4.72 所示。

在公式中输入函数时,"插入函数"对话框中将显示函数的名称、各个参数、函数功能和参数说明等。还可显示函数的当前结果和整个公式的当前结果。用户如果对使用的函数非常熟悉,也可以按照函数的语法规则直接输入。如图 4.73 所示的求和函数。

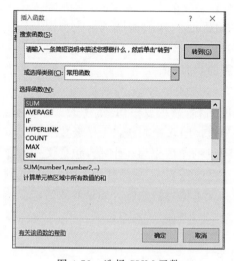

图 4.72　选择 SUM 函数

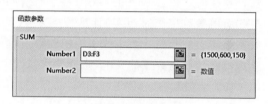

图 4.73　选择计算区域

方法 4 通过工具栏编辑区实现常用计算。如图 4.74 和图 4.75 所示。

图 4.74　利用工具栏编辑器实现计算

图 4.75　几种常用的函数

4.3.7　常用函数的应用

1. 常用函数

(1) 函数名称:SUM。

功能:计算单元格区域中所有数值的和。将单个值、单元格的引用以及单元格区域进行求和,或者将三者间的组合相加。

格式:SUM(Number1,Number2,…)。

（2）函数名称：AVERAGE。

功能：返回所有参数的算术平均值；参数可以是数字或者是包含数字的名称、单元格区域或单元格引用。

格式：AVERAGE(Number1,Number2,…)。

当参数列表中的数字为逻辑值或文本表示的形式时，不可以直接计算，即当区域或单元格引用参数为以下值时：文本、逻辑值或空单元格，求均值时，则这些值将被自动忽略；但包含零值的单元格将被计算在内。在 Excel 计算时检测出参数为错误值或为不能转换为数字的文本时，将会导致错误。

（3）函数名称：AVERAGEA。

功能：计算参数列表中数值的平均值（算术平均值）。

格式：AVERAGEA(value1,[value2],…)。

参数为 value1,value2,…，其中，value1 是必需的，后续值是可选的。需要计算平均值的 1 到 255 个单元格、单元格区域或值。

说明：参数可以是下列形式，数值；包含数值的名称、数组或引用，数字的文本表示，或者引用中的逻辑值，例如 true 和 false。逻辑值和直接输入参数列表中代表数字的文本被计算在内。包含 true 的参数作为 1 计算；包含 false 的参数作为 0 计算。包含文本的数组或引用参数将作为 0（零）计算。空文本（""）计算为 0（零）。如果参数为数组或引用，则只使用其中的数值。数组或引用中的空白单元格和文本值将被忽略。如果参数为错误值或为不能转换为数字的文本，将会导致错误。

（4）函数名称：MAX。

功能：返回一组数值中的最大值，忽略逻辑值及文本。

格式：MAX(number1,number2,…)。

（5）函数名称：MIN。

功能：返回一组数值中的最小值，忽略逻辑值及文本。

格式：MIN(number1,number2,…)。

（6）函数名称：COUNT。

功能：计算包含数字的单元格个数以及参数列表中数字的个数。使用 COUNT 函数获取区域中或一组数字中的数字字段中条目的个数。

格式：COUNT(Value1,Value2,…)。

说明：计算区域中包含数字的单元格的个数以及参数列表中数字的个数。COUNT 函数要求参数单元格为数字，如果要统计文本参数或包含文本的单元格数目，可以使用 COUNTA 函数。

（7）COUNTA()函数。

功能：返回参数列表中非空值的单元格个数。

格式：COUNTA(value1,value2,…)。

说明：value1,value2,…为所要计算的值，参数个数为 1～30。在这种情况下，参数值可以是任何类型，它们可以包括空字符（""），但不包括空白单元格。

2. 逻辑函数

（1）函数名称：IF。

功能：判断是否满足某个条件，如果满足返回一个值，如果不满足则返回另一个值。

格式：IF(Logical_test,Value_if_true,Value_if_false)。

Logical_test 是逻辑判断表达式；Value_if_true 表示当逻辑判断表达式为真时所返回的内容，如果 Value_if_tru 不填为空，则返回默认值 true；Value_if_false 表示当逻辑判断表达式为假时所返回的内容，如果 Value_if_false 不填为空，返回默认值 false。

（2）SUMIF()函数。

功能：根据指定条件对若干单元格求和。

格式：SUMIF(range,criteria,sum_range)。

说明：range 为用于条件判断的单元格区域，每个范围内的单元格必须是数字或名称、数组或包含数字的引用。空白和文本值将被忽略。criteria 为确定哪些单元格将被相加求和的条件，其形式可以为数字、表达式或文本。sum_range 是需要求和的实际单元格。

（3）COUNTIF()函数。

功能：计算指定区域中满足给定条件的单元格的个数。

格式：COUNTIF(range,criteria)。

说明：range 为需要计算其中满足条件的单元格数目的单元格区域。criteria 为确定哪些单元格将被计算在内的条件，其形式可以为数字、表达式或文本。如 COUNTIF(C3:H2,">60")。

3. 常用数学函数

（1）INT()函数。

将数字向下舍入到最接近的整数，如 $INT(8.2)=8$，$INT(-2.1)=-3$。

（2）ROUND()函数。

将数字按指定位数舍入，如 ROUND(165.1815,1)，取 1 位小数，将第 2 位四舍五入，结果为 165.2。

（3）MOD()函数。

返回除法的余数。

（4）PI()函数。

返回圆周率 π 的值，如计算半径为 2 的圆的周长，用公式表示为 $2*pi()*2$。

（5）RAND()函数。

如 Rand(1,10)，返回 1～10 的一个随机数。

（6）RANDBETWEEN()函数。

返回介于两个指定数之间的一个随机整数。例如：RANDBETWEEN(80,120)将返回 80～120 的随机整数。

（7）SQRT()函数。

返回该数值的平方根，如 9 的平方根为 SQRT(9)。

（8）Rank()函数。

功能：返回一个数字在数字列表中的排位，数字的排位是其大小与列表中其他值的比值。

格式：RANK(number,ref,order)。

4. 常用文本函数

（1）CHAR()函数。

功能：返回对应于数字代码的字符，该函数可将其他类型的计算机文件中的代码转换为字符。

格式：CHAR(number)。number 是用于转换的字符代码，介于 1~255。

例如：CHAR(56)返回"8"，CHAR(36)返回"$"。

（2）CODE()函数。

功能：返回字符串中第一个字符的数字代码（对应于计算机当前使用的字符集）。

格式：CODE(text)。text 为需要得到其第一个字符代码的文本。

例如：因为 CHAR(65)返回 A，所以公式"=CODE("All")"返回 65。

（3）LEFT()函数。

功能：根据指定的字符数返回字符串中的第一个或前几个字符。

格式：LEFT(text,num_chars)。

text 是包含要提取字符的字符串。

num_chars 指定函数要提取的字符数，它必须大于或等于 0。

例如：如果 A1="计算机爱好者"，则 LEFT(A1,3)返回"计算机"。

（4）RIGHT()函数。

功能：RIGHT 根据所指定的字符数返回字符串中最后一个或多个字符。

格式：RIGHT(text,num_chars)。

text 是包含要提取字符的字符串。

num_chars 指定希望 RIGHT 提取的字符数，它必须大于或等于 0。如果 num_chars 大于文本长度，则 RIGHT 返回所有文本。如果忽略 num_chars，则假定其为 1。例如：如果 A1="学习的革命"，则公式"=RIGHT(A1,2)"返回"革命"。

（5）MID()函数。

功能：返回字符串中从指定位置开始的特定数目的字符，该数目由用户指定。

格式：MID(text,start_num,num_chars)。

text 是包含要提取字符的字符串。

start_num 是文本中要提取的第一个字符的位置，文本中第一个字符的 start_num 为 1，以此类推。

num_chars 指定希望 MID()从文本中返回字符的个数。

例如：如果 A1="电子计算机"，则公式"=MID(A1,3,2)"返回"计算"。

（6）LEN()函数。

功能：返回字符串的字符数。

格式：LEN(text)。text 为待查找其长度的文本。例如：如果 A1="计算机爱好者",则公式"＝LEN(A1)"返回 6。

（7）REPLACE()函数。

功能：替换文本中的字符。REPLACE()使用其他字符串并根据所指定的字符数替换另一字符串中的部分文本。REPLACEB()的用途与 REPLACE()相同,它是根据所指定的字节数替换另一字符串中的部分文本。

格式：REPLACE(old_text,start_num,num_chars,new_text),REPLACEB(old_text,start_num,num_bytes,new_text)。

old_text 是要替换其部分字符的文本。

start_num 是要 new_text 替换的 old_text 中字符的位置。

num_chars 是希望 REPLACE()使用 new_text 替换 old_text 中字符的个数。

num_bytes 是希望 REPLACE()使用 new_text 替换 old_text 的字节数。

new_text 是用于替换 old_text 中字符的文本。

例如：如果 A1＝"学习的革命",A2＝"计算机",则公式"＝REPLACE(A1,3,3,A2)"返回"学习计算机"。

5. 常用日期与时间函数

（1）TODAY()函数。

一个无参函数,得到系统日期,但括号不能少,如 Today(),返回"2024/2/6"。

（2）NOW()函数。

也是一个无参函数,得到系统日期与时间。

例如：NOW()返回"2024/2/6　16：36"。

（3）日期函数。

YEAR()函数、MONTH()函数、DAY()函数、HOUR()函数、MINUTE()函数、SECOND()函数：分别表示获取时间序列中的年份、月份、日期、小时、分钟、秒、一周内的第几天,具体如表 4.7 所示。

表 4.7　日期函数

日 期 函 数	说　　　明	运 算 结 果
＝Year("2024/2/6 15:16:26")	获取年份值	返回 2024
＝Month("2024/2/6 15:16:26")	获取月份值	返回 2
＝Day("2024/2/6 15:16:26")	获取日期	返回 6
＝HOUR("2024/2/6 15:16:26")	获取当前日期的小时数	返回 15
＝Minute("2024/2/6 15:16:26")	获取当前日期的分钟数	返回 16
＝Second("2024/2/6 15:16:26")	获取当前日期对应的秒数	返回 26

（4）DATE()函数。

从给出的年月日中得到一个日期序列,如 DATE(2013,3,6),返回日期序列 2013/3/6。

（5）Time()函数。

从给出的小时、分钟、秒钟中得到一个时间序列。

（6）DATEDIF()函数。

返回两个日期之间的年月日间隔数。

格式：DATEDIF(开始日期,结束日期,单位代码)。例如：DATEDIF("1973-4-1",TODAY(),"Y")返回 33。

6. 常用逻辑函数

（1）AND()函数。

功能：所有参数的计算结果为 true 时,返回 true;只要有一个参数的计算结果为 false,即返回 false。

格式：AND(logical1,[logical2],…)。AND()函数具有以下参数。

logical1 是必需的,表示要测试的第一个条件,其计算结果可以为 true 或 false。

logical2 是可选的,表示要测试的其他条件,其计算结果可以为 true。

（2）OR()函数。

功能：对多个逻辑值做"或"运算,如果任一逻辑值为 true,则返回 true,如果所有逻辑值都为 false,则返回 false。

格式：OR(logical1,[logical2],…)。

logical1 是必需的,后续逻辑值是可选的。有 1~255 个需要进行测试的条件,测试结果可以为 true 或 false。

（3）NOT()函数。

功能：对参数值求反,当要确保一个值不等于某一特定值时,可以使用 NOT()。

格式：NOT(Logical)。计算结果为 true 或 false 的任何值或表达式。

7. 常用查找函数

（1）查找函数 Lookup()。

功能：返回向量或数组中的数值。函数 LOOKUP()有两种语法形式：向量和数组。函数 LOOKUP()的向量形式是在单行区域或单列区域(向量)中查找数值,然后返回第二个单行区域或单列区域中相同位置的数值;函数 LOOKUP()的数组形式在数组的第一行或第一列查找指定的数值,然后返回数组的最后一行或最后一列中相同位置的数值。

格式：LOOKUP(lookup_value,lookup_vector,result_vector)。

lookup_value 为函数 LOOKUP()在第一个向量中所要查找的数值,它可以为数字、文本、逻辑值或包含数值的名称或引用。

lookup_vector 为只包含一行或一列的区域,lookup_vector 的数值可以为文本、数字或逻辑值。

result_vector 为只包含一行或一列的区域,其大小必须与 lookup_vector 相同。

例如：若查询一个数据时,只有 I3 时,在 J3 处输入"=LOOKUP(I3,A3:A14,D3:D14)"即可查询相应的数值。

例如：若查询一组数据时,需查询数据(I3:I7)时,lookup_vector 和 result_vector 这

两列可以采用绝对引用，设置第一组数据以后，后面直接用填充柄来操作，如图 4.76 所示。

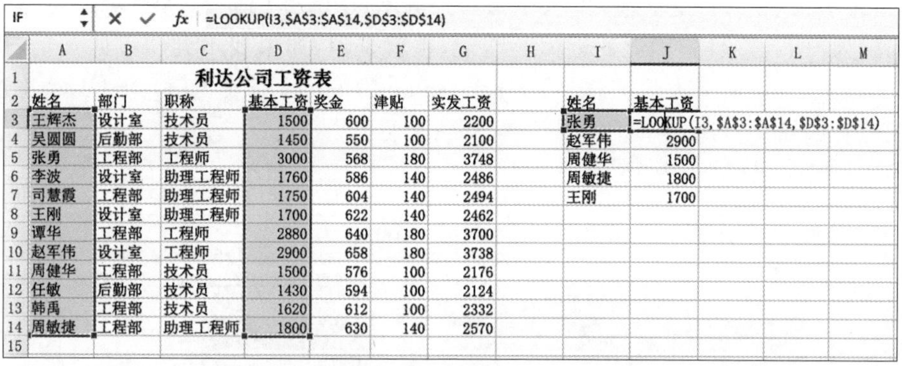

IF　=LOOKUP(I3,$A$3:$A$14,$D$3:$D$14)

	A	B	C	D	E	F	G	H	I	J
1	利达公司工资表									
2	姓名	部门	职称	基本工资	奖金	津贴	实发工资		姓名	基本工资
3	王辉杰	设计室	技术员	1500	600	100	2200		张勇	=LOOKUP(I3, $A$3:$A$14, $D$3:$D$14)
4	吴圆圆	后勤部	技术员	1450	550	100	2100		赵军伟	2900
5	张勇	工程部	工程师	3000	568	180	3748		周健华	1500
6	李波	设计室	助理工程师	1760	586	140	2486		周敏捷	1800
7	司慧霞	工程部	助理工程师	1750	604	140	2494		王刚	1700
8	王刚	设计室	助理工程师	1700	622	140	2462			
9	谭华	工程部	工程师	2880	640	180	3700			
10	赵军伟	设计室	工程师	2900	658	180	3738			
11	周健华	工程部	技术员	1500	576	100	2176			
12	任敏	后勤部	技术员	1430	594	100	2124			
13	韩禹	工程部	技术员	1620	612	100	2332			
14	周敏捷	工程部	助理工程师	1800	630	140	2570			
15										

图 4.76　多数据查找的 LOOKUP()函数应用

另外可以用数组形式，其公式为＝LOOKUP(lookup_value，array)。array 为包含文本、数字或逻辑值的单元格区域或数组，它的值用于与 lookup_value 进行比较。

注意：array 的数值必须按升序排列，否则函数 LOOKUP()不能返回正确的结果。文本不区分大小写。

例如：利用 LOOKUP 数组形式查询，根据工号进行查询，其中单元格区域(A3:A14)编号是升序顺序，结果如图 4.77 所示。

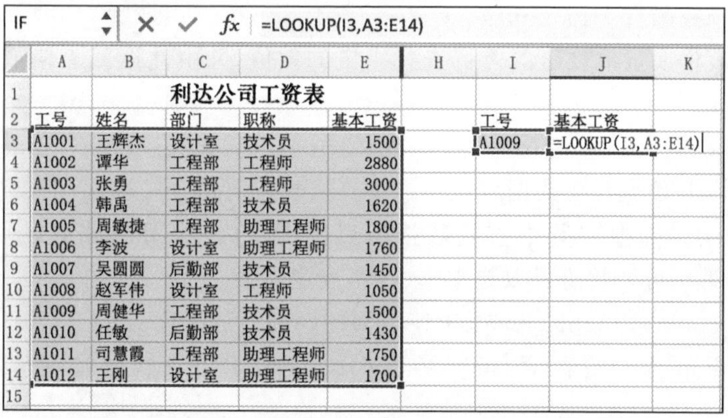

IF　=LOOKUP(I3,A3:E14)

	A	B	C	D	E	H	I	J
1	利达公司工资表							
2	工号	姓名	部门	职称	基本工资		工号	基本工资
3	A1001	王辉杰	设计室	技术员	1500		A1009	=LOOKUP(I3, A3:E14)
4	A1002	谭华	工程部	工程师	2880			
5	A1003	张勇	工程部	工程师	3000			
6	A1004	韩禹	工程部	技术员	1620			
7	A1005	周敏捷	工程部	助理工程师	1800			
8	A1006	李波	设计室	助理工程师	1760			
9	A1007	吴圆圆	后勤部	技术员	1450			
10	A1008	赵军伟	设计室	工程师	1050			
11	A1009	周健华	工程部	技术员	1500			
12	A1010	任敏	后勤部	技术员	1430			
13	A1011	司慧霞	工程部	助理工程师	1750			
14	A1012	王刚	设计室	助理工程师	1700			
15								

图 4.77　LOOKUP()函数数组形式应用

(2) 垂直查找函数 VLOOKUP()。

功能：在表格或数值数组的首列查找指定的数值，并由此返回表格或数组当前行中指定列处的数值；当比较值位于数据表首列时，可以使用函数 VLOOKUP()代替函数 LOOKUP()。

格式：VLOOKUP(lookup_value，table_array，col_index_num，range_lookup)。

lookup_value 为需要在数据表第一列中查找的数值，它可以是数值、引用或字符串。

table_array 为需要在其中查找数据的数据表，可以为对区域或区域名称的引用。col_index_num 为 table_array 中待返回的匹配值的列序号。

col_index_num 为 1 时，返回 table_array 第一列中的数值；col_index_num 为 2 时，返回 table_array 第二列中的数值，以此类推。

range_lookup 为一逻辑值，指明函数 VLOOKUP()返回时是精确匹配还是近似匹配。如果为 true 或省略，则返回近似匹配值，也就是说，如果找不到精确匹配值，则返回小于 lookup_value 的最大数值；如果 range_value 为 false，函数 VLOOKUP()将返回精确匹配值。如果找不到，则返回错误值#N/A。

例如：用 VLOOKUP()函数查询某员工的基本工资，如图 4.78 所示。

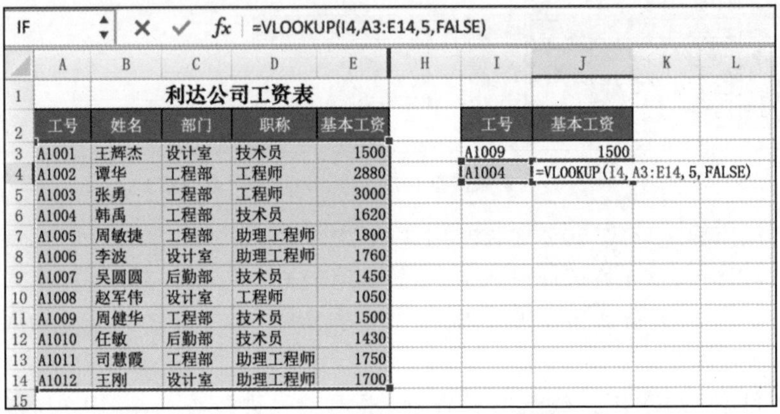
IF =VLOOKUP(I4,A3:E14,5,FALSE)

	A	B	C	D	E	H	I	J	K	L
1	利达公司工资表									
2	工号	姓名	部门	职称	基本工资		工号	基本工资		
3	A1001	王辉杰	设计室	技术员	1500		A1009	1500		
4	A1002	谭华	工程部	工程师	2880		A1004	=VLOOKUP(I4, A3:E14, 5, FALSE)		
5	A1003	张勇	工程部	工程师	3000					
6	A1004	韩禹	工程部	技术员	1620					
7	A1005	周敏捷	工程部	助理工程师	1800					
8	A1006	李波	设计室	助理工程师	1760					
9	A1007	吴圆圆	后勤部	技术员	1450					
10	A1008	赵军伟	设计室	工程师	1050					
11	A1009	周健华	工程部	技术员	1500					
12	A1010	任敏	后勤部	技术员	1430					
13	A1011	司慧霞	工程部	助理工程师	1750					
14	A1012	王刚	设计室	助理工程师	1700					
15										

图 4.78　VLOOKUP()函数的应用

(3) 水平查找函数 Hlookup()。

功能：在表格或数值数组的首行查找指定的数值，并由此返回表格或数组当前列中指定行处的数值。

格式：HLOOKUP(lookup_value,table_array,row_index_num,range_lookup)。

lookup_value 是需要在数据表第一行中查找的数值，它可以是数值、引用或字符串。

table_array 是需要在其中查找数据的数据表，可以为对区域或区域名称的引用，table_array 的第一行的数值可以是文本、数字或逻辑值。

row_index_num 为 table_array 中待返回的匹配值的行序号。

range_lookup 为一逻辑值，指明函数 HLOOKUP()查找时是精确匹配还是近似匹配。

例如：如果 A1：B3 单元格区域存放的数据为 34、23、68、69、92、36，则公式"=HLOOKUP(34,A1：B3,1,FALSE)"返回 34。公式"=HLOOKUP(3,{1,2,3;"a","b","c";"d","e","f"},2,TRUE)"返回"c"。

4.4　Excel 2016 数据处理

排序是指将原有记录的顺序重新调整，按照指定的字段进行升序和降序两种方式排列的操作，可以通过排序来快速查找值。这个指定的字段称为主要关键字。在主要关键字数据相同的时候,可以再添加一个用于排序的指定字段,称为次要关键字。排序时,数值数据按数值大小排序,字符数据按首字母在字母表中的顺序排序,汉字数据按拼音首字母或者笔画多少排序。通常,如果关键字列数据中含有空白单元格,那么这行数据总是排在所有数据行的最后。

4.4.1 数据排序

1. 简单排序

简单排序,首先选定数据区域,接着按照指定的某一行数据或者某一列数据作为排序关键字进行排序的方法。其中,关键字是行数据则数据区域按行简单排序,关键字是列数据则数据区域按列简单排序。

选中需要排序的单元格区域,依次单击"数据"→"排序和筛选"→"升序"按钮 ↓,即可实现数据区域数据的排序。

2. 复杂排序

复杂排序是指对选定的数据区域,按照两个或两个以上的排序关键字进行排序的方法,常用在具有相同的主要关键字数值时,需要再添加一个或多个次要关键字来辅助排序。如图 4.79 和图 4.80 所示,如在实发工资相同的情况下,再以职称升序方式排序。

图 4.79 选择"排序和筛选"→"自定义排序"命令

图 4.80 自定义排序设置主要关键字和次要关键字

3. 自定义排序

自定义排序是指对选定数据区域按用户定义的顺序进行排序。

单击数据区域的任意单元格,打开"排序"对话框,在"主要关键字"下拉列表框中选择"学历",在"次序"下拉列表框中选择"自定义序列"选项,打开"自定义序列"对话框。在"自定义序列"选项卡的"输入序列"列表框中依次输入排序序列。

输入完成后,单击"添加"按钮,序列就被添加到"自定义序列"列表框中,如图 4.81 所示,单击"确定"按钮,返回"排序"对话框。

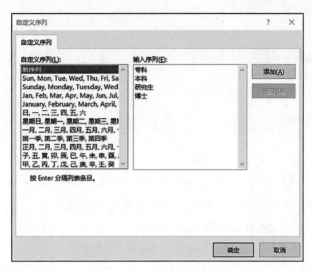

图 4.81　自定义序列

4.4.2　数据筛选

筛选是按照一定的条件从工作表中选出符合条件的记录并显示,隐藏不符合条件的记录。

1. 自动筛选

自动筛选功能是按照单一条件进行数据筛选。在"表"中显示出所有销量汇总数值高于平均值的产品数据信息,可以运用自动筛选。

单击数据区域的任意单元格 A2,依次单击"数据"→"排序和筛选"→"筛选"按钮,可以进入自动筛选状态,在工作表中每个列标题右侧都会出现一个下拉按钮,如图 4.82 所示。

图 4.82　数据筛选

单击"奖金"右侧的下拉按钮,在弹出的下拉列表框中选择"数字筛选"→"高于平均值"选项,如图 4.83 所示。

大学计算机基础(Windows 10＋Office 2016)

2. 清除筛选

要清除筛选,只需单击"筛选"按钮右侧的"清除"按钮,即可取消自动筛选,重新显示所有数据,如图 4.84 所示。

图 4.83 数字筛选

图 4.84 清除筛选

4.4.3 高级筛选

高级筛选是一种比较实用的筛选方式,它可以实现在原数据中选中符合条件的若干行。具体操作如下。

(1) 建立条件区域,列出筛选结果必须满足的条件,在工作表任意空白单元格输入列标题,在列标题的单元格设置条件,完成条件区域创建。如筛选实发工资大于 2500 元对应的所有信息。筛选条件放在 I2:I3。

下(2) 单击数据区域中的任意单元格,依次单击"数据"→"排序和筛选"→"高级"按钮 ,打开"高级筛选"对话框。

(3) 在"方式"对话框中,默认选项设置为"在原有区域显示筛选结果",如果选中下一个选项"将筛选结果复制到其他位置"单选按钮,则需指定"复制到"区域。在"列表区域"框中设定数据区域,然后单击"条件区域"框右侧的按钮,按住鼠标左键拖动选择建立好的条件区域 I2:I3 单元格区域。高级筛选设置如图 4.85 所示,筛选结果(A16:G20)如图 4.86 所示。

图 4.85 "高级筛选"对话框

	A	B	C	D	E	F	G	H	I	J
1			利达公司工资表							筛选条件
2	姓名	部门	职称	基本工资	奖金	津贴	实发工资		实发工资	
3	吴圆圆	后勤部	技术员	1450	550	100	2100		>2500	
4	任敏	后勤部	技术员	1430	594	100	2124			
5	周健华	工程部	技术员	1500	576	100	2176			
6	王辉杰	设计室	技术员	1500	600	100	2200			
7	韩秀	工程部	技术员	1620	612	100	2332			
8	王刚	设计室	助理工程师	1700	622	140	2462			
9	李波	设计室	助理工程师	1760	586	140	2486			
10	司慧霞	工程部	助理工程师	1750	604	140	2494			
11	周敏捷	工程部	助理工程师	1800	630	140	2570			
12	谭华	工程部	工程师	2880	640	180	3700			
13	赵军伟	设计室	工程师	2900	658	180	3738			
14	张勇	工程部	工程师	3000	568	180	3748			
15										
16	姓名	部门	职称	基本工资	奖金	津贴	实发工资			
17	周敏捷	工程部	助理工程师	1800	630	140	2570			
18	谭华	工程部	工程师	2880	640	180	3700			
19	赵军伟	设计室	工程师	2900	658	180	3738			
20	张勇	工程部	工程师	3000	568	180	3748			

图 4.86　高级筛选结果

4.4.4　合并计算

多个源区域中的数据是按照相同的顺序排列并使用相同的行和列标签时,若要汇总和报告多个单独工作表中数据的结果,可以将每个单独工作表中的数据合并到一个工作表(或主工作表)中。所合并的工作表可以与主工作表位于同一工作簿中,也可以位于其他工作簿中。如果在一个工作表中对数据进行合并计算,则可以更加轻松地对数据进行定期或不定期的更新和汇总,具体操作如下。

（1）设置合并计算的函数。

在"数据"选项卡的"数据工具"组中,单击"合并计算"。在"函数"框中选择用来对数据进行合并计算的汇总函数,如求和、计数、平均值、最大值、最小值等函数。

（2）选择合并计算的数据区域。

如果包含要对其进行合并计算的数据的工作表位于另一个工作簿中,单击"浏览"按钮,找到该工作簿,然后单击"确定"按钮,最后关闭"浏览"对话框。

如果合并同一工作表中的数据,则在"引用"框中,用鼠标选中数据源,将自动引用该数据的位置。

（3）添加数据来源。

在合并计算对话框中,选择要进行合并的数据来源区域后,可单击"添加"按钮,即可获取合并计算数据区域所引用的位置。若有多个数据来源区域,在添加完所有数据来源后,单击"确定"按钮,Excel 将自动计算并合并数据。

（4）设置标签位置。

勾选首行和最左列的复选框,最后确定。操作如图 4.87 所示,最终汇总的结果如图 4.88 所示。

图 4.87　合并计算

	一月份工程原料款（元）			
原料	德银工程	城市污水工程	商业大厦工程	银河剧院工程
细沙	8000	3000	4000	10000
大沙	10000	1000	6000	15000
水泥	60000	8000	50000	90000
钢筋	100000	10000	80000	120000
木材	1000	500	2000	10000
	二月份工程原料款（元）			
原料	德银工程	城市污水工程	商业大厦工程	银河剧院工程
空心砖	10000	2000	20000	15000
木材	3000	500	5000	8000
水泥	20000	4000	30000	40000
钢筋	40000	500	30000	70000
细沙	3000	1000	2000	8000
大沙	8000	800	7000	10000
	利达公司前两个月所付工程原料款（元）			
原料	德银工程	城市污水工程	商业大厦工程	银河剧院工程
细沙	11000	4000	6000	18000
大沙	18000	1800	13000	25000
水泥	80000	12000	80000	130000
钢筋	140000	10500	110000	190000
空心砖	10000	2000	20000	15000
木材	4000	1000	7000	18000

图 4.88　合并计算结果展示

4.4.5　分类汇总

分类汇总使数据分析和处理更加方便。在进行数据分类汇总操作之前，需要先对数据根据指定字段进行分类排序，再进行数据的统计汇总等操作。

（1）依次单击"数据"→"排序和筛选"→"排序"按钮，在弹出的"排序"对话框中，在"主要关键字"下拉列表框中选择字段。

（2）单击"数据"→"分级显示"→"分类汇总"按钮，在打开的"分类汇总"对话框中设置"分类字段"为排好序的分类字段，勾选相应的"汇总方式"，并勾选相应的"选定汇总项"，剩下的选项默认即可，最后单击"确定"按钮，如图 4.89 所示。

例如,对 Sheet2 表根据部门进行分类汇总,汇总方式为求和,汇总项为奖金、合计工资。分类汇总有 3 级,如图 4.90 所示是第 3 级。第 2 级为各部门的汇总项的汇总结果,第 1 级是总计的结果。

注意:根据部门进行分类汇总,先要根据主要关键字"部门"排序,如图 4.91 所示。再进行分类汇总设置。

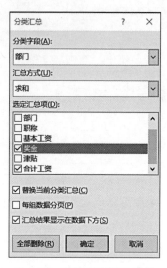

图 4.89 选取相应的汇总项

1 2 3		A	B	C	D	E	F	G
	1			利达公司工资表				
	2	姓名	部门	职称	基本工资	奖金	津贴	合计工资
	3	张勇	工程部	工程师	3000	568	180	3748
	4	司慧霞	工程部	助理工程师	1750	604	140	2494
	5	谭华	工程部	工程师	2880	640	180	3700
	6	周健华	工程部	技术员	1500	576	150	2226
	7	韩禹	工程部	技术员	1620	612	150	2382
	8	周敏捷	工程部	助理工程师	1800	630	140	2570
	9		工程部 汇总			3630		17120
	10	吴圆圆	后勤部	技术员	1450	550	150	2150
	11	任敏	后勤部	技术员	1430	594	150	2174
	12	冯丹丹	后勤部	助理工程师	1780	648	140	2568
	13		后勤部 汇总			1792		6892
	14	王辉杰	设计室	技术员	1500	600	150	2250
	15	李波	设计室	助理工程师	1760	586	140	2486
	16	王刚	设计室	助理工程师	1700	622	140	2462
	17	赵军伟	设计室	工程师	2900	658	180	3738
	18		设计室 汇总			2466		10936
	19		总计			7888		34948

图 4.90 分类汇总效果展示

如要取消分类汇总的结果,选择包含分类汇总的区域中的某个单元格。可在打开的"分类汇总"对话框中,单击左下方的"全部删除"按钮,这样可以取消分类汇总操作,重新显示出所有数据。

图 4.91　按照字段进行排序

4.4.6　数据透视表

数据透视表是一种交互式报表,可以根据要求快速分类汇总出大量数据。

1. 创建数据透视表

(1)选中单元格区域,如图 4.92 所示,依次单击"插入"→"表格"→"数据透视表"按钮,在弹出的"创建数据透视表"对话框中,自动选中"选择一个表或区域(S)"单选按钮,并在"表/区域"文本框中自动填入该表的数据区域。如图 4.93 所示。

图 4.92　"插入"→"表格"→"数据透视表"

(2)在"选择放置数据透视表的位置"选项组中选中"新工作表"单选按钮,如选择"现有工作表"则在"位置"文本框处,选择表中空白的某一单元格,单击"确定"按钮,进入数据透视表设计环境,然后在"数据透视表字段"窗格中选择要添加到报表的字段,如图 4.94 所示。

图 4.93　选择分析的数据和透视表的位置放置

图 4.94　数据透视表字段设置与选取

例如：对表 Sheet3 设置数据透视表效果。以姓名为筛选项，职称为列标签，部门为行标签，基本工资为求和项，将数据透视表结果放在现有工作表 H2 单元格为开始的位置，如图 4.95 所示。

2. 删除数据透视表

用鼠标选中数据透视表区域，依次单击"开始"→"编辑"→"清除"下拉列表→"全部清除"选项，即可删除数据透视表操作，如图 4.96 所示。

图 4.95 数据透视表效果展示

图 4.96 清除数据透视表

3. 创建数据透视图

（1）选中数据的单元格区域，然后打开"插入"选项卡，单击"工具"选项组中的"数据透视图"下拉按钮，在弹出的下拉列表框中选择"数据透视图"选项，然后在打开的对话框中进行设置。

（2）在"创建数据透视图"对话框中选择"新工作表"单选按钮，即可将数据透视图创建到新的工作表中，然后在"数据透视图字段"窗格中选择要添加到报表的字段。

例如，要求绘制一个数据透视图。该图形显示各部门每个员工的基本工资情况汇总；将 X 坐标设置为"基本工资"；Y 坐标设置为职称选项，求和项设置为"合计"；将对应的数据透视表保存在新工作表中。

图 4.97 数据透视图字段设置

① 选择 Sheet2 工作表中的 A2:G14 单元格区域。

② 依次选择"插入"→"表格"→"数据透视表"命令，打开"数据透视表"对话框。在对话框中选择"新工作表"单选按钮，即可将数据透视图创建到新的工作表中。

③ 将"姓名"和"部门"字段拖到"筛选器"上，将"基本工资"字段拖至"图例（系列）"上，"职称"字段拖至"轴（类别）"上，"总计"字段拖至"Σ 值"中进行求和，字段设置如图 4.97 所示，单击"确定"按钮，将数据透视图调整到适当的位置，最后效果如图 4.98 所示。

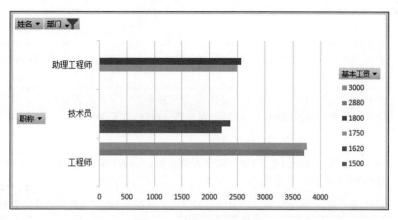

图 4.98　数据透视图效果

4.5　Excel 2016 图表的应用

4.5.1　图表的概念

Excel 支持广泛的图表类型选择。把数据绘制到哪类图表中由数据和想要表述的目的决定。这里介绍几类常见的图表类型，如表 4.8 所示。

表 4.8　常见的图表类型

图表类型	实 用 场 景
柱形图	用于显示一段时间内的数据变化或说明项目之间的比较结果。通过水平组织分类、垂直组织值可以强调说明一段时间内的变化情况
条形图	显示了各个项目之间的比较情况。纵轴表示分类，横轴表示值，它主要强调各个值之间的比较情况。使用条形图情形为：轴标签过长。显示的数值是持续型的
折线图	显示了相同间隔内数据的预测趋势
面积图	强调了随时间的变化幅度。面积图强调数量随时间而变化的程度，也可用于引起人们对总值趋势的注意。通过显示所绘制的值的总和，面积图也可显示部分相对于整体的关系
饼图	显示了排列在工作表的一列或一行中的数据可以绘制到饼图中。饼图显示一个数据系列中各项的大小与各项总和成比例。饼图中的数据点显示为整个饼图的百分比
XY 散点图	XY 散点图中的点一般不连，每一点代表了两个变量的数值，显示若干数据系列中各数值之间的关系，用来分析两个变量之间是否相关

除了以上最常用的图形外，还有股价图、曲面图等，如表 4.9 所示。

表 4.9　其他类型的图表

图表类型	实 用 场 景
股价图	股价图通常用来显示股价的波动。也可以使用股价图来说明每天或每年温度的波动。必须按正确的顺序来组织数据才能创建股价图。股价图数据在工作表中的组织方式非常重要
曲面图	要找到两组数据之间的最佳组合,可以使用曲面图。就像在地形图中一样,颜色和图案表示处于相同数值范围内的区域。使用曲面图时,类别和数据系列都必须是数值型
雷达图	雷达图比较几个数据系列的聚合值
气泡图	列在工作表的列中的数据(第一列中列出 X 值,在相邻列中列出相应的 Y 值和气泡大小的值)可以绘制到气泡图中
圆环图	像饼图一样,圆环图显示各部分与整体之间的关系,但是它可以包含多个数据系列

4.5.2　创建与编辑图表

1. 创建图表

方法 1　选择数据单元格区域,或单击数据区中的任意一个单元格。然后选择"插入"选项卡,在"图表"选项组中单击相应的图表类型下拉按钮▮▮▾,选择其中一种图表类型单击,即可创建图表。在弹出的下拉列表框中选择需要的图表样式即可,如图 4.99所示。

图 4.99　图表工具栏

方法 2　使用"插入图表"对话框创建图表。选择数据单元格区域,或单击数据区中的任意一个单元格。单击"图表"选项组右侧的"对话框启动器"按钮🗗,打开"插入图表"对话框。在对话框中选择"所有图表"选项卡,选择要插入的图表样式,然后单击"确定"按钮即可,如图 4.100所示。

2. 编辑图表

在图表的空白处右击,选中"设置图表区域格式",在打开的"设置图表区格式"窗格中,单击左上角处"图表选项"右侧的下拉按钮,在弹出的下拉列表框中选择"图表标题"选项,可以切换到"设置图表标题格式"窗格,如图 4.101所示。

1) 设置图表标题

单击图表中的图表标题,进入图表标题的编辑状态,编辑标题内容,右击图表标题,在弹出的快捷菜单中选择"设置图表标题格式"命令,在窗口右侧展开"设置图表标题格式"窗格,可以设置填充与线条、效果、大小与属性。

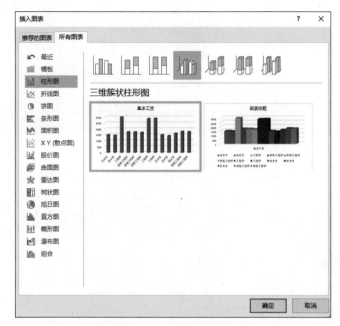

图 4.100　所有图表类型　　　　　　　图 4.101　图表标题格式

如需设置其他的图表标题效果,依次选择"图表工具"→"设计"→"添加元素"→"图表标题"→选择"其他标题选项"。

2)设置坐标轴标题

单击"图表工具"→"设计"→"图表布局"→"添加图表元素"下拉按钮,在弹出的下拉列表框中选择"坐标轴"→"主要横坐标轴",在弹出的下拉列表框中选择"垂直轴"或"水平轴"选项,将右侧打开的窗格切换为"设置坐标轴格式"。在此窗格中可设置坐标轴的位置、数字、填充、刻度等,如图 4.102 所示。

3)设置图例格式

如果图表中没有图例,添加操作如下:单击"图表工具"→"设计"→"图表布局"→"添加图表元素"下拉按钮,在弹出的下拉列表框中选择"图例"→"右侧"命令,如图 4.103 所示。如需修改图例格式,可右击图例,在弹出的快捷菜单中选择"设置图例格式"命令,在窗口右侧展开"设置图例格式"窗格,可以进行设置。

如需设置其他图例效果,依次选择"图表工具"→"设计"→"添加元素"→"图例"→"其他图例选项"。在右侧的"设置图例格式"窗格进行设置,可以设置"靠上""靠下""靠左""靠右""右上"的效果。

4)设置数据标签

单击"图表工具"→"设计"→"图表布局"→"添加图表元素"下拉按钮,在弹出的下拉列表框中选择"数据标签"→"下方"命令,适当调整显示的数据标签即可。如需设置其他的数据标签效果,选择"其他数据标签"选项,在右侧的"设置数据标签区格式"窗格中进行设置。

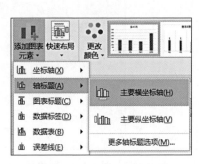

图 4.102　设置坐标轴标题　　　　　　　　图 4.103　设置图例位置

5）图表格式设置

选中图表，单击"图表工具"→"格式"选项卡，可用相应的命令对图表对象进行形状样式、艺术字样式、排列和大小等格式进行设置，如图 4.104 所示。

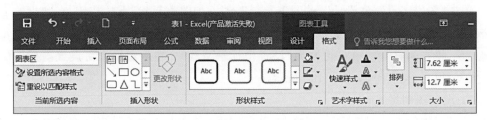

图 4.104　图表格式设置

6）移动图表位置

当工作表有多张图表时，为避免图表相互遮挡，可以重新选择图表放置的位置。

方法 1　在图表空白处右击，在弹出的快捷菜单中选择"移动图表"命令。会弹出"移动图表"对话框。选择"新工作表"，在"对象位于"对话框下拉列表框中选择图表放置的新位置。

方法 2　选中图表，依次单击"图表工具"→"格式"→"设计"→"位置"→"移动图表"命令，会弹出"移动图表"对话框，选择"新工作表"，在"对象位于"对话框下拉列表框中选择图表放置的新位置。

例如，将新工作表重命名为"设计部门员工工资"，把图表移动到 Sheet3 表。如图 4.105 所示，单击"确定"按钮，将图表移动至新工作表中。

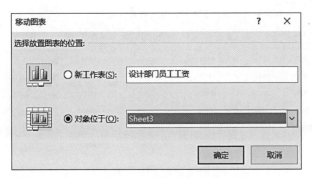

图 4.105　移动图表位置

4.5.3　美化图表

方法 1　在图表空白处右击,选择相应选项设置图表格式,填充颜色。进行自定义图表设计,如图 4.106 所示。

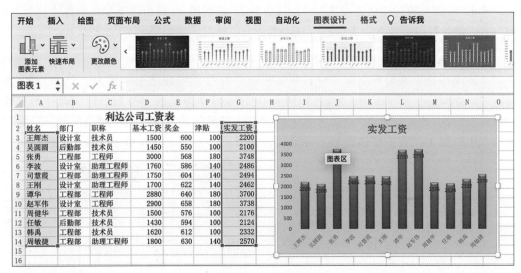

图 4.106　图表美化

方法 2　选中图表,单击"图表设计"选项卡,选取软件自带的格式,还有可以更改图表颜色。

4.5.4　快速突显数据的迷你图

选择需要插入的一个或多个迷你图的空白单元格或一组空白单元格,在"插入"→"迷你图"组中选择要创建的迷你图类型,在打开的"创建迷你图"对话框的"数据范围"数值框中输入或选择迷你图所基于的数据区域,在"位置范围"数值框中选择迷你图放置的位置,单击"确定"按钮,即可创建迷你图,如图 4.107 效果展示。

利达公司前两个月所付工程原料款（元）					迷你图
原料	德银工程	城市污水工程	商业大厦工程	银河剧院工程	
细沙	11000	4000	6000	18000	
大沙	18000	1800	13000	25000	
水泥	80000	12000	80000	130000	
钢筋	140000	10500	110000	190000	
空心砖	10000	2000	20000	15000	
木材	4000	1000	7000	18000	

图 4.107　迷你图展示

4.5.5　页面设置

表格美化和图表创建都设计好后，可进行页面设置，如纸张大小、页面方向、页边距、页眉页脚和选择打印的数据区域等，设置完成就可以直接打印报表。

1. 设置纸张方向和纸张大小

单击"页面布局"→"页面设置"→"纸张方向"下拉按钮，在弹出的下拉列表框中选择"纵向"命令，设置打印纸张方向为纵向。打印纸张大小根据实际需要选择，如图 4.108 所示。

2. 设置页边距

页边距指整个文档或当前部分打印纸张边界与打印内容之间的距离。单击"页面布局"→"页面设置"→"页边距"按钮，如图 4.109 所示，在弹出的下拉列表框中选择预先设置好的页边距，还可以选择"自定义页边距"选项，在弹出的"页面设置"对话框的"页边距"选项卡中根据工作表中打印区域实际需要设置上、下、左、右边距，单击"确定"按钮即可。

图 4.108　设置纸张方向

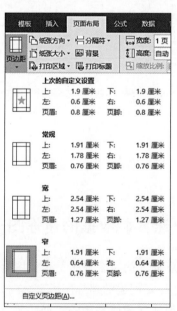

图 4.109　设置页边距

大学计算机基础(Windows 10＋Office 2016)

3. 设置页眉和页脚

单击"页面布局"→"页面设置"选项组右下方的对话框启动器按钮,在打开的"页面设置"对话框中选择"页眉/页脚"选项卡,如图 4.110 所示。

图 4.110 设置页眉和页脚

单击"自定义页眉"按钮,在打开的"页眉"对话框中单击"中部"文本框,输入文本,单击"确定"按钮。

单击"自定义页脚"按钮,在打开的如图 4.111 所示的"页脚"对话框中单击"中部"文本框,插入页码,单击"确定"按钮。页眉和页脚在工作簿普通视图中不可见,仅在打印预览或打印后才可见。

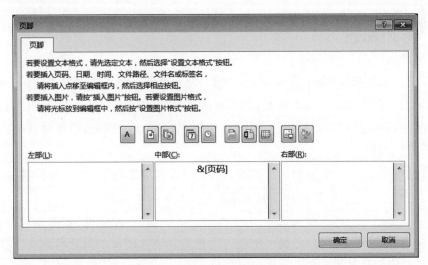

图 4.111 设置页脚

4. 设置打印区域

指定工作簿中打印的区域的操作步骤如下：选中工作表中需要打印区域的单元格区域，依次单击"页面布局"→"页面设置"→"打印区域"下拉按钮，在弹出的下拉列表框中单击"设置打印区域"命令，如图 4.112 所示，即可将打印区域设置为工作表中选中的单元格区域。

4.5.6 设置分页符

1. 添加分页符

当工作表内容较多时，可进行适当调整设置分页处理：

将光标放在需要添加分页的工作表的行标上，依次单击"页面布局"→"页面设置"→"分隔符"下拉按钮→"插入分页符"命令。

2. 删除分页符

依次单击"页面布局"→"页面设置"→"分隔符"下拉按钮→"删除分页符"或"重设所有分页符"命令，如图 4.113 所示。

图 4.112 打印区域

图 4.113 插入分页符

4.5.7 打印标题

打印工作表标题时，操作方法如下：单击"页面布局"→"页面设置"→"打印标题"按钮，如图 4.114 所示，在打开的"页面设置"对话框的"工作表"选项卡中，单击"打印标题"选项组中"顶端标题行"右侧的按钮，选择第 2 行，如图 4.115 所示，即可将打印标题的顶端标题行设置为第 2 行。

如果列数据很多，就需要打印行标题，单击"从左侧重复的列数"右侧的按钮，选择第 A 列，单击"确定"按钮，即可将从左侧重复的列数设置为第 A 列。

单击"页面布局"→"工作表选项"右下角对话框按钮，在弹出的"页面设置"对话框中的"工作表"选项卡中，在"打印"选项组还可以设置其他打印选项，如"网格线""行和列标题"，选中复选框，即可设置为在打印时显示网格线、行和列标题。

大学计算机基础(Windows 10＋Office 2016)

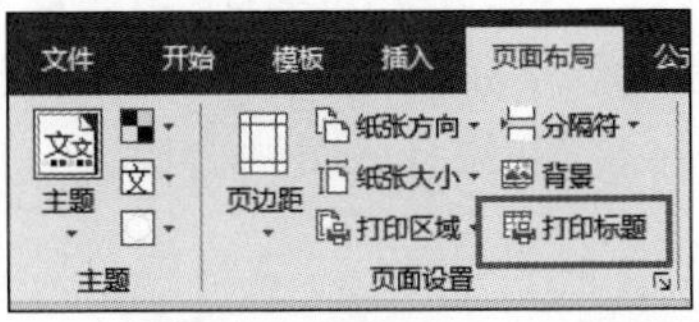

图 4.115　打印标题行设置

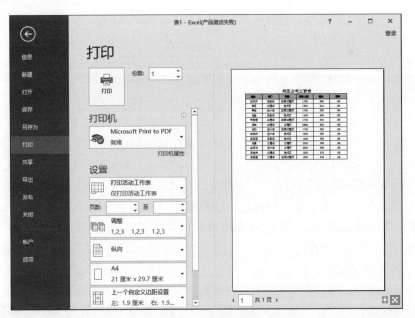

图 4.114　单击"页面布局"→"页面设置"→
"打印标题"选项

4.5.8　预览和打印工作表

完成页面设置后,可以先预览打印效果再打印工作表。依次选择"文件"→"打印"按钮,窗口右侧可以预览打印效果。在选好打印机和打印份数之后,就可以开始打印工作表了,如图 4.116 所示。

图 4.116　打印预览

4.6 本章小结

Excel 是一个功能强大的电子表格软件,广泛应用于各种领域,包括数据计算、分析与处理数据、绘制图表、财务管理等。Excel 具有丰富的功能,包括数据输入、格式设置、公式计算、图表生成等,可以帮助用户高效地处理和分析数据。用户可以创建和编辑电子表格,使用公式和函数进行计算和分析,创建图表和图形以更好地展示数据,以及管理和过滤数据。此外,Excel 还提供了许多其他功能,如数据透视表、条件格式和数据验证等,可以帮助用户更好地组织和处理数据,为用户提供强大的数据分析和统计、预测以及辅助决策等操作。学习使用 Excel 可以帮助用户高效地处理和分析数据。无论是在工作中还是生活中,Excel 都是必备的工具,因此深受广大办公、财务和统计人员的青睐。

习 题 4

一、单选题

1. Excel 中的单元格默认格式是(   )。

    A. 文本格式   B. 数字格式   C. 日期格式   D. 布尔格式

2. Excel 中的单元格地址由(   )组成的。

    A. 列字母和行号   B. 行号和列数字母

    C. 行号和列号   D. 列号和行数字母

3. 在 Excel 中,如何用公式法将单元格 A1 到单元格 C1 相加?(   )

    A. ＝A1＋B1＋C1   B. ＝SUM(A1,B1,C1)

    C. ＝A1:C1   D. ＝A1－C1

4. 在 Excel 中,如何将单元格 A1 的值复制到单元格 B1?(   )

    A. ＝A1   B. ＝B1

    C. ＝COPY(A1,B1)   D. ＝PASTE(A1,B1)

5. 在 Excel 中,如何计算选定的单元格或单元格区域的最大值?(   )

    A. ＝MAX(A1:A10)   B. ＝LARGE(A1:A10,1)

    C. ＝MAXIMUM(A1:A10)   D. ＝MAX_VALUE(A1:A10)

6. 在 Excel 中,一个单元格的地址由字母和数字组成,字母代表列,数字代表行。如果一个单元格的地址是 B5,那么它在表格中的位置是在第几列,第几行?(   )

    A. 第 2 列,第 5 行   B. 第 5 列,第 2 行

    C. 第 2 列,第 2 行   D. 第 5 列,第 5 行

7. 在 Excel 中,下列(   )是常见的函数。

    A. SUM   B. AVG   C. MAX   D. 上述所有

8. 在 Excel 中,如果要对一列数据进行排序,应该使用(   )功能。

A. 排序　　　　　B. 过滤　　　　　C. 查找　　　　　D. 替换

9. 在 Excel 中,如何创建一个新工作表?(　　　)

　　A. 单击"插入"选项卡,然后选择"工作表"

　　B. 单击"工作表"选项卡,然后选择"新建"

　　C. 右击现有工作表标签,然后选择"插入"

　　D. 以上都可以

10. 在 Excel 中,如何快速计算一列数字的总和?(　　　)

　　A. 使用 SUM 函数　　　　　　　　B. 逐个相加

　　C. 使用 COUNT 函数　　　　　　　D. 以上都可以

11. 在 Excel 中,如何设置单元格的格式为货币类型?(　　　)

　　A. 在"格式"选项卡中选择"货币"

　　B. 在"开始"选项卡中选择"货币"

　　C. 在"插入"选项卡中选择"货币"

　　D. 在"公式"选项卡中选择"货币"

12. 在 Excel 中,如何将一列数据进行合并单元格?(　　　)

　　A. 选中需要合并的单元格,然后单击"合并单元格"按钮

　　B. 选中需要合并的单元格,然后右击选择"合并单元格"

　　C. 输入合并公式

　　D. 以上都可以

13. 在 Excel 中,如何快速插入当前日期?(　　　)

　　A. 输入＝NOW()

　　B. 在"插入"选项卡中选择"日期"

　　C. 使用快捷键 Ctrl＋;

　　D. 以上都可以

14. 在 Excel 中,如何调整列宽和行高?(　　　)

　　A. 拖动列标题或行标题的边界

　　B. 在"开始"选项卡中选择"调整列宽"或"调整行高"

　　C. 在"格式"选项卡中选择"列宽"或"行高"

　　D. 以上都可以

15. 在 Excel 中,如何在一个单元格中显示多行文字?(　　　)

　　A. 使用 Alt＋Enter　　　　　　　　B. 使用 Ctrl＋Enter

　　C. 使用 Shift＋Enter　　　　　　　D. 以上都可以

16. 在 Excel 中,如何查找一个单元格中的特定内容?(　　　)

　　A. 使用查找功能　　　　　　　　B. 使用过滤功能

　　C. 使用替换功能　　　　　　　　D. 以上都可以

17. 在 Excel 中,如何设置单元格的边框?(　　　)

　　A. 在"格式"选项卡中选择"边框"

　　B. 在"开始"选项卡中选择"边框"

C. 在"插入"选项卡中选择"边框"

D. 在"公式"选项卡中选择"边框"

18. 在 Excel 中,如何快速复制公式?（　　　）

    A. 使用 Ctrl+C 和 Ctrl+V   B. 使用 Ctrl+X 和 Ctrl+V

    C. 使用 Ctrl+D   D. 以上都可以

19. 在 Excel 中,如何设置单元格的对齐方式?（　　　）

    A. 在"格式"选项卡中选择"对齐"   B. 在"开始"选项卡中选择"对齐"

    C. 在"插入"选项卡中选择"对齐"   D. 在"公式"选项卡中选择"对齐"

20. 在 Excel 中,如何隐藏一列或一行?（　　　）

    A. 在"格式"选项卡中选择"隐藏"   B. 在"开始"选项卡中选择"隐藏"

    C. 在"插入"选项卡中选择"隐藏"   D. 在"数据"选项卡中选择"隐藏"

21. 在 Excel 中,如何将单元格中的内容转换为大写?（　　　）

    A. 使用 UPPER()函数   B. 使用 LOWER()函数

    C. 使用 PROPER()函数   D. 以上都可以

22. 在 Excel 中,如何创建一个下拉列表?（　　　）

    A. 使用数据验证功能   B. 使用筛选功能

    C. 使用条件格式功能   D. 以上都可以

23. 在 Excel 中,如何创建一个图表?（　　　）

    A. 使用快捷键 Alt+F1   B. 在"插入"选项卡中选择"图表"

    C. 在"开始"选项卡中选择"图表"   D. 在"数据"选项卡中选择"图表"

24. 在 Excel 中,如何取消对单元格的编辑?（　　　）

    A. 按下 Esc 键   B. 按下 Enter 键

    C. 按下 Ctrl+Z   D. 以上都可以

25. 在 Excel 中,如何用函数法实现一个简单的求和?（　　　）

    A. 输入=A1+B1   B. 输入=SUM(A1:B1)

    C. 输入=AVG(A1:B1)   D. 以上都可以

26. 在 Excel 中,如何设置单元格的格式为百分比类型?（　　　）

    A. 在"格式"选项卡中选择"百分比"

    B. 在"开始"选项卡中选择"百分比"

    C. 在"插入"选项卡中选择"百分比"

    D. 在"公式"选项卡中选择"百分比"

27. 在 Excel 中,如何在一行或一列中自动填充数据?（　　　）

    A. 使用填充功能   B. 使用递增功能

    C. 使用自动填充功能   D. 以上都可以

28. 在 Excel 中,如何创建一个简单的平均值公式?（　　　）

    A. 输入=A1+B1   B. 输入=SUM(A1:B1)

    C. 输入=AVG(A1:B1)   D. 以上都可以

二、操作题

1. 请在 Excel 中对所给定的工作表完成以下操作：

(1) 在工作表 Sheet1 中 A1 单元格输入内容：竞赛成绩统计表。

(2) 将表中(A1:F1)区域单元格合并后居中，设置标题字体为：隶书，字号为：20。

(3) 设置表中(F3:F10)区域单元格的数字格式为：数值，保留 1 位小数，负数(N)选第 4 项。

(4) 在表中 F 列对应单元格中使用公式计算每位选手的总成绩(计算规则为：总成绩＝初赛成绩×10＋复赛成绩×20％＋决赛成绩×70％。注：百分比数不得使用小数输入)。

(5) 在表中 I2 单元格使用函数统计选手总数(注：根据"序号"列数据统计选手总数)。

(6) 设置表中(A2:F10)区域单元格边框为：双实线外边框、单实线内部边框，文本对齐方式为：水平居中对齐、垂直居中对齐。

(7) 将表中(A2:F10)区域的数据根据"总成绩"列数值降序排序。

(8) 选择表中"选手号"列(B2:B10)和"总成绩"列(F2:F10)数据制作簇状柱形图，图表的标题为"竞赛成绩分析"，图例位置为：右上。

2. 请在 Excel 中对所给定的工作表完成以下操作：

(1) 将工作表 Sheet1 重命名为：采购表。

(2) 在表中 A1 单元格输入内容：中草药材采购情况。

(3) 将表中(A1:F1)区域单元格合并后居中，设置标题字体为：楷体，字形为：加粗，字号为：20。

(4) 在表中 F 列对应单元格中使用公式计算每种药材采购的金额(计算规则为：金额＝数量×单价×(1－折扣))。

(5) 设置表中(A2:F12)区域单元格边框为：双实线外边框、单实线内边框，文本对齐方式为：水平居中对齐、垂直居中对齐。

(6) 在表中使用高级筛选，筛选数量大于 50 的数据(要求：筛选区域选择(A2:F12)的所有数据，筛选条件写在(I3:I4)区域，筛选结果复制到以 A15 单元格为起始位置的区域)。

(7) 将表中(A15:F20)区域的数据根据"药材产地"列数值升序排序。

(8) 将筛选结果区域(A15:F20)使用分类汇总统计不同药材产地的金额总价(分类字段：药材产地，汇总方式：求和，选定汇总项：金额，其他选项保持默认)，分级显示选择分级 2，隐藏第 24 行。

第 5 章 PowerPoint 2016 演示文稿制作软件

本章学习目标

- 熟练掌握如何创建新的演示文稿。
- 熟练掌握演示文稿中的文字、图表等对象的插入与编辑。
- 掌握演示文稿中模板的应用。
- 掌握在演示文稿中插入动画、音视频等多媒体元素的方法。
- 熟练掌握演示文稿的放映及设置。
- 掌握演示文稿中超链接的使用。
- 掌握演示文稿多种格式文件的保存方法。

本章介绍利用 Microsoft PowerPoint 2016 制作演示文稿的创建、编辑、放映等操作,通过操作引导实践学习。通过学习,可以根据需求制作出含有文字、图表、艺术字、图片、图像、音频、视频等多种形式对象的演示文稿,从而培养对演示文稿制作的兴趣,提高审美能力和创新意识,培养良好的职业道德。

5.1 PowerPoint 2016 概述

演示文稿通常是指在演讲、演示、汇报、介绍或者讲座时经常使用的一种帮助演讲者传达、告知、启发和展示想法或者产品的工具,是将静态文件制作成动态文件浏览,把复杂的问题变得通俗易懂,使之更加生动,给人留下更为深刻印象的幻灯片。常见的演示文稿制作软件有 Microsoft PowerPoint 2016、WPS Office、Google Slides、Keynote 等。

5.1.1 PowerPoint 2016 的功能

Microsoft PowerPoint 2016 是一款专门用来制作演示文稿的应用软件,功能强大,简单易学,应用面广,是多媒体教学、演说答辩、会议报告、广告宣传、管理咨询、项目竞标以及产品推介中不可或缺的辅助工具。Microsoft PowerPoint 2016 在继承旧版本优点的基础上,调整了工作环境以及按钮,操作更加便捷直观。Microsoft PowerPoint 2016 的基本功能有支持插入文字、图表、艺术字、图片、图像、音频、视频等多媒体信息，使用模板和母版进行快速设计，新增功能如下。

1. 增加智能搜索框

PowerPoint 2016 功能区上有一个搜索框"告诉我您想要做什么"，通过它可以快速获得制作者想要使用的功能和想要执行的操作，还可以获取相关的帮助，更人性化和智能化了。

2. 新增 6 个图表类型

新增树状图、旭日图、瀑布图、箱形图、直方图和排列图 6 个图表类型。新增图表特别适合于数据可视化。方便制作者对数据之间的逻辑关系进行梳理，根据主题选择合适的图表类型进一步体现数据之间的内在关系，体现设计的专业性。

3. 智能查找

当选择某个字词或短语、右击它，并选择"智能查找"，窗格将打开定义，定义来源于维基百科和网络相关搜索。

4. 墨迹公式

可以输入任何复杂的数学公式。如果有一个触摸设备，可以使用手指或触摸手写笔手写数学方程，PowerPoint 会将其转换为文本。

5. 屏幕录制

可以进行屏幕录制，也可以插入事先准备好的录制内容。

6. 墨迹书写

墨迹书写实现一些画图软件的功能。

7. 简单共享

选择要与其他人共享的演示文稿，可以单击功能区上的共享选项卡。

8. 更好的冲突解决方法

当与他人进行协作设计创作时，所做的更改与其他用户所做的更改之间发生冲突时，可以看到相互之间的冲突进行并排比较，帮助选择保留的版本。

9. PowerPoint 的 Office 主题

包含三种主题：彩色、灰色和白色。若要访问这些主题，可以单击"文件"→"选项"命令，然后单击 Office 主题旁边的下拉菜单。

10. 更好的视频分辨率

作为视频导出演示文稿时，可以选择创建一个文件，分辨率高达 1920×1080。非常适合于在大屏幕上演示文稿。

11. 改进的智能参考线

插入表格，智能参考线将不再关闭。可以确保所包含的表在幻灯片上正确对齐。

5.1.2　PowerPoint 2016 的窗口

单击 PowerPoint 2016 启动快捷方式,如图 5.1 所示,系统默认新建一个空白演示文稿,即打开 PowerPoint 2016 窗口,如图 5.2 所示。PowerPoint 2016 窗口主要由标题栏、选项卡与功能区、幻灯片编辑区、缩略图窗口、状态栏和视图切换按钮等部分组成。

图 5.1　启动快捷方式

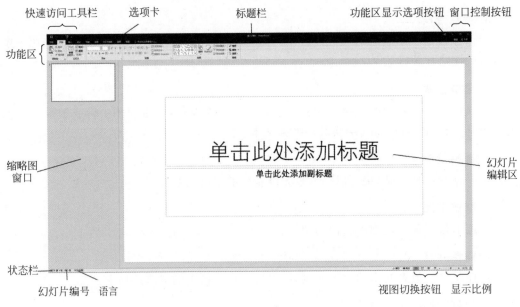

图 5.2　窗口

5.1.3　PowerPoint 2016 的视图方式

视图指幻灯片呈现在用户面前的方式。PowerPoint 2016 包含了 5 种视图方式,分别为普通、大纲视图、幻灯片浏览、备注页和阅读视图,如图 5.3 所示。

图 5.3　视图

普通视图是制作演示文稿的默认视图,也是最常用的视图方式,如图 5.4 所示,几乎所有编辑操作都可以在普通视图下进行。

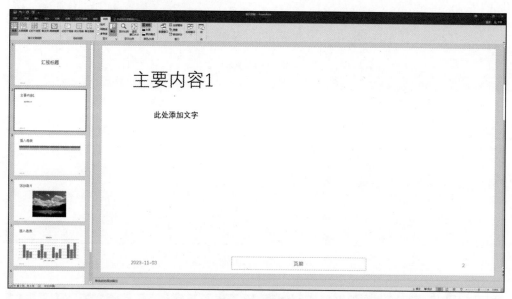

图 5.4　普通视图

幻灯片浏览视图可以在屏幕上同时显示演示文稿中的所有幻灯片,以缩略图方式整齐地显示在同一窗口中。方便查看幻灯片的背景设计、配色方案或更换模板后文稿发生的整体变化,可以检查各个幻灯片是否前后协调、图表的位置是否合适等问题,如图 5.5所示。

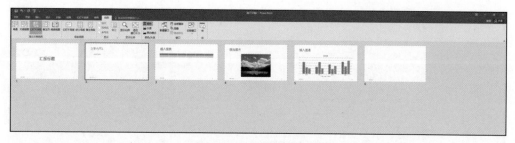

图 5.5　幻灯片浏览视图

大纲视图含有大纲窗格、幻灯片编辑区和备注窗格。在大纲窗格中显示演示文稿的文本内容和组织结构,不显示图形、图像、图表等对象。在大纲视图下编辑演示文稿,可以调整各幻灯片的前后顺序,调整一张幻灯片的标题的层次级别和前后次序等,如图 5.6所示。

备注视图用于显示和编辑备注页内容,如图 5.7 所示,上方显示幻灯片,下方显示该幻灯片的备注信息。备注视图无法对幻灯片的内容进行编辑,可以切换备注页方向为横向,如图 5.8 所示。

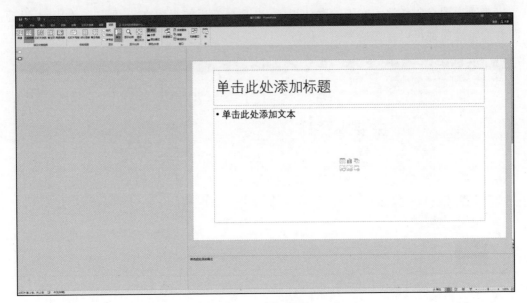

图 5.6　大纲视图

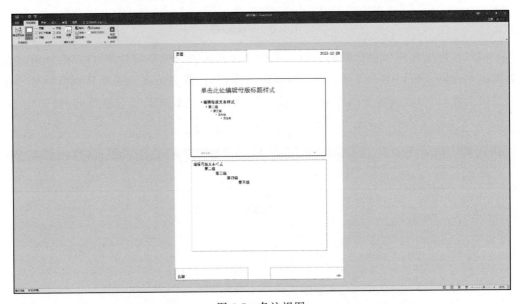

图 5.7　备注视图

　　阅读视图在幻灯片放映视图中并不是显示单个的静止画面,而是以动态的形式显示演示文稿中各个幻灯片。阅读视图是演示文稿的最后效果,所以当演示文稿创建到一个段落时,可以利用该视图来检查,从而可以对不满意的地方进行及时修改,如图 5.9所示。

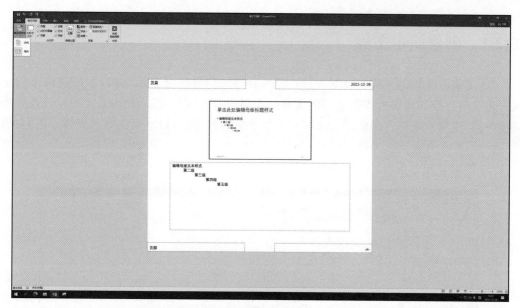

图 5.8　横向备注页

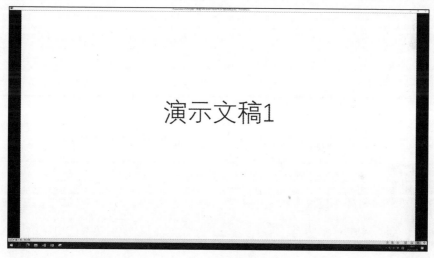

图 5.9　阅读视图

5.2　演示文稿的创建与编辑

　　制作演示文稿的一般流程为：先创建一个新的演示文稿或者打开已有的演示文稿，通过添加新幻灯片、编辑幻灯片内容，包括输入必要的文本信息，插入相关的图片、图像等多媒体信息。然后美化、设计幻灯片外观，接着放映，包括设置放映时的动画效果、放映顺序、放映方式、放映效果等，反复修改完善直到满意为止。最后保存打包演示文档。制作过程中要随时保存防止丢失信息。

5.2.1　创建演示文稿

创建演示文稿的方法有以下 3 种：①内容提示向导新建演示文稿，系统提供不同主题、建议内容及其相应版式的示例供选择。②模板新建演示文稿，使用系统的设计模板快速套用新建演示文稿。③使用空白演示文稿的方式新建，可以不受向导和模板局限，发挥创造力制作个性化演示文稿。

单击窗口左上角的"文件"按钮，如图 5.10 所示。

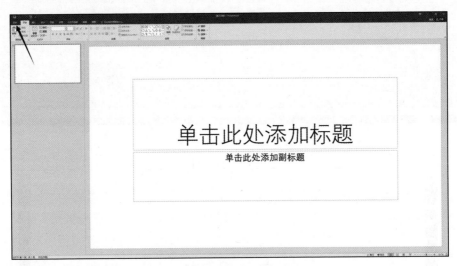

图 5.10　单击"文件"按钮

在弹出的菜单项中选择"新建"，显示"新建"对话框，如图 5.11 所示。

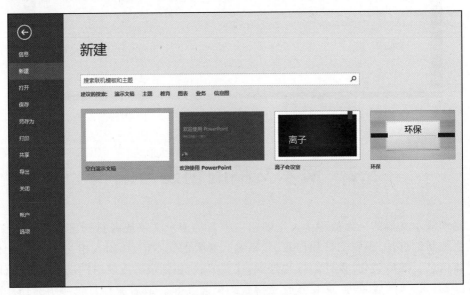

图 5.11　"新建"对话框

　————————————　大学计算机基础(Windows 10＋Office 2016)

在"新建"对话框中可以选择已列模板或者搜索联机模板和主题创建演示文稿。

1. 已列模板

在"新建"对话框中，单击空白演示文稿，即再次新建系统默认的"空白演示文稿"，不含有任何内容，建议使用该方式。在"新建"对话框中，除空白演示文稿外，如"欢迎使用PowerPoint""离子会议室""环保"等模板可供选择，从中选择一种，单击"创建"按钮，如图 5.12～图 5.14 所示。

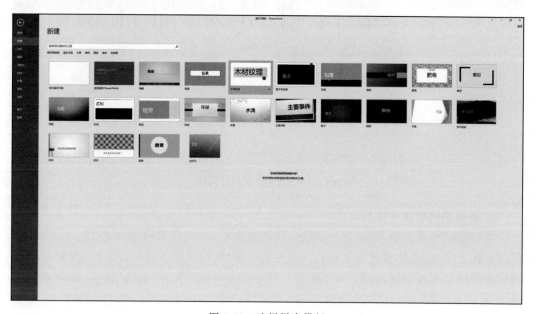

图 5.12　选择样本模板

图 5.13　单击创建样本模板

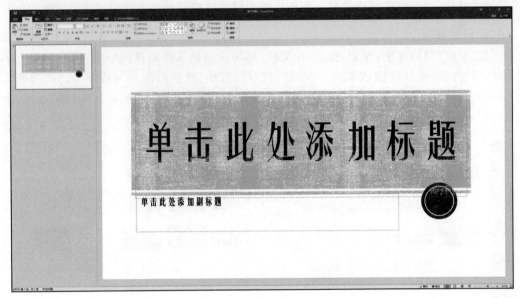

图 5.14　样本模板创建成功

2. 搜索联机模板和主题

在"新建"对话框中，如图 5.15 所示，找到搜索框，输入想要搜索的内容，计算机会联网搜索相关模板，在搜索框下显示建议的主题。如图 5.16 所示，输入"高校"搜索，可以看到相关联机模板与主题，如图 5.17 所示。从中选择一种，单击"创建"按钮，如图 5.18 和图 5.19 所示。

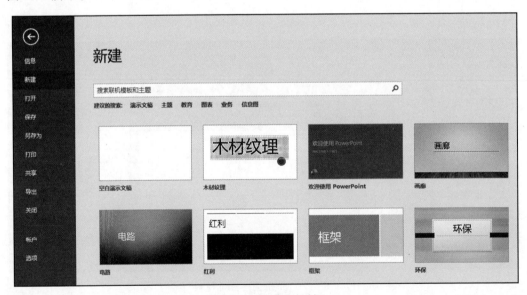

图 5.15　"新建"对话框

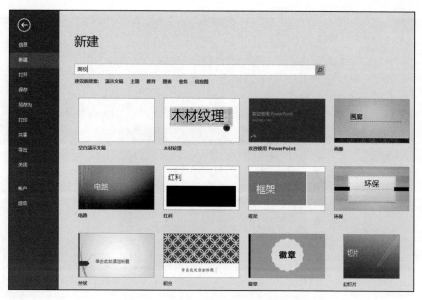

图 5.16　搜索"高校"相关联机模板

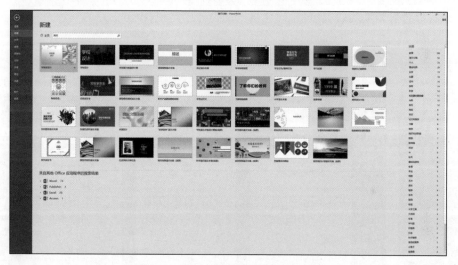

图 5.17　展示"高校"相关模板和主题

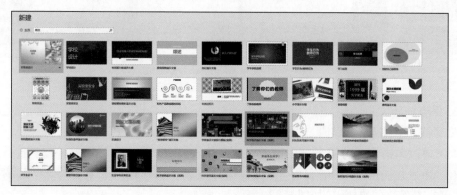

图 5.18　联机模板选择

图 5.19　联机模板创建

　　查看联机模板可以发现,常见的文字与图表都已经包含在演示文稿中,帮助节约设计时间,也可以查看相关的联机模板,优化自己的设计思路,制作出更好的演示文稿,如图 5.20和图 5.21 所示。

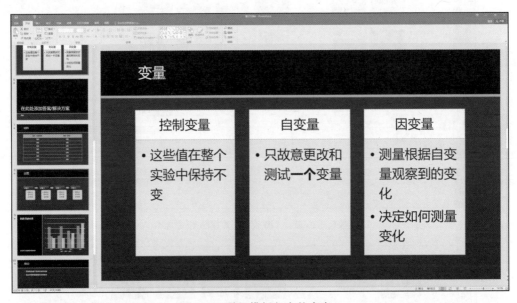

图 5.20　联机模板包含的内容 1

3. 保存演示文稿

　　创建演示文稿后,可以通过以下方式进行保存。

　　(1) 通过单击快速访问工具栏中的"保存"按钮完成。

　　(2) 通过快捷键 Ctrl+S 保存,将鼠标指针放置在快速访问工具栏中的"保存"按钮上,即可查看保存的快捷键,如图 5.22 所示。

———————— 大学计算机基础(Windows 10+Office 2016)

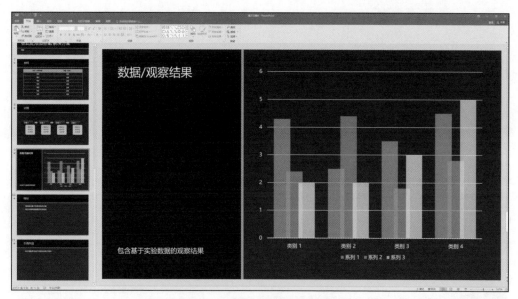

图 5.21　联机模板包含的内容 2

图 5.22　鼠标指针放置查看快捷键

（3）通过"文件"按钮保存。

单击窗口左上角的"文件"按钮，如图 5.23 所示，在弹出的界面中选择"保存"，第一次保存，会显示"另存为"对话框，如图 5.24 所示，指定保存文件的位置与名称，选择需要的文件保存类型。PowerPoint 2016 默认的保存类型即默认文件扩展名为"pptx"，如图 5.25 所示，该格式是基于 ZIP 压缩的 XML 开放式文件格式，自 PowerPoint 2007 版本中引入，是一个非向下兼容的文件类型，如果希望在 PowerPoint 2003 以及以下版本中打开文件，需要选择"ppt"文件类型进行保存，如图 5.26 和图 5.27 所示。

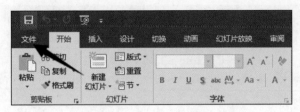

图 5.23　单击"文件"按钮

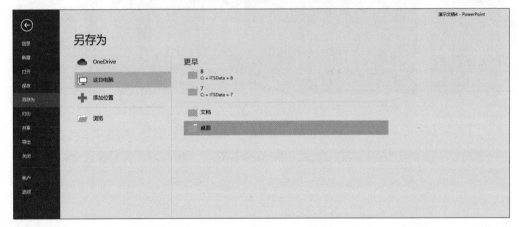

图 5.24　"另存为"对话框

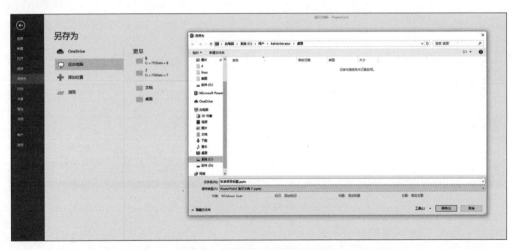

图 5.25　默认文件类型保存

图 5.26 选择兼容文件类型

图 5.27 保存兼容演示文稿

首次保存成功后,对文档进行编辑操作后,再选择"保存"按钮完成更新保存,如图5.28～图5.30所示。

图 5.28 首次"另存为"保存

图 5.29 编辑前

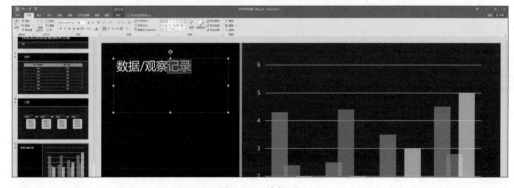

图 5.30 编辑后

单击窗口左上角的"文件"按钮,在弹出的界面中选择"保存",如图 5.31 和图 5.32 所示。

5.2.2 编辑演示文稿

一个演示文稿是由若干张幻灯片组成的,演示文稿的编辑主要是幻灯片的编辑。

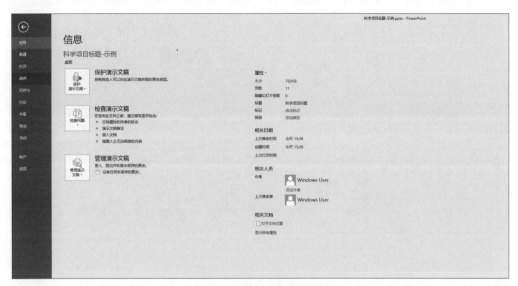

图 5.31　保存（更新保存操作）

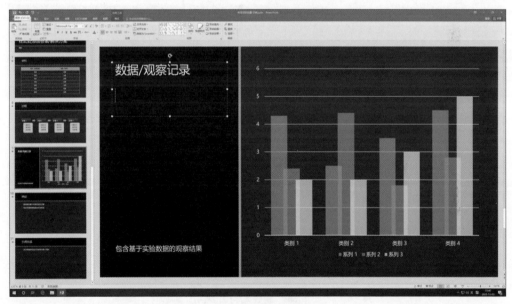

图 5.32　快捷键保存

1. 新建幻灯片

新建幻灯片常用的方法有以下 3 种。

（1）单击"开始"选项卡中的"新建幻灯片"按钮。如图 5.33 和图 5.34 所示，"新建幻灯片"按钮分为两部分，如图 5.35 所示，单击上半部分，会直接套用前一张幻灯片的版式插入一张新幻灯片，单击下半部分则可以通过展开三角形折叠符选择需要新建的幻灯片的版式，如图 5.36 所示。

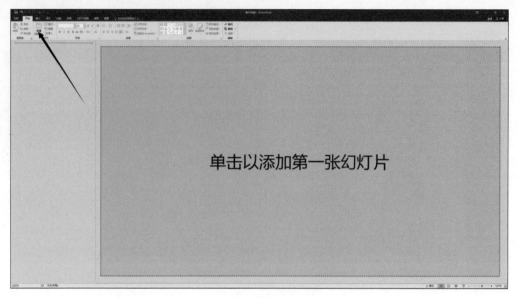

图 5.33 "新建幻灯片"按钮

图 5.34 新建幻灯片成功

图 5.35 "新建幻灯片"按钮分两部分

大学计算机基础(Windows 10＋Office 2016)

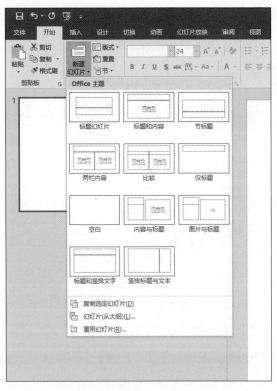

图 5.36　展开三角形折叠符

（2）大纲视图末尾按 Enter 键添加。单击"视图"，选择"大纲视图"，如图 5.37 所示，展示当前幻灯片视图，按 Enter 键，新建幻灯片成功，如图 5.38 所示，演示文稿结尾添加新的幻灯片，版式同前一张幻灯片。

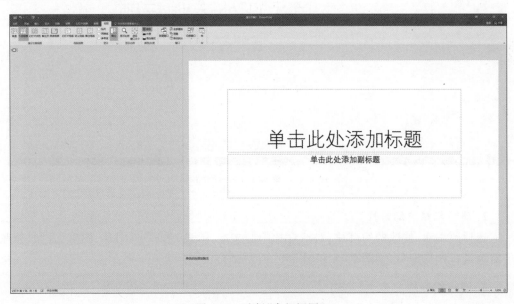

图 5.37　选择"大纲视图"

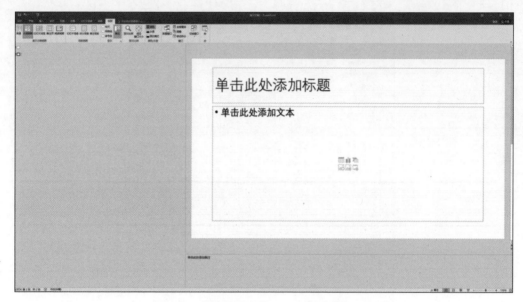

图 5.38　大纲视图下按 Enter 键新建幻灯片

（3）通过快捷键 Ctrl＋M，如图 5.39 所示。

图 5.39　新建幻灯片快捷键

2. 编辑与修改幻灯片

选择要编辑、修改的幻灯片，对幻灯片中的文本、图表、艺术字、图片、图像、音频、视频等对象进行操作即可，如图 5.40 和图 5.41 所示。

3. 删除幻灯片

删除幻灯片的方法有以下两种。

　　　　　大学计算机基础(Windows 10＋Office 2016)

图 5.40　编辑前

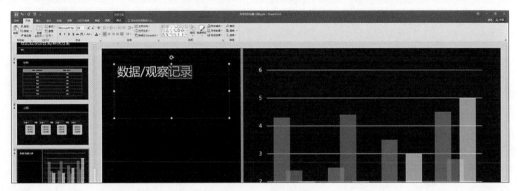

图 5.41　编辑后

（1）在幻灯片浏览视图或者大纲视图下，选择要删除的幻灯片，按 Delete 键或 Backspace 键删除。

（2）删除多张幻灯片，可以在窗口左侧幻灯片列表中，按 Ctrl 键选择要删除的多张幻灯片后，右击"删除幻灯片"或者按 Delete 键删除，如图 5.42 所示。

图 5.42　删除幻灯片

4. 调整幻灯片位置

调整幻灯片位置有以下两种方法。

（1）在幻灯片普通视图、浏览视图、大纲视图、阅读视图和备注页视图下，使用鼠标指针选中要移动的幻灯片，按住鼠标左键的同时拖动鼠标，将鼠标指针拖动到合适位置后释放鼠标。如图 5.43 所示，普通视图下有一条横线指示幻灯片位置（图 5.44），浏览视图有一条竖线指示移动目标位置，如图 5.45 所示。

图 5.43　拖动调整幻灯片

图 5.44　普通视图目标横线

　　大学计算机基础(Windows 10＋Office 2016)

图 5.45　浏览视图目标位置竖线

（2）使用"剪切"和"粘贴"命令调整幻灯片位置，如图 5.46 和图 5.47 所示。

图 5.46　剪切幻灯片

5. 幻灯片编号

演示文稿创建好后，可以为全部的幻灯片进行编号，操作方法如下：单击"插入"选项卡，单击"页眉和页脚"，弹出"页眉和页脚"对话框，如图 5.48 和图 5.49 所示，在对话框中可以进行时间和日期、幻灯片编号、页脚相应包含内容的设置，也可以设置不包含标题幻灯片，根据需求设置后单击"全部应用"或者"应用"按钮即可。效果如图 5.50 所示。在

图 5.47　粘贴幻灯片

"页眉和页脚"对话框中还可以为演示文稿添加备注信息,单击"备注和讲义"即可。

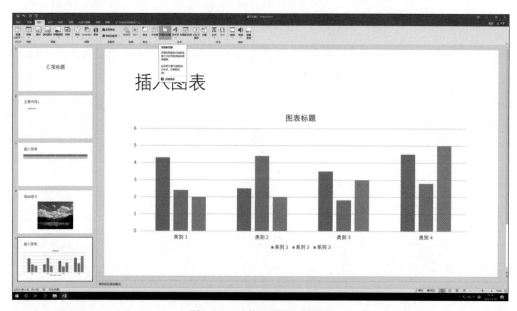

图 5.48　选择"页眉和页脚"

6. 隐藏幻灯片

对于不需要放映的幻灯片可以暂时隐藏起来,且还能存在演示文稿中,具体操作是选择"视图"选项卡,选择幻灯片浏览视图,单击要隐藏的幻灯片,右击,选择"隐藏幻灯片"命令,如图 5.51 所示,此时,该幻灯片右下角的编号上出现斜杠,表示已经被隐藏,如图 5.52所示。也可以通过选中幻灯片,右击,选择"隐藏幻灯片"命令,如图 5.53 所示。

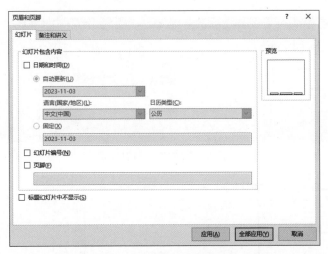

图 5.49 "页眉和页脚"对话框

图 5.50 设置页眉页脚效果图

图 5.51 选择"隐藏幻灯片"

图 5.52　幻灯片隐藏成功

图 5.53　右击,选择"隐藏幻灯片"命令

5.2.3　在演示文稿中插入各种对象

PowerPoint 2016 中可以插入文字、图表、艺术字、图片、图像、音频、视频等多种形式的对象。

1. 插入文本

文本是幻灯片中最基本的信息存在形式,PowerPoint 2016 不能在幻灯片中的非文本区输入文字,将鼠标指针移动到幻灯片的不同区域,当指针呈"I"字形时才可以输入文字。输入文本的方式有以下几种。

(1) 在非空白版式的幻灯片中,单击占位符,输入文字。

(2) 插入"文本框",然后在文本框中输入文字。

(3) 在幻灯片中添加"形状"图形,然后在其中添加文字。

对于文本的编辑一般包括选择、复制、剪切、移动、删除和撤销删除等操作,与 Word 和 Excel 不同的是,在 PowerPoint 中,文本可以添加在占位符、文本框等载体中,改变这些载体的位置,文本便可随即改变,如图 5.54 和图 5.55 所示。

大学计算机基础(Windows 10+Office 2016)

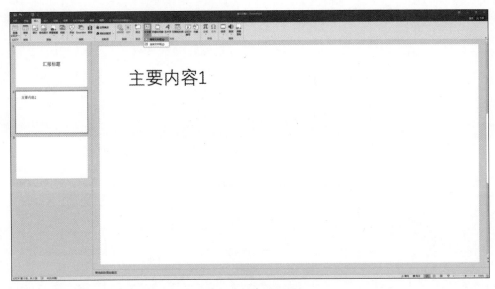

图 5.54　插入文本框

图 5.55　选中占位符

文字格式化主要是指对文字的字体、字号、字体颜色和对齐方式等的设置。选中文字或文字所在的占位符后,切换到"开始"选项卡,在"字体"组可以直接单击相应按钮设置字体的格式,也可在"字体"对话框中设置,如图 5.56 所示。PowerPoint 2016 也可以设置文字的"段落"格式,包括对齐方式、文字方向、项目符号和编号、行距等。选中文字或文字所在的占位符后,切换到"开始"选项卡,在"段落"组中可以直接单击相应按钮设置文字的段落格式,也可在"段落"对话框中设置,如图 5.57 所示。

图 5.56　字体组

图 5.57　段落组

2. 插入图片和艺术字

在普通视图下,选择要插入的图片或艺术字的幻灯片,如图 5.58 所示,选择"插入"选项卡→"图片",找到想要插入的图片,单击插入即可,如图 5.59 和图 5.60 所示。

插入艺术字的操作类似,如图 5.61 和图 5.62 所示。

3. 插入表格和图表

与插入表格类似,在普通视图下,选择要插入表格的幻灯片,选择"插入"选项卡→"表格"命令,在插入表格菜单项中直接拖动鼠标到期望的行列数或在插入表格对话框中输入

图 5.58　选择插入图片的幻灯片

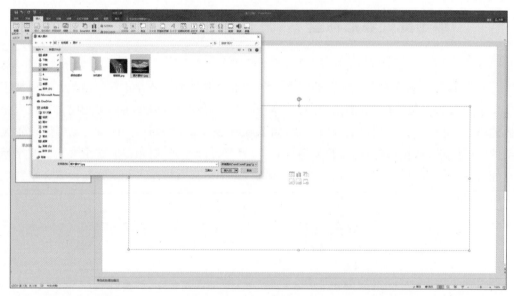

图 5.59　选择图片插入

所需表格的行数和列数,单击"插入"按钮即可,如图 5.63 所示。也可以选择"绘制表格"命令,用鼠标先画出表格的外框,再画表格线。还可以选择"Excel 电子表格",在编辑区会出现一个嵌入的 Excel 电子表格,工具栏变为 Excel 工具栏,对此 Excel 电子表格编辑即可,关闭 Excel 工具栏便退出编辑状态。

　　如果插入图表,则选择"插入"选项卡→"图表"命令,则显示"插入图表"对话框,选择图表后单击"确定"按钮即可,如图 5.64 所示。

———————　大学计算机基础(Windows 10＋Office 2016)

图 5.60　图片插入成功

图 5.61　选择插入艺术字文本框

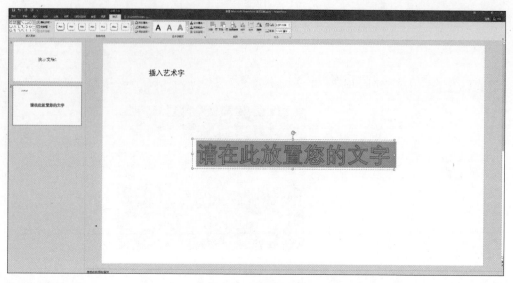

图 5.62　编辑艺术字

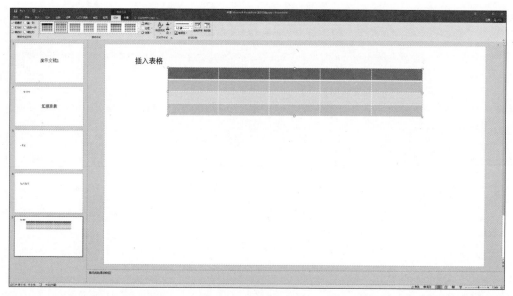

图 5.63　插入表格

大学计算机基础(Windows 10＋Office 2016)

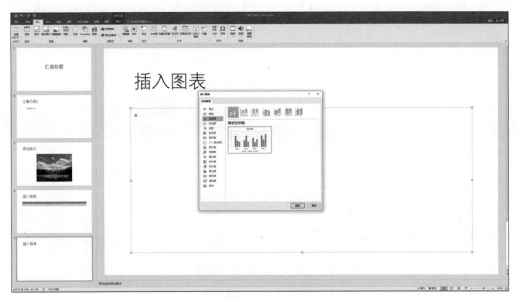

图 5.64　插入图表

4. 插入层次结构图

在普通视图下,选择要插入层次结构图的幻灯片,选择"插入"→SmartArt 命令,选择 SmartArt 图形即可,如图 5.65 和图 5.66 所示。

图 5.65　插入层次结构图

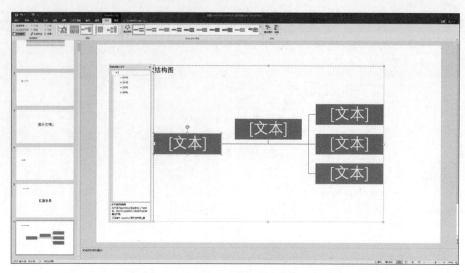

图 5.66　插入层次结构图成功

5.3　演示文稿的美化

通常，制作出既美观又专业的演示文稿，能够提升观众的观看体验，增加汇报者的自信，演示文稿的美化包括以下 9 方面。

（1）选择主题和模板：大多数演示软件都有内置的或在线的主题和模板供选择。这些主题和模板通常都设计得比较美观，可以快速提升演示文稿的视觉效果。

（2）使用高质量的图片和图表：使用高质量的图片和图表可以使演示文稿看起来更专业。注意选择与主题相关的图片，并适当调整大小和位置。

（3）调整合适的字体和颜色：选择易于阅读的字体，以及与主题相符的颜色。也可以尝试使用不同的颜色来突出某些内容或部分。

（4）添加动画和过渡效果：适当地添加动画和过渡效果可以使演示文稿更有趣。

（5）排版和布局：注意保持内容的整齐和清晰。标题、段落和列表等元素应合理布局，方便观众阅读。

（6）使用图标和符号：合适的图标和符号可以使内容更易于理解。

（7）保持一致性：在整个演示文稿中保持风格、颜色、字体和其他元素的一致性，以增强整体效果。

（8）简洁明了：尽量保持内容的简洁明了，避免过多的文字和复杂的设计。

（9）校对和修改：完成美化后，仔细校对演示文稿，检查是否有错别字、格式问题或其他问题，并进行必要的修改。

5.3.1　主题设置

主题是指幻灯片的外观设计，由颜色、字体、效果、背景样式综合起来形成的幻灯片整

　　　　　　大学计算机基础（Windows 10＋Office 2016）

体显示风格。通过主题,可以快速为多张幻灯片添加统一的设计风格,对多张幻灯片颜色、字体、效果、背景样式同步进行快速修改,如图 5.67 和图 5.68 所示。

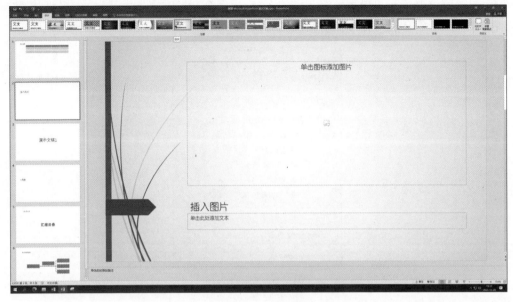

图 5.67　主题设置

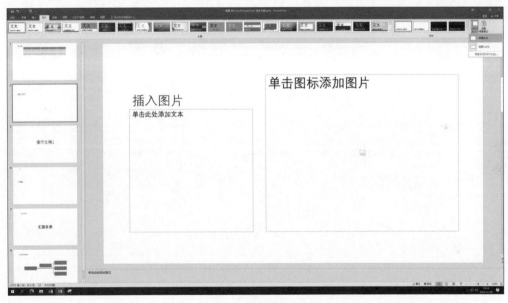

图 5.68　主题大小设置

5.3.2　背景设置

在以“空白演示文稿”方式新建的演示文稿中,所有幻灯片均无背景,用户可以根据需要自行添加或更改背景。选择"设计"选项卡→"自定义"组,选择"设置背景格式"命令,在弹出的"设置背景格式"选项框中选择背景即可,填充幻灯片背景的方式有纯色填充、渐变填充、图片或纹理填充和图案填充4种。有"应用到全部"和"重置背景"两个按钮,依次单击它们,可应用到全部幻灯片和重新设置背景,如图5.69和图5.70所示。

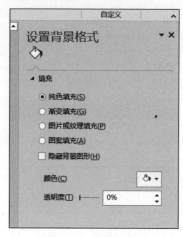

图 5.69　背景格式

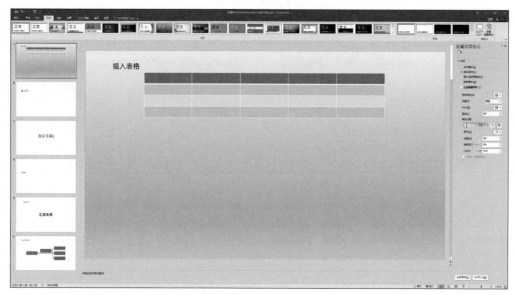

图 5.70　背景格式应用效果

5.3.3　音视频插入

音视频可以使 PPT 更加生动形象,增强信息传达的感染力,更容易引起观众的兴趣,插入音频选择"插入"选项卡→"媒体"功能组→"音频"命令,如图5.71所示,系统会显示"PC 上的音频"和"录制音频",如图5.72所示,选择"PC 上的音频",找到需要插入的音频,单击插入,如图 5.73 所示,插入成功后会自动出现一个"音频工具"选项卡,如图 5.74 和图 5.75 所示。通过"音频工具"可以对插入的音频进行预览、编辑、设置音频选项和样式等操作,如图 5.76 所示。

图 5.71　选择插入音频命令

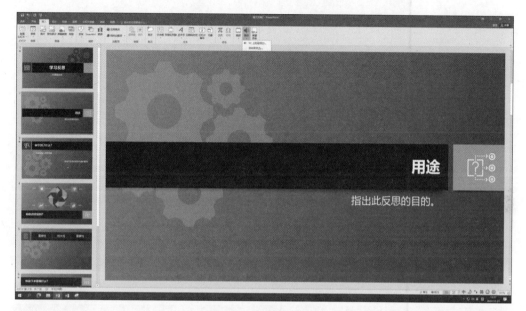

图 5.72　音频类型选择

图 5.73　插入 PC 上的音频

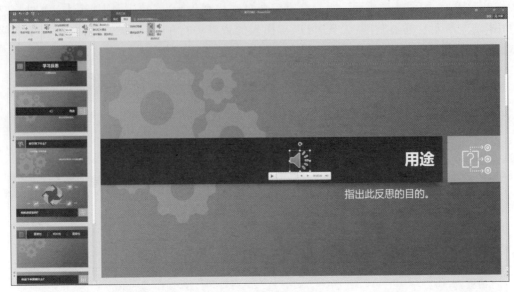

图 5.74　插入音频成功

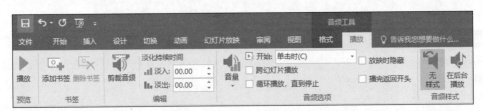

图 5.75　"音频工具"选项卡

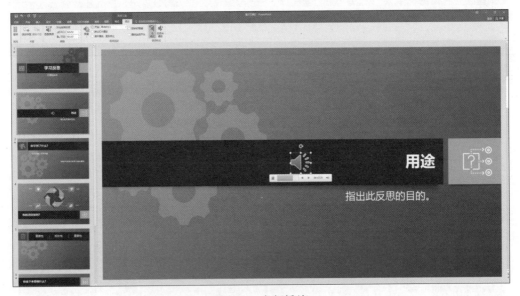

图 5.76　音频播放

—————————— 大学计算机基础(Windows 10＋Office 2016)

插入视频文件的操作与插入音频相似,选择"插入"选项卡→"媒体"功能组→"视频"命令,系统会显示"PC上的视频"和"联机视频",选择要插入的视频或者搜索联机视频,单击插入即可。同样,插入成功后幻灯片会出现"视频工具"选项卡,通过该选项卡进行视频播放、音量等设置,如图5.77~图5.80所示。

图 5.77　选择插入视频

图 5.78　插入联机视频

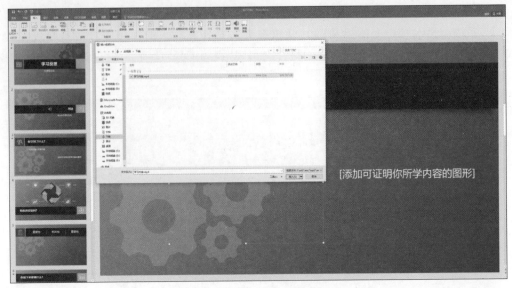

图 5.79　插入 PC 上的视频

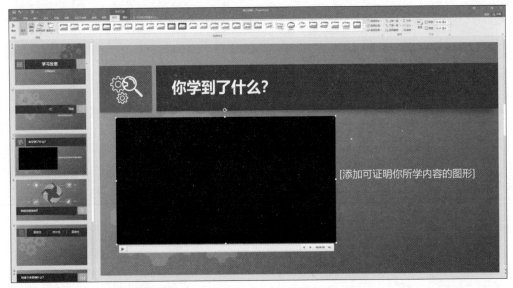

图 5.80　插入视频成功与"视频工具"选项卡

5.3.4　母版设置

　　母版(Master)是 PPT 中的一种模板,可让用户定义 PPT 幻灯片的整体布局、样式和格式。包含了演示文稿的基本元素,例如背景、字体、Logo、页眉等信息。在 PPT 制作中,利用母版可使演示文稿的制作更加快捷、规范和美观。通常使用母版来创建一种或多种幻灯片设计,并应用于整个 PPT 文档或特定的幻灯片中。设置 PPT 母版的步骤如下。

　　(1) 选择"视图"选项卡中的"幻灯片母版"按钮,进入母版编辑模式,如图 5.81 所示。

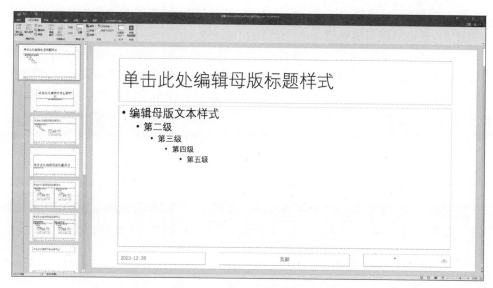

图 5.81　幻灯片母版编辑视图

　　PPT 有多种母版类型,例如幻灯片母版、标题母版、文字母版、图像母版等。可以根据需要选择不同的母版类型。在"幻灯片母版"中,可以编辑所有幻灯片的共同元素,例如背景、文字样式、页眉和页脚等。在"标题母版"中,可以定义标题文本的样式及格式。在"文字母版"和"图像母版"中,可以定义文本框和图片的样式及格式。选择"幻灯片母版"或"标题母版"打开对应的页面模板,设置背景颜色、字体、Logo 等信息。

　　(2)编辑母版,在母版中添加元素,单击左侧的"幻灯片母版"、"主题母版"或"标题母版",编辑相应页面中的元素。使用视图工具栏中的"参考线",可对页面进行精确定位,如图 5.82 所示。

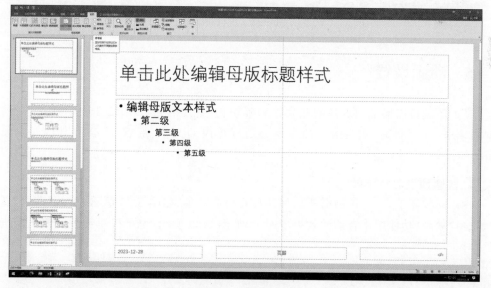

图 5.82　母版参考线

（3）保存母版，对母版的样式设置完毕后，单击左上角"文件"菜单中的"保存"按钮保存母版设置，退出母版编辑状态。

（4）应用母版。完成母版的编辑后，可以将其应用于整个 PPT 文档或特定的幻灯片中。在"母版视图"中，单击"应用到全部幻灯片"按钮，即可将母版应用到所有幻灯片中。如果只想将母版应用于特定的幻灯片，可单击"关闭母版视图"按钮，然后在"普通视图"中选择要应用母版的幻灯片，再单击"幻灯片"选项卡中的"应用母版"按钮即可。

母版中的占位符是指在母版上预设好的用于放置特定内容的区域，比如标题、正文、日期等。使用占位符可以使得每页的内容位置、大小、样式都保持一致，从而使得整个演示文稿看起来更加统一、专业。图 5.83 所示为通过插入占位符编辑。

图 5.83　占位符

5.3.5　动画设置

设置动画可以增加幻灯片的互动性和吸引力，在 PowerPoint 2016 中，通过选择"动画"选项卡中的"动画"选项组中的命令为幻灯片内的文本、形状、声音和其他对象设置动画。

1. 快速预设动画效果

在普通视图下，单击选中需要增加动画效果的对象，如图 5.84 所示，单击"动画"选项卡，选择"动画"功能组中合适的效果项即可，如图 5.85 所示，也可以单击预览演示动画效果，如图 5.86 所示。

2. 添加动画

通过选中需要添加或者自定义动画的对象，单击"动画"选项卡中的"添加动画"命令，

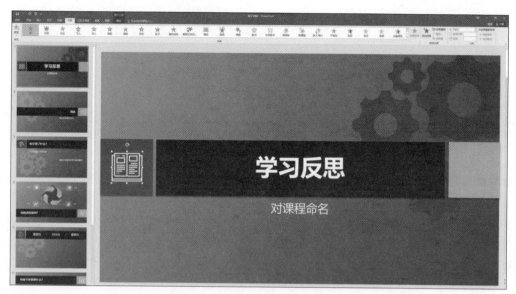

图 5.84　选中设置动画效果对象

图 5.85　选择效果

图 5.86　预览动画效果

通过"添加动画"窗格进行动画设置,如图 5.87 所示。

3. 自定义动画

自定义动画是一种更加灵活和精细的动画效果。通过自定义动画,自由控制每个对

图 5.87 "添加动画"窗格

象的动画效果、时长和执行顺序。自定义动画的步骤为：打开演示文稿，选择要添加自定义动画的对象（文字、图片、形状等），在"动画"选项卡中，单击"添加动画"按钮，打开"添加动画"窗格，选择该对话框中的"其他动作路径"，打开"添加动作路径"对话框，设置对象的动画效果，例如飞入、缩放、旋转等。通过"动画面板"中的"添加效果"按钮来添加多个动画效果即可，如图 5.88 所示。

　　为幻灯片中的对象添加动画效果后，该对象旁边会出现一个带数字的彩色矩形标志，在给演示文稿中的多个对象添加动画效果时，添加效果的顺序就是演示文稿放映时的播放次序。当演示文稿中的对象较多时，难免会在添加效果时使动画次序产生错误，这时可以在动画效果添加完成后，再对其进行调整。选择"动画"选项卡→"高级动画"功能组→"动画窗格"命令，在"动画窗格"中调整动画的顺序、动画相应的图案、对象内容和持续时间。图 5.89 所示为通过"对动画重新排序"中的上下图标进行调整。

图 5.88 "添加动作路径"对话框

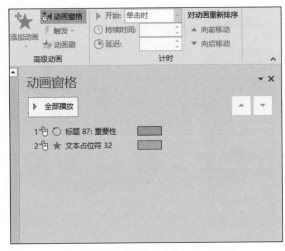

图 5.89 对动画重新排序

　　过度使用动画可能会分散观众的注意力，所以，在使用动画效果时要根据演示的内容和风格进行选择和适度运用，以达到最佳的效果。

5.3.6 超链接设置

　　超链接是将文本或图像转换为可单击的链接，通过单击该链接可以跳转到其他页面或文件，超链接有编辑超链接、删除超链接和编辑动作链接三个操作，如图 5.90～图 5.92

大学计算机基础(Windows 10＋Office 2016)

所示。

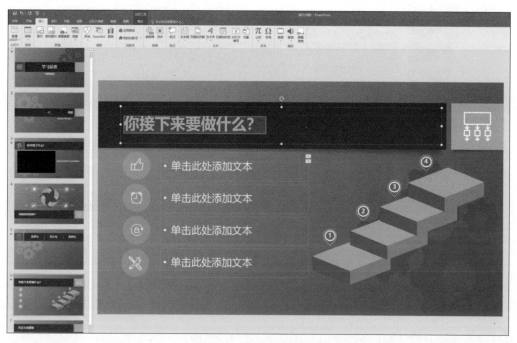

图 5.90　选中超链接对象

图 5.91　插入超链接文本

图 5.92　插入超链接成功

5.4　演示文稿的放映与输出

5.4.1　演示文稿的放映

　　放映幻灯片是制作幻灯片的最终目标,在演示前,需要先设置好演示文稿,选择合适的幻灯片放映模式和其他相关设置。完成幻灯片的制作后,单击"幻灯片放映"选项卡中的"从头开始"按钮或按 F5 键可以进入幻灯片放映模式或者以演示者视图放映。通过选择"自定义放映"来进行定制化操作,例如选择要放映的幻灯片、设置放映的顺序、间隔时间、音效等选项。

　　在演示过程中,可以使用箭头键、PageUp、PageDown 键或空格键来控制幻灯片的切换,也可以通过鼠标单击或触碰屏幕来切换幻灯片。在演示过程中,可以通过"设置"选项卡中的"幻灯片放映设置"按钮来进行更多的演示设置,例如更改幻灯片的显示方式、添加背景音乐等。

　　在演示结束后,按 Esc 键或单击鼠标右键可以退出幻灯片放映模式。如果需要在多种设备上进行演示,可以将幻灯片保存为 PDF 文件或视频文件,选择合适的输出格式,从而实现在不同设备上进行演示。不同的输出格式具有不同的特点和兼容性,需要根据实际需求进行选择。

　　在进行演示前,可以先预览演示文稿,了解幻灯片的顺序和效果是否符合预期,并进行纠正和调整。

5.4.2　演示文稿的输出

1. 文件的"另存为"

　　当 PPT 制作完成后,一般习惯保存为".pptx"格式,其实还有很多保存格式。具体的保存文件,可选择"另存为"命令,在"另存为"对话框中的"保存类型"中选择适合的格式。如图 5.93 和图 5.94 所示。其中,pps 是 PowerPoint Show 的简称,是 PowerPoint 文件格式的一种,打开就是放映文件,比较适合做演示的时候使用,可以省去先打开 PowerPoint 再单击演示按钮的麻烦。如果需要对这种格式的文件进行修改,可以单击文件属性,改成.ppt 格式再修改。

图 5.93 "另存为"对话框

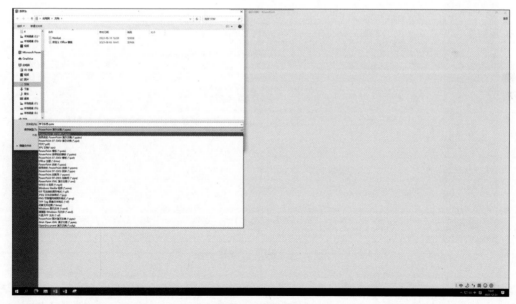

图 5.94 保存类型

2. 文件的"导出"

除了"另存为",还可以保存为其他类型,通过"文件"→"导出"命令将演示文稿转换成更多类型的文件,如".MP4"等,具体如图 5.95～图 5.98 所示。

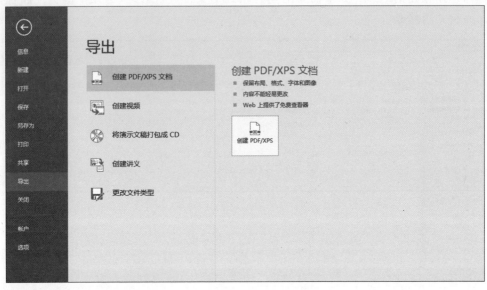

图 5.95　导出为 PDF/XPS 文档

图 5.96　导出为视频文件

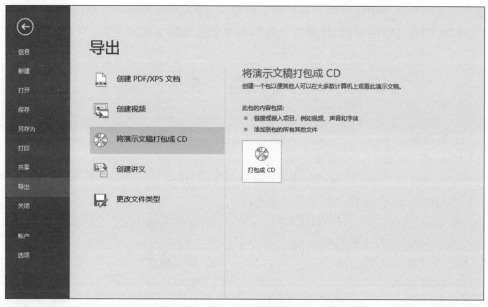

图 5.97　导出打包成 CD

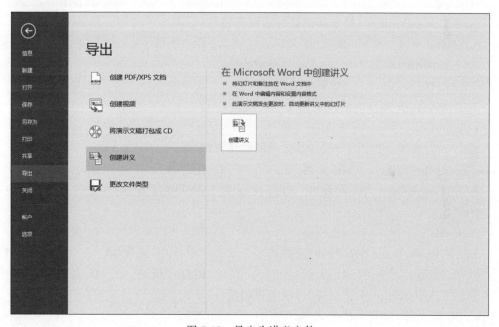

图 5.98　导出为讲义文件

5.5　本章小结

本章介绍了 PowerPoint 2016 的基本功能以及新增功能,学习了演示文稿的创建、编辑、放映过程,从主题设置、背景设置、不同对象插入、母版设置、动画设置和超链接设置等方面突出演示文稿的美化方法。通过本章的学习,读者可以根据需求制作出含有文字、图表、艺术字、图片、图像、音频、视频等多种形式对象的演示文稿。

习 题 5

一、单选题

1.PowerPoint 是( )家族中的一员。

A. Linux   B. Windows   C. Office   D. Word

2. PowerPoint 中新建文件的默认名称是( )。

A. DOC1   B. SHEET1   C. 演示文稿 1   D. BOOK1

3. PowerPoint 的主要功能是( )。

A. 电子演示文稿处理   B. 声音处理

C. 图像处理   D. 文字处理

4. 扩展名为( )的文件,在没有安装 PowerPoint 的系统中可直接放映。

A. pop   B. ppz   C. pps   D. ppt

5 .在 PowerPoint 中,添加新幻灯片的快捷键是( )。

A. Ctrl+M   B. Ctrl+N   C. Ctrl+O   D. Ctrl+P

6. 下列视图中不属于 PowerPoint 视图的是( )。

A. 幻灯片视图   B. 页面视图   C. 大纲视图   D. 备注页视图

7. PowerPoint 制作的演示文稿文件扩展名是( )。

A. pptx   B. xls   C. fpt   D. doc

8. ( )视图是进入 PowerPoint 后的默认视图。

A. 幻灯片浏览   B. 大纲   C. 幻灯片   D. 普通

9. 在 PowerPoint 中,若要在"幻灯片浏览"视图中选择多个幻灯片,应先按住( )键。

A. Alt   B. Ctrl   C. F4   D. Shift+F5

10. 在 PowerPoint 中,要同时选择第 1、2、5 三张幻灯片,应该在( )视图下操作。

A. 普通   B. 大纲   C. 幻灯片浏览   D. 备注

11. 在 PowerPoint 中,"文件"选项卡可创建( )。

A. 新文件,打开文件   B. 图标

C. 页眉或页脚   D. 动画

12. 在 PowerPoint 中,"插入"选项卡可以创建( )。

A. 新文件,打开文件   B. 表,形状与图标

C. 文本左对齐   D. 动画

13. 在 PowerPoint 中,"设计"选项卡可自定义演示文稿的( )。

A. 新文件,打开文件   B. 表,形状与图标

C. 背景,主题设计和颜色   D. 动画设计与页面设计

14. 在 PowerPoint 中,"动画"选项卡可以对幻灯片上的(　　)进行设置。

    A. 对象应用,更改与删除动画　　　　　　B. 表,形状与图标

    C. 背景,主题设计和颜色　　　　　　　　D. 动画设计与页面设计

15. 在 PowerPoint 中,"视图"选项卡可以查看幻灯片的(　　)。

    A. 母版,备注母版,幻灯片浏览　　　　　B. 页号

    C. 顺序　　　　　　　　　　　　　　　D. 编号

16. PowerPoint 演示文稿的扩展名是(　　)。

    A. ppt　　　　　　B. pptx　　　　　　C. xslx　　　　　　D. docx

17. 要进行幻灯片页面设置、主题选择,可以在(　　)选项卡中操作。

    A. 开始　　　　　B. 插入　　　　　　C. 视图　　　　　　D. 设计

18. 要对幻灯片母版进行设计和修改时,应在(　　)选项卡中操作。

    A. 设计　　　　　B. 审阅　　　　　　C. 插入　　　　　　D. 视图

19. 从第一张幻灯片开始放映幻灯片的快捷键是(　　)。

    A. F2　　　　　　B. F3　　　　　　　C. F4　　　　　　　D. F5

20. 要设置幻灯片中对象的动画效果以及动画的出现方式时,应在(　　)选项卡中操作。

    A. 切换　　　　　B. 动画　　　　　　C. 设计　　　　　　D. 审阅

二、操作题

1. 设计计算机发展史演示文稿,要求不少于 10 张幻灯片,第一张幻灯片是"标题幻灯片",其中副标题包含本人信息,包括"姓名、专业、年级、班级、学号"。其他幻灯片要包含文字、图片和艺术字。

2. 以"人与自然和谐共生"为主题设计公益宣传片。要求不少于 10 张幻灯片,第一张幻灯片是"标题幻灯片",其中副标题包含本人信息,包括"姓名、专业、年级、班级、学号"。其他幻灯片要包含文字、图片和艺术字,这些对象要进行动画设置。选择一种"主题"或"背景"对幻灯片设置,设置每张幻灯片的切入方式,要求使用超链接进行幻灯片跳转,整体布局合理。

3. 制作一个幻灯片文件,分别保存为".potx"".ppsx"".rtf"格式,打开各个格式文件,查看它们的不同之处。

4. 制作一个幻灯片文件,分别导出为视频文件和讲义,打开两种文件,查看它们的不同之处。

第 6 章 计算机网络与 Internet 基础

本章学习目标

- 熟练掌握计算机网络的定义。
- 了解网络的 4 个阶段的发展史。
- 了解计算机网络的组成部分。
- 熟悉网络中常见的拓扑结构。
- 掌握网络参考模型各层次的作用。
- 熟悉计算机网络应用。
- 掌握邮件的注册和邮件发送的方法。
- 熟练使用中国知网。

网络技术的产生是全球范围的一场技术革命和思想革命。网络的普及为全社会的发展和进步注入了生机与活力,也对传统的技术提出了挑战。本章首先介绍计算机网络的概念和发展 4 个阶段。接着介绍计算机网络的组成和分类,通过网络参考模型和 TCP/IP 协议更加深入地了解网络。同时还介绍网络中常用的网络设备,最后介绍了计算网络的应用场景,邮件的发送和论文检索及引用。通过网络知识学习提升大学生基本技能并培养他们严谨入微、精益求精、勇于创新的工匠精神。

6.1　计算机网络概述

6.1.1　计算机网络的定义

计算机网络是指将地理位置不同的具有独立功能的多台计算机及其外部设备,通过通信线路和通信设备连接起来,在网络操作系统、网络管理软件及网络通信协议的管理和协调下,实现资源共享和信息传递的计算机系统。

6.1.2　计算机网络的发展

计算机网络自诞生以来发展迅速,从开始的简单网络到复杂网络,从功能单一到多样化网络,各行各业都对计算机网络有着广泛的应用并有着高度的热情和关注。人们不断进行深入的开发和应用。人类的发展已经离不开计算机网络。可以说互联网时代扩大了信息社会人与人之间信息共享、资源共享,人类对外部世界具有更全面的感知能力、更广泛的互联互通能力、更智慧的处理能力。纵观计算机网络的发展历史,它共经历了 4 个阶段。

1. 第一代计算机网络——诞生阶段

20 世纪 50 年代,是计算机网络的诞生阶段。1946 年世界上第一台电子计算机 ENIAC 在美国诞生时,当时计算机技术与通信技术还没有任何关联。直到 20 世纪 50 年代初,在美国本土北部和加拿大境内,建立了一个半自动地面防空系统 SAGE(赛其系统),进行了计算机技术与通信技术相结合的尝试。这种以单个计算机为中心的联机系统称作面向终端的远程联机系统,构成"主机到终端"系统。第一代计算机网络又称为面向终端的计算机网络。这里的终端不具备自主处理数据的能力,仅仅能完成简单的输入输出功能,所有数据处理和通信处理任务均由主机完成。用今天对计算机网络的定义来看,"主机到终端"系统只能称得上是计算机网络的雏形,还算不上是真正的计算机网络,但这一阶段进行的计算机技术与通信技术相结合的研究,成为计算机网络发展的基础。

单机系统突破传统计算机等基本功能,具有远程通信功能,实现了多个用户共享主机资源的功能。这里的终端为哑终端,哑终端没有自己的 CPU、内存和硬盘,没有数据处理能力。

第一代计算机网络存在的问题:主机负担重,通信费用高。

2. 第二代计算机网络——形成阶段

20 世纪 60 年代,此时的计算机网络是以多个主机通过通信线路互连起来,为用户提供服务。主机之间不是直接用线路相连,而是由接口报文处理机(Interface Message Processor,IMP)转接后互连的。IMP 和它们之间互联的通信线路一起负责主机间的通信任务,构成了通信子网。通信子网互联的主机负责运行程序,提供资源共享,组成资源子网。

这些地理位置上分散的计算机之间自然需要进行信息交换。这种信息交换的结果是多个计算机系统连接,形成一个计算机通信网络,被称为第二代网络。其重要特征是通信在"计算机-计算机"之间进行,计算机各自具有独立处理数据的能力,并且不存在主从关系。计算机通信网络主要用于传输和交换信息,但资源共享程度不高。美国的 ARPANET 就是第二代计算机网络的典型代表。ARPANET 为 Internet 的产生和发展奠定了基础。

形成阶段计算机与计算机之间的通信采用分组交换技术,每台都具有数据处理功能,形成了通信子网和资源子网的网络结构。

第二代计算机网络的主要问题:网络对用户不是透明的。

3. 第三代计算机网络——计算机网络互联标准化

20 世纪 70 年代中期开始,许多计算机生产商纷纷开发出自己的计算机网络系统并形成各自不同的网络体系结构。例如 IBM 公司的系统网络体系结构 SNA,DEC 公司的数字网络体系结构 DNA。这些网络体系结构有很大的差异,无法实现不同网络之间的互联。因此,网络体系结构与网络协议的国际标准化成了迫切需要解决的问题。1977 年国际标准化组织 ISO(International Standards Organization)提出了著名的开放系统互连参考模型 OSI/RM,形成了一个计算机网络体系结构的国际标准。第三阶段,解决了计算机联网与互连标准化的问题,尽管因特网上使用的是 TCP/IP 协议,但 OSI/RM 对网络技术的发展产生了极其重要的影响。第三代计算机的特征是全网中所有的计算机遵守同一种协议,强调以实现资源共享(硬件、软件和数据)为目的。

这种开放式标准化网络体系结构,是国际通用的体系结构,对网络体系结构和网络协议的标准化,实现开放性的标准化实用网络环境,使计算机网络像一个大的计算机系统对用户提供透明服务。

4. 第四代计算机网络——高速网络技术阶段

从 20 世纪 90 年代开始,计算机网络向互连、高速、智能化和全球化发展,并且迅速得到普及,实现了全球化的广泛应用。

因特网实现了全球范围的电子邮件、WWW、文件传输和图像通信等数据服务的普及,但电话和电视仍各自使用独立的网络系统进行信息传输。人们希望利用同一网络来传输语音、数据和视频图像,因此提出了宽带综合业务数字网(B-ISDN)的概念。

未来的计算机网络应能提供目前电话网、电视网和计算机网络的综合服务;能支持多媒体信息通信,以提供多种形式的视频服务;具有高度安全的管理机制,以保证信息安全传输;具有开放统一的应用环境,智能的系统自适应性和高可靠性,网络的使用、管理和维护将更加方便。总之,计算机网络将进一步朝着"开放、综合、智能"方向发展,必将对未来世界的经济、军事、科技、教育与文化的发展产生重大的影响。

由于局域网技术发展成熟,出现光纤及高速网络技术,整个网络就像一个对用户透明的大的计算机系统,发展为以因特网(Internet)为代表的互联网。

6.1.3　计算机网络的功能

1. 数据通信

现代社会信息量激增,信息交换也日益增多,每天都有大量信件要传递。利用计算机网络传递信件是一种全新的电子传递方式。电子邮件比现有的通信工具有更多的优点,它不像电话需要通话者同时在场,也不像广播系统只是单方向传递信息,在速度上比传统邮件快得多。另外,电子邮件还可以携带声音、图像和视频,实现多媒体通信。如果计算机网络覆盖的地域足够大,则可使各种信息通过电子邮件在全国乃至全球范围内快速传递和处理。

2. 资源共享

在计算机网络中,有许多重要的资源,如计算机硬件、软件资源、数据资源、信道资源等,可以为多个用户所共用,实现了资源共享,突破了地理位置的局限性,在不同地方,通过网络可访问网络中的部分或全部资源。资源共享包括硬件资源的共享,如打印机、存储设备、大容量磁盘等。软件资源的共享,如应用软件、数据库管理系统、程序、数据等。数据资源:包括数据库文件、数据库、办公文档资料、企业生产报表等。信道资源:通信信道可以理解为电信号的传输介质。通信信道的共享是计算机网络中最重要的共享资源之一。资源共享可避免重复投资和劳动,降低成本,提高资源的利用率,使系统的整体性价比得到大大提升。

3. 提高计算机性能

计算机网络中的各计算机可以通过网络彼此互为后备机,一旦某台出现故障,故障机的任务就可由其他计算机代为处理,避免了单机后无后备机的情况下,某台计算机出现故障导致系统瘫痪的现象,大大提高了系统可靠性。提高计算机可用性是指当网络中某台计算机负担过重时,网络可将新的任务转交给网络中较空闲的计算机完成,这样就能均衡各计算机的负载,提高每台计算机的可用性。

4. 均衡负载与分布式处理

对于一些复杂大型的综合性问题,不是集中在一台大型计算机上处理,而是可通过一定的算法将任务进行分解,再交付给网络中不同的计算机进行同时处理。这样,不仅可以降低软件设计的复杂性,而且还可以大大提高工作效率和降低成本。除此之外,当网络中某台计算机负荷过重时,系统会将任务分配给空闲或任务较轻的计算机系统去处理。从而达到均衡使用网络资源、实现分布处理的目的。网络规划与设计时,可利用网络技术进行计算机集群设计。将多台计算组合在一起,形成具有高性能、高可扩展性、高可靠性和高可用性的计算机系统。

6.2 计算机网络的组成与分类

6.2.1 计算机网络的组成

计算机网络的组成结构可以从逻辑功能和物理组成上进行分析。

1. 计算机网络的逻辑功能组成

计算机网络要完成资源共享与数据通信两大基本功能,因此从功能上可以分为资源子网和通信子网两部分。资源子网是负责资源共享的子网,通信子网是负责数据传输的子网。计算机网络组成如图 6.1 所示。

1)资源子网

资源子网是指用户端系统(局内调度自动化网、MIS 网和变电站的局域网),包括用户的

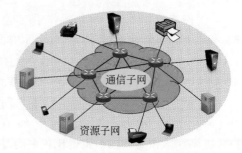

图 6.1 计算机网络组成结构

应用资源,如服务器、故障收集计算机、外设、系统软件和应用软件。资源子网由计算机系统、终端、终端控制器、连网外设、各种软件资源与信息资源组成。资源子网负责全网数据

处理和向网络用户提供资源及网络服务,包括网络的数据处理资源和数据存储资源。

2)通信子网

通信子网(communication subnet,或简称子网)是指网络中实现网络通信功能的设备及其软件的集合,通信设备、网络通信协议、通信控制软件等属于通信子网,是网络的内层,负责信息的传输。主要为用户提供数据的传输、转接、加工、变换等。通信子网的任务是在端节点之间传送报文,主要由转节点和通信链路组成。在 ARPA 网中,把转节点通称为接口处理机(IMP)。通信子网主要包括中继器、集线器、网桥、路由器、网关等硬件设备。

2. 网络中的物理组成

从物理组成的角度来看,计算机网络由若干计算机(服务器、客户机)及各种通信设备通过电缆、电话线等通信线路连接而成。

(1)服务器。所有连接到 Internet 上的计算机系统称为主机。根据主机在网络中扮演的角色不同,可分为服务器和客户机。服务器是 Internet 服务与信息资源的提供者。服务器一般是一台高性能计算机,用于网络管理、运行应用程序、处理各网络工作站成员的信息请求等,并连接一些外部设备,如打印机、CD-ROM、调制解调器等。根据作用的不同,服务器分为文件服务器、应用程序服务器、通信服务器和数据库服务器等。

(2)客户机。客户机在网络中充当着 Internet 网络服务和资源的使用者。客户机也称工作站,连入网络中的由服务器进行管理和提供服务的任何计算机都属于客户机,其性能一般低于服务器。个人计算机接入 Internet 后,在获取 Internet 服务的同时,其本身就成为一台 Internet 网上的客户机。

(3)网络传输媒体。网络电缆用于网络设备之间的通信连接,它分为有线传输介质和无线传输介质。常用的有线传输电缆线有双绞线、同轴电缆、光缆等。

(4)无线传输媒体不需要电缆线实现网络设备间的通信。而是通过微波、无线电、红外线和激光。无线通信已广泛应用于工业、军事、野外等场合下,移动式通信连网的需求与发展促进了数字化无线移动通信的发展。卫星通信、无线通信、红外通信、激光通信以及微波通信的信息载体都属于无线传输媒体。传输媒体的特性对网络数据通信质量有很大影响。

(5)网络操作系统。网络操作系统是负责管理网络资源的核心软件。在目前网络系统软件市场上,常用的网络系统软件有 Windows 系列(Windows NT、Windows 2003 Server、Windows Server 2008)、UNIX 系列(如 IBMAIX、SunSolaris、HPUX 等)、PCUNIX 系列(SCOUNIX、SolarisX86 等)、NovellNerWare、Apple、Macintosh、Linux 等。

(6)网络协议。协议是网络设备之间进行互相通信的语言和规范。常见的协议有 Microsoft 的 NetBEUI 协议、Novell 的 IPX/SPX 协议、TCP/IP 协议等、HTTP 协议、DNS 协议等。在局域网中用得比较多的是 IPX/SPX。用户如果访问 Internet,则必须在网络协议中添加 TCP/IP 协议。

(7)网络设备。

① 网络适配器。网络适配器也称网卡,在局域网中用于将用户计算机与网络相连的中介设备,是使得用户主机可以连网享受网络资源,同时主机拥有 MAC 地址的一种硬

件。大多数局域网采用以太网(Ethernet)网卡,适配器如图 6.2 所示。

② 中继器。中继器是局域网互连设备,它工作在 OSI 体系结构的物理层。中继器对在线路上的信号具有放大再生的功能,完成信号的复制、调整和放大功能,用于延长网络长度,仅用于连接相同的局域网网段。由于长距离传输存在损耗,在线路上传输的信号功率会逐渐衰减,衰减到一定程度时将造成信号失真,因此会导致接收错误。中继器接收并识别网络信号,对衰减的信号进行放大,然后再生信号并将其发送到网络的其他分支上,以此扩大网络传输的距离,如图 6.3 所示。

图 6.2　网络适配器

图 6.3　中继器

③ 集线器。集线器的英文称为 Hub,是"中心"的意思,是一种多端口的转发器。集线器的主要功能是对接收到的信号进行再生整形放大,以扩大网络的传输距离,同时把所有节点集中在以它为中心的节点上。它可以视作多端口的中继器,其区别在于集线器能够提供更多的端口服务,集线器如图 6.4 所示。

④ 交换机。交换机在 OSI 参考模型的第二层——数据链路层。是一种用于电信号转发的网络设备。与网桥功能一样,但端口更多,传输速率更快。交换机按每一个包中的MAC 地址进行决策转发。该设备可以为接入交换机的任意两个网络节点提供独享的电信号通路。交换机具有自学习的能力,交换机了解每一端口相连设备的 MAC 地址,并将地址同相应的端口映射起来存放在交换机缓存中的 MAC 地址表中;具有存储转发的功能,当一个数据帧的目的地址在 MAC 地址表中有映射时,它被转发到连接目的节点的端口而不是所有端口。最常见的交换机是以太网交换机,还有电话语音交换机、光纤交换机等。交换机端口较多一般有 24 个端口,可以让更多电脑连网,交换机如图 6.5 所示。

图 6.4　集线器

图 6.5　交换机

⑤ 路由器。路由器工作在网络层,是一种连接多个网络或网段的网络设备,它能将不同网络或网段之间的数据信息进行互连,主要用于互连局域网和广域网。路由器可以分析各种不同类型网络传来的数据包的目的地址,再根据选定的路由算法把各数据包按最佳路线传送到目的位置。网络传输过程中,路由器具有判断网络地址以及选择 IP 路径的作用,是对数据包进行转发与交换的一门技术,具体来说,就是通过互联网络将信息从源地址传送到目的地址。路由器是互联网的主要节点设备。路由器通过路由决定数据的

转发路径与选择。这种转发策略称为路由选择,路由器作为不同网络之间互相连接的重要枢纽,路由器系统构成了基于 TCP/IP 的国际互联网络 Internet 的主体脉络。如图 6.6 所示为大部分家用的路由器。

⑥ 网关。网关又称网间连接器、协议转换器。在网络层以上实现网络互连,是复杂的网络互连设备,仅用于两个高层协议不同的网络互连。网关既可以用于广域网互连,也可以用于局域网互连。网关是一种充当转换重任的计算机系统或设备。实现在不同的通信协议、数据格式或语言,甚至体系结构完全不同的两种系统之间相互通信。

⑦ 防火墙。防火墙主要是借助硬件与软件作为内部网络和外部网络间产生保护屏障机制的一种防御系统。通过过滤不安全的服务而降低风险,能最大限度阻止网络中未经授权的外部网络的访问。从而实现对计算机不安全网络因素的阻断。只有在防火墙同意的情况下,用户才能够进入计算机内,如果不同意就会被阻隔禁止访问,防火墙技术的警报功能十分强大,在外部的用户要进入到计算机内时,防火墙就会迅速地发出相应的警报,并提醒用户的行为,如图 6.7 所示。

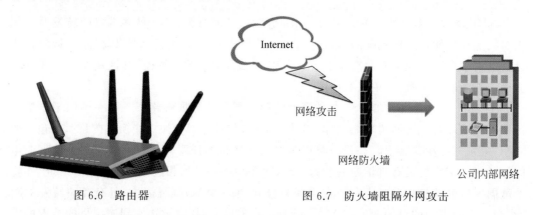

图 6.6 路由器   图 6.7 防火墙阻隔外网攻击

6.2.2 计算机网络的分类

计算机网络可以有不同的分类方法,常用的分类依据有网络覆盖的地理范围、网络的拓扑结构、网络协议、管理性质、交换方式、传输介质、网络操作系统、传输技术。下面介绍几种常见的分类方法。

1. 按覆盖范围划分

按网络覆盖范围的大小,计算机网络可以分为局域网(Local Area Network,LAN)、城域网(Metropolitan Area Network,MAN)、广域网(Wide Area Network,WAN)。

局域网是一种在小区域内(如一个建筑物内、学校、公司等)使用的小型网络。局域网由多台计算机组成,覆盖范围通常局限在几千米范围之内,属于一个单位或部门组建的小范围网。局域网的特点是计算机间分布距离近、组网成本低、组网方便、数据传输可靠性高及使用灵活等。

城域网是作用范围在广域网与局域网之间的网络,其网络覆盖范围通常可以延伸到整个城市,借助通信光纤将多个局域网联通公用城市网络形成大型网络,使得不仅局域网内的资源可以共享,局域网之间的资源也可以共享。城域网的特点是传输介质相对复杂、数据传输距离相对局域网要长、信号容易受到外界因素的干扰、组网较复杂,并且组网成本高等。

广域网是一种远程网,涉及长距离的通信,覆盖范围可以是一个国家或多个国家,甚至整个世界。由于广域网地理上的距离可以超过几千千米,所以信息衰减非常严重,这种网络一般要租用专线,通过接口信息处理协议将线路连接起来,构成网状结构,解决寻径问题。广域网的特点是传输介质极为复杂,且由于传输距离较长,使得数据的传输速率较低、在传输过程中容易出现错误,所采用的技术也最为复杂。

2. 按通信介质划分

计算机网络按其传输介质分类可以分为有线传输介质和无线传输介质两大类。

1)有线传输介质

采用同轴电缆、双绞线、光纤等物理介质来传输数据的网络。

(1)双绞线是在短距离范围内局域网中最常用的传输介质。双绞线是将两根相互绝缘的导线按一定的规格相互缠绕起来,然后在外层再套上一层保护套或屏蔽套构成的。采用这种方式,不仅可以抵御一部分来自外界的电磁波干扰,也可以降低多对绞线之间的相互干扰,双绞线如图6.8所示。

(2)同轴电缆主要由4部分构成,由内到外分别为:铜质芯线、绝缘层、外导体屏蔽层及塑料保护外套。同轴电缆是一种电线及信号传输线,最内里是一条导电铜线,线的外面有一层塑胶围绕的绝缘体,绝缘体外面又有一层薄的网状导电体,即外导体屏蔽层,一般为铜或合金制成。最外层的塑料绝缘物料作为保护外套,如图6.9所示。

(3)光缆是以一根或多根光纤作为传输介质的通信电缆,其主要由光导纤维(即光纤)和塑料保护套管及塑料外皮构成。光纤是利用线路内部光的全反射原理来传导光束的传输介质,光导纤维是一种细如发丝的玻璃细丝,用于传输电力或信息的导线。光纤是通过光传输信号的介质,由光发送机产生光束,将电信号变为光信号,再导入光纤,在另一端由光接收机接收光纤上传来的光信号,并把它变为电信号,经解码后再处理。光纤的抗干扰性强、保密性好、信号衰衰小、频带宽、传输速度快、用于远距离传输的介质。光纤可分为单模光纤和多模光纤两种,如图6.10所示。

图6.8 双绞线

图6.9 同轴电缆

图6.10 光纤

2)无线传输介质

无线传输介质指周围的自由空间,利用无线电波在自由空间的传播可以实现多种无线通信。无线网络的特点为连网费用较高、数据传输率高、安装方便、传输距离长和抗干扰性不强等。采用微波、红外线、卫星、蓝牙等无线形式来传输数据的网络。无线通信主要包括微波、红外线、卫星、蓝牙、Zigbee 通信等。

（1）微波通信。是在对流层视线距离范围内利用无线电波进行传输的一种通信方式，频率范围为 300MHz～300GHz，微波通信分为模拟微波通信和数字微波通信两种。具有波长短、频率高、直线传播的特点。微波的通信带宽较大，传输质量高。由于微波接近于直线传播，遇到建筑无法绕过，从而造成信息的损耗。

（2）红外通信。使用波长小于 1μm 的红外线传输数据，具有较强的方向性，但易受阳光干扰。

（3）卫星通信。其特点是不受地形地貌的影响。理论上只要 3 颗同步卫星，就可以覆盖整个地球。卫星作为转发的平台，将从一个地面站发来的微波或激光信号转发给另一个地面站。

（4）蓝牙通信。适用于低功耗、短距离的无线通信，通常不超过 30m 的一种短距离无线电技术。利用蓝牙技术，能够有效地简化移动终端、计算机和穿戴设备之间的连接和通信，让人们能够方便快捷地通过各种移动设备接入因特网获取信息。

（5）ZigBee 通信。ZigBee 是一种新型的无线通信技术，适用于低速、低功率、低数据传输且通信距离短的应用，通常在 10～100m 范围内。ZigBee 比蓝牙功耗低，具有更长的电池续航能力，因此更适用于低功耗设备。ZigBee 无线通信技术可于数以千计的微小传感器相互间，依托专门的无线电标准达成相互协调通信，因而该项技术常被称为 Home RF Lite 无线技术、FireFly 无线技术。ZigBee 无线通信技术还可应用于小范围的基于无线通信的控制及自动化等领域，可省去计算机设备、一系列数字设备相互间的有线电缆，更能够实现多种不同数字设备相互间的无线组网，使它们实现相互通信，或者接入因特网，如图 6.11 所示。

图 6.11　ZigBee 应用

3. 按网络的拓扑结构分类

计算机网络的拓扑结构指用传输媒介把计算机等各种设备互相连接起来的物理布局,它定义了各种站点之间的物理位置和逻辑位置。网络拓扑结构是决定通信网络性质的关键要素之一,是组建各种网络的基础。不同的网络拓扑结构涉及不同的网络技术,对网络性能、系统可靠性与通信费用都有重要的影响。网络拓扑结构分为星状拓扑结构、树状拓扑结构、网状拓扑结构、总线型拓扑结构、环状拓扑结构。如图 6.12 所示。

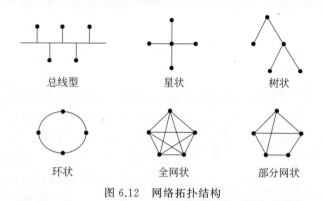

图 6.12　网络拓扑结构

1) 星状拓扑结构

星状拓扑结构网络由中心节点和其他从节点组成,中心节点可直接与从节点通信,而从节点间的通信必须通过中心节点才能实现。

星状拓扑结构网络的优点是便于管理,方便进行网络扩容,出现通信故障时能较快确定故障节点,易维护;缺点是对中心节点的要求很高,一旦中心节点出现故障,将会导致整个网络瘫痪。

2) 总线型拓扑结构

总线型拓扑结构网络是一种比较简单的计算机网络结构,采用一种称为公共总线的传输介质,将所有节点通过硬件接口与总线连接,信息沿公共总线传输介质广播传送到所有节点。

总线型拓扑结构网络的优点是造价相对比较便宜,方便进行网络扩容,单个节点故障不会影响到整个网络;缺点是出现通信故障诊断困难,节点过多会导致冲突增加而通信效率下降。

3) 环状拓扑结构

环状拓扑结构网络是使用公共电缆组成一个封闭的环,各节点直接连到环上,信息沿着环路按一定方向从一个节点传送到另一个节点。环状网络中的数据按照设计主要是单向传输,也可以双向传输。

环状拓扑结构网络的优点是使用的连接线路相对较短,费用较低,令牌的方式提高了节点间通信的效率;缺点是网络扩容不方便,单个节点故障会影响到整个网络的通信。

4) 树状拓扑结构

树状拓扑结构是一种类似于总线型拓扑的局域网拓扑。树状拓扑结构网络可以包含分支,每个分支又可包含多个节点。

树状拓扑结构网络的优点是易于扩展,可以延伸出很多分支和子分支,容易在网络中加入新的分支或新的节点,易于隔离故障;缺点是若根节点出现故障,就会引起全网不能正常工作。

5)网状拓扑结构

网状拓扑结构网络中的节点之间相互连接,并且每一个节点至少与其他两个节点相连,组成一种不规则的网状形式,网状拓扑结构网络的优点是网络可靠性高,可组建成各种形状,采用多种通信信道,具有多种传输速率,可改善线路的信息流量分配;缺点是组网较为复杂,组网的成本较高,不易扩容,管理起来不方便。

4. 按服务方式分类

1)对等网

在对等网络中,计算机的数量通常不超过 20 台,所以对等网络相对比较简单。在对等网络中各台计算机有相同的功能,无主从之分,网上任意节点计算机既可以作为网络服务器为其他计算机提供资源,也可以作为工作站分享其他服务器的资源,如图 6.13 所示。

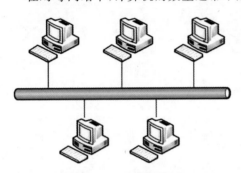

图 6.13　对等网拓扑图

2)客户机/服务器网络

在计算机网络中,如果只有一台或者几台计算机作为服务器为网络上的用户提供共享资源,而其他的计算机仅作为客户机访问服务器中提供的各种资源,这样的网络就是客户机/服务器网络。服务器指专门提供服务的高性能计算机或专用设备;客户机指用户计算机。客户机/服务器网络方式的特点是安全性较高,计算机的权限、优先级易于控制,监控容易实现,网络管理能够规范化。服务器的性能和客户机的数量决定了该网络的性能,如图 6.14 所示。

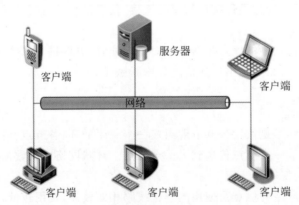

图 6.14　客户机/服务器网络拓扑图

5. 按传播方式分类

如果按照传播方式不同,可将计算机网络分为广播式网络和点对点网络两大类。

1）广播式网络

广播式网络是指网络中的计算机或者设备使用一个共享的通信介质进行数据传播，网络中的所有节点都能收到任一节点发出的数据信息。

目前，在广播式网络中的传输方式有以下 3 种。

（1）单播：采用一对一的发送形式将数据发送给网络的所有目的节点。

（2）组播：采用一对一组的发送形式，将数据发送给网络中的某一组主机。

（3）广播：采用一对所有的发送形式，将数据发送给网络中所有的目的节点。

2）点对点网络

所谓点对点传输也就是存储转发传输，它是以点对点的连接方式，如果两台计算机之间没有直接连接的线路，把各个计算机连接起来，那么它们之间的分组传输就要通过中间节点的接收、存储、转发，直至目的节点。

这种网络传播方式主要应用于 WAN 大城市网络中，通常采用的拓扑结构有星状、环状、树状、网状。

6. 按数据交换分类

数据交换是指在多个数据终端设备之间，为任意两个终端设备建立数据通信临时互连通路的过程。数据交换可以分为电路交换、报文交换、分组交换。

（1）电路交换。当用户之间要传输数据时，交换中心在用户之间建立一条暂时的数据电路。电路接通后，用户双方便可传输数据，并一直占用到传输完毕拆除电路为止。也就是说，通信路径在整个通信过程中将被独占，直到通信结束才会释放资源。电路交换引入的时延很小，而且交换机对数据不加处理，因而适合传输实时性强和批量大的数据。

（2）报文交换。报文交换又称为存储转发交换，是以报文作为数据传输单位，携带有源地址和目的地址等信息。每一个节点接收整个报文，检查目标节点地址，然后转发到下一个节点。经过多次的存储转发，最后到达目标主机。

（3）分组交换。把数据分割成若干个长度较短的分组，并添加源地址、目的地址和分组编号等信息。每个分组内除数据信息外还包括控制信息，它们在交换机内作为一个整体进行交换。每个分组在交换网内的传输路径可以不同。分组交换也采用存储转发技术，并进行差错检验、重发、返送响应等操作，最后收信端把接收的全部分组按顺序重新组合成分割前的数据。

6.3　计算机网络体系结构和 TCP/IP 参考模型

6.3.1　OSI 网络参考模型

由于世界上不同厂家、不同型号的计算机系统千差万别，如果将这些系统进行通信、网络互联,需要遵循共同制定的规则和约定。因此,国际标准化组织为适应全球网络标准化发展的需求,在吸取了各计算机厂商网络体系标准化经验的基础上,制定了网络体系结构国际标准 OSI/RM。

计算机网络体系结构是指计算机网络层次结构模型,它是各层的协议以及层次之间的端口的集合。在计算机网络中实现通信必须依靠网络通信协议,广泛采用的是国际标准化组织在 1997 年提出的开放系统互联(Open System Interconnection,OSI)参考模型,习惯上称为 OSI 参考模型。

OSI 参考模型定义了开发系统的层次结构、层次之间的相互关系及各层所包括的可能服务。它作为一个框架来协调和组织各层协议的制定,也是对网络内部结构最精炼的概括与描述。

现在主要把参考模型分为三种:OSI、TCP/IP、五层协议。它们之间的关系如图 6.15 所示。

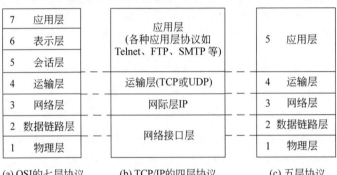

图 6.15　三种协议以及层级间的关系

OSI 将所有互联的开放系统划分为功能上相对独立的 7 个层次,从上到下分别是应用层、表示层、会话层、传输层、网络层、数据链路层和物理层。从最基本的物理层连接到最高层次的应用层。OSI 模型描述了信息流自上而下通过源设备的 7 个层次,再经过传输介质,然后自下而上穿过目标设备的 7 层模型。

该模型采用层次结构,每一层都有相应的协议、处理任务和接口标准。上一层可以调用下一层,而不与再下一层发生关系;高层调用低层提供的功能,而无须了解低层的技术细节;只要接口不变,低层功能实现方法的变更就不会影响高层执行的功能。

1. 物理层

物理层的主要功能是利用传输介质为数据链路层提供物理连接,以实现透明地传输比特流。物理层定义了所连接的传输线以及其他硬件的机械和电气等特性参数。

2. 数据链路层

数据链路层在通信的实体间建立数据链路连接,传送以帧为单位的数据,并采用相应方法使有差错的物理线路变成无差错的数据链路。

3. 网络层

网络层的功能是路由选择、阻塞控制和网络互联等,实现主机之间分组的传输。

4. 传输层

传输层的功能是向上层提供可靠的端到端服务,确保报文无差错传输。它向高层屏蔽了下层数据通信的细节,因此是关键的一层。

5. 会话层

会话层的功能是建立、组织和协调两个会话进程之间的通信。它不参与具体的数据传输,而对数据传输进行管理。

6. 表示层

表示层主要用于处理两个通信系统中交换信息的表示方式,包括数据格式变换、数据加密、数据压缩和恢复等功能。

7. 应用层

应用层用于确定进程之间通信的性质,以满足用户的需要。它提供应用进程需要的信息交换和远程操作,同时还要作为应用进程的用户代理来完成一些为进行信息交换所必需的功能。

它的最大优点是将服务、接口和协议这3个概念明确地区分开来,服务说明某一层为上一层提供一些什么功能,接口说明上一层如何使用下层的服务,而协议涉及如何实现本层的服务。

6.3.2 TCP/IP 协议

TCP/IP 是一组用于实现网络互联的通信协议。每个计算机网络都制定一套全网共同遵守的网络协议,并要求网络中每个主机系统配置相应的协议软件,以确保网中不同系统之间能够可靠、有效地相互通信和合作。"TCP/IP 协议"是 Internet 最基本的协议,译为传输控制协议/因特网互联协议,又名网络通信协议,也是 Internet 国际互联网络的基础。Internet 网络体系结构以 TCP/IP 为核心。基于 TCP/IP 的参考模型将协议分成四个层次,分别是网络接口层、网际互联层、传输层和应用层。

1. 网络接口层

网络接口层与 OSI 参考模型中的物理层和数据链路层相对应。它负责管理与网络之间的连接。该层负责接收互联网层发来的数据报并通过具体网络发送,或者从具体网络上接收帧,抽出 IP 数据报,交给互联网层。

2. 网际互联层

网际互联层又称为网际层。它对应于 OSI 参考模型的网络层,主要解决主机到主机的通信问题。它所包含的协议设计数据报在整个网络上的逻辑传输。注重重新赋予主机一个 IP 地址来完成对主机的寻址,它还负责数据报在多种网络中的路由。该层有三个主要协议:网际协议(IP)、互联网组管理协议(IGMP)和互联网控制报文协议(ICMP)。

IP 协议是网际互联层最重要的协议,它提供的是一个可靠的、无连接的数据报传递服务。

3. 传输层

传输层对应于 OSI 参考模型的传输层，为应用层实体提供端到端的通信功能，保证了数据报的顺序传送及数据的完整性。该层定义了两个主要的协议：传输控制协议（TCP）和用户数据报协议（UDP）。TCP 提供的是一种可靠的、通过"三次握手"来连接的数据传输服务；而 UDP 提供的则是不保证可靠的（并不是不可靠）、无连接的数据传输服务。

4. 应用层

应用层对应于 OSI 参考模型的高层，为用户提供所需要的各种服务，应用层协议主要负责将网络中的信息转换为人们能够识别的信息。涉及的协议有超文本传输协议（HTTP）、文件传输协议（FTP）、远程登录协议（Telnet）、域名解析协议（DNS）、简单邮件传输协议（SMTP）等。

6.4 Internet 基础

6.4.1 Internet 概述

Internet（因特网）是全球最大、连接能力最强，资源十分丰富的信息库，是遍布全球网络相互连接而成的计算机网络，由美国的阿帕网（ARPAnet）发展而来的。Internet 又称国际网络，指的是网络与网络之间所串连成的庞大网络，这些网络以一组通用的协议相连，形成逻辑上的单一巨大国际网络。

Internet 通过全球的信息资源和覆盖五大洲的 160 多个国家的数百万个网点，在网上可以提供数据、电话、广播、出版、软件分发、商业交易、视频会议以及视频节目点播等服务。Internet 为全球人类服务，提供了极为丰富的信息资源。一旦连接上网络，意味着已经成为网络中的一员。现在 Internet 起着越来越重要的作用，涉及人们的工作、生活和社会活动各个领域。

万维网即 WWW（World Wide Web），又称环球信息网、环球网、全球浏览系统等。WWW 起源于位于瑞士日内瓦的欧洲粒子物理实验室。WWW 是一种基于超文本的、方便用户在因特网（Internet）上搜索和浏览信息的信息服务系统，它通过超级链接把世界各地不同 Internet 节点上的相关信息有机地组织在一起，用户只需发出检索要求，它就能自动地进行定位并找到相应的检索信息。用户可用 WWW 在 Internet 网上浏览、传递、编辑超文本格式的文件。WWW 是 Internet 上最受欢迎、最为流行的信息检索工具，它能把各种类型的信息（文本、图像、声音和影像等）集成起来供用户查询。WWW 为全世界的人们提供了查找和共享知识的手段。

6.4.2 Internet 工作原理

互联网（internet）又称国际网络，指的是网络与网络之间所串连成的庞大网络，这些

大学计算机基础（Windows 10＋Office 2016）

网络以一组通用的协议相连,形成逻辑上的单一巨大国际网络。

1. IP 地址的定义与作用

IP 地址(IP Address)是指互联网协议地址,又译为网际协议地址,是 IP 提供的一种统一的地址格式,它为互联网上的每一个网络和每一台主机分配一个逻辑地址,以此来减小物理地址的差异。连接在 Internet 上的每台主机都有一个在全世界范围内唯一的 IP 地址。一个 IP 地址由 4 字节(32b)组成,通常用小圆点分隔,其中每个字节可用一个十进制数来表示。例如 192.168.1.51 就是一个 IP 地址。

IP 地址通常可分成两部分。第一部分是网络号,第二部分是主机号。

Internet 现行使用的主流版本是 IPv4,它使用 32 位二进制数作为 IP 地址。但是 32 位的二进制数非常不便于书写和记忆,所以在实际工作中我们会将 32 位的地址平均分成 4 份,再转换成 4 个十进制数表示。每个十进制数对应 8 位二进制数的数值,每个十进制数用"."隔开。根据进制之间的转换规则,我们可知,IP 地址的 4 个十进制数均介于 0~255。

Internet 的 IP 地址可以分为 A、B、C、D、E 五类。其中,0~127 为 A 类;128~191 为 B 类;192~223 为 C 类;D 类地址留给 Internet 结构委员会使用;E 类地址保留在今后使用。也就是说,每个字节的数字由 0~255 的数字组成,大于或小于该数字的 IP 地址都不正确,通过数字所在的区域可判断该 IP 地址的类别。

2. IP 地址的分类

在 IPv4 版本中,IP 地址被划分为 A、B、C、D、E 共 5 类。另外,将 32 位的 IP 地址划分出了两部分:网络标识和主机标识。不同类别的 IP 地址其网络标识和主机标识的位数不一样,如图 6.16 所示。

图 6.16　IP 地址分类

6.4.3　Internet 网络地址

域名(Domain Name)又称网域,是由一串用点分隔的名字组成的 Internet 上某一台计算机或计算机组的名称,用于在数据传输时对计算机的定位标识。

由于 IP 地址具有不方便记忆并且不能显示地址组织的名称和性质等缺点,人们设计出了域名,并通过域名系统(Domain Name System,DNS)来将域名和 IP 地址相互映射,使人们能更方便地访问互联网,而不用去记住能够被计算机直接读取的 IP 地址数串。域名与 IP 地址之间的关系是,一个域名一定对应一个 IP 地址,而一个 IP 地址可以对应多个域名。

域名使用字符串来表示提供服务计算机的位置,一般格式为"主机名.子域名.顶级域名"。常见的域名有行业域名、国家域名等。例如,com 表示工商企业,net 表示网络提供商,org 表示非营利组织,cn 表示中国等。

6.5 Internet 接入

接入网主要是用来完成用户端接入因特网的核心环节。只有接入因特网的网络节点,才能通过该节点访问 Internet。目前 Internet 接入技术主要有基于传统电信网的有线接入,基于有线电视网(CableModem)接入,以太网接入,无线接入技术,光纤接入技术。

1. ADSL 专线接入

ADSL(非对称数字用户线路)上行和下行宽带不对称,是把普通的电话线分离成电话、上行和下行三个相对独立的信道,从而避免了相互之间的干扰。在不影响正常电话通信的情况下可以提供最高 3.5Mb/s 的上行速度(上传速度)和最高 24Mb/s 的下行速度(下载速度)。可直接利用现有的电话线路,通过 ADSLModem 进行数字信息传输,ADSL 连接理论速率可达到 1~8Mb/s。它具有速率稳定、带宽独享、语音数据不干扰等优点。适用于家庭、个人等用户的大多数网络应用需求。它可以与普通电话线共存于一条电话线上,接听、拨打电话的同时能进行 ADSL 传输,而又互不影响。

2. XDSL 接入

XDSL 各类数字用户线路(Digital Subscriber Lines,DSL)可以利用目前的双绞线电话线将带宽提高到 6Mb/s 或 8Mb/s,XDSL 技术在传统的电话网络的用户环路上支持对称和非对称传输模式,DSL 依据不同的技术可将双绞线的频宽提升到不同的程度,可以分为 ADSL:不对称数字用户线路,RADSL:速率自适应数字用户线路。HDSL:高速率数字用户线路。VDSL:极高速率数字用户线路。SDSL:单对线路/对称数字用户线路。IDSL:基于 ISDN 数字用户线路。

3. ISDN 接入

ISDN 综合业务数字网(Integrated Service Digital Network,ISDN)采用数字传输和数字交换技术,将多种业务复用在一个统一的数字网络中进行传输和处理。以传统电话线传输数字信号,通过电话网进行数字化改造发展起来的,是一种利用端对端的数字链接方式。支持一系列的业务,包含语音、数据、传真、可视化等。在利用 ISDN 进行上网时,电话是可以同时使用的。这时可以将线路分成多个频段进行复用。

大学计算机基础(Windows 10＋Office 2016)

4. 光纤接入

光纤接入指的是终端用户通过光纤连接到局端设备。光纤是宽带网络中多种传输媒介中最理想的一种,它的特点是传输容量大,传输质量好,损耗小,中继距离长等。根据光纤深入用户的程度的不同,可将光纤接入网分为 FTTC(光纤到路边)、FTTZ(光纤到小区)、FTTB(光纤到大楼)、FTTO(光纤到办公室)和 FTTH(光纤到户)。

其中,光纤到户(Fiber To The Home,FTTH)是现今为止,全业务、高带宽的接入需求最好、最快的模式。FTTH 不但能提供更大的带宽,而且增强了网络对数据格式、速率、波长和协议的透明性,放宽了对环境条件和供电等方面的要求,简化了维护和安装,如图 6.17 所示为 FHH ODN 基本结构。

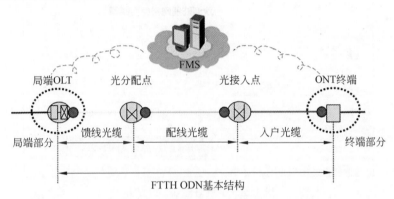

图 6.17   FHH ODN 基本结构

5. 无线接入

无线接入网络技术,一个无线网络的接入点,俗称"热点"。是采用无线通信系统全部或部分替代传统的、采用有线介质(通常是双绞线或者光纤)的本地环路。主要有路由交换接入一体设备和纯接入点设备,纯接入设备只负责无线客户端的接入,纯接入设备通常作为无线网络扩展使用,与其他 AP 或者主 AP 连接,以扩大无线覆盖范围,而一体设备一般是无线网络的核心。无线 AP 是使用无线设备(手机等移动设备及笔记本电脑等无线设备)用户进入有线网络的接入点,主要用于宽带家庭、大楼内部、校园内部、园区内部以及仓库、工厂等需要无线监控的地方,典型距离覆盖几十米至上百米,也有可以用于远距离传送,最远的可以达到 30km 左右,主要技术为 IEEE 802.11 系列。大多数无线 AP 还带有接入点客户端模式(APclient),可以和其他 AP 进行无线连接,延展网络的覆盖范围。

6.6   Internet 应用

6.6.1   电子邮件

电子邮箱是存放和管理电子邮件的场所,每个电子邮箱都具有一个唯一的地址,从而保证了每封电子邮件可以准确送达。电子邮箱的格式是 user@mail.server.name,其中,

user 是用户账号,mail.server.name 是电子邮件服务器名,@符号用于连接前后两部分。如一个邮箱地址为 apple@163.com,则其中 apple 是用户的账号,163.com 是电子邮件服务器,它表示在电子邮件服务器 163.com 上的用户账号为 apple 的电子邮箱。以下介绍 163 邮箱的注册和发送邮件的方法。

1. 邮箱注册

(1) 打开浏览器搜索 163 邮箱,然后选择注册新账号。

(2) 手机号快速注册,如图 6.18 所示,输入手机号。

图 6.18　手机号注册 163 邮箱

(3) 弹出二维码,扫码验证,发送信息。

(4) 输入密码。

(5) 立即注册。

若采用普通注册,如图 6.19 所示,依次填写邮箱地址、密码、手机号、勾选同意条款,最后完成注册。

图 6.19　普通注册 163 邮箱

大学计算机基础(Windows 10＋Office 2016)

2. 邮箱发送

在学习或工作中，会经常发送邮件，能正确发送邮件是我们应具备的基本技能。一份邮件包括收件人邮箱地址、主题、添加附件、邮件正文、抄送，还可以设置个性签名等。

邮件抄送指的就是提示对方，他不是主送人，不用答复、批复，知会此事则可。抄送的目的一种是知会，让自己的同事或者上司了解工作情况。另一种是寻求帮助，希望抄送对象给自己的工作出一些主意，做一些评论。普通邮件发送中，有时不用抄送。以下是邮件发送的步骤：

（1）登录邮箱，选择写信。

（2）在收件人处输入收件人正确的邮箱地址，也可以是其他邮箱的地址，如 126 或 QQ 邮箱地址。

（3）添加附件，选择需要发送的文件，或压缩包等文件所在的路径，或直接拖动到邮件中。

（4）在下面空白处输入邮件内容，还可以设置字体、字号、对齐方式等。

（5）邮件写好后，最后单击发送邮件。

一份邮件样式如图 6.20 所示。

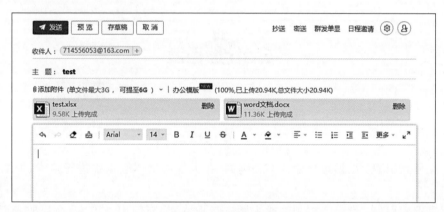

图 6.20　邮件的发送

6.6.2　浏览器

浏览器是用于浏览 Internet 中信息的工具，Internet 中的信息内容繁多，有文字、图像、多媒体，还有连接到其他网址的超链接。通过浏览器，用户可迅速浏览各种信息，并可将用户反馈的信息转换为计算机能够识别的命令。在 Internet 中这些信息一般都集中在 HTML 格式的网页上显示。

浏览器的种类众多，一般常用的有 Internet Explorer（简称 IE 浏览器），QQ 浏览器、Firefox、Safari、Opera、百度浏览器、搜狗浏览器、360 浏览器、UC 浏览器、搜狗浏览器、谷歌浏览器、世界之窗浏览器等。浏览器如图 6.21 所示。

搜狗浏览器　　　　360浏览器　　　　IE浏览器　　　　谷歌浏览器

图 6.21　部分浏览器图标

6.6.3　搜索引擎

搜索引擎是指根据一定的策略、运用特定的计算机程序从互联网上采集信息,在对信息进行组织和处理后,为用户提供检索服务,将检索的相关信息展示给用户的系统。搜索引擎依托于多种技术,如网络爬虫技术、检索排序技术、网页处理技术、大数据处理技术、自然语言处理技术等,为信息检索用户提供快速、高相关性的信息服务。常用的搜索引擎有百度、谷歌、搜狗、必应等。百度网址为 https://www.baidu.com/,百度搜索引擎界面,如图 6.22 所示。

图 6.22　百度搜索引擎

全文搜索引擎：根据用户输入的关键词,在大量的文本数据中进行搜索,如 Google、百度等。

垂直搜索引擎：针对特定领域或主题进行搜索,如新闻搜索引擎、图片搜索引擎、音乐搜索引擎等。

社交搜索引擎：基于社交网络的信息和关系进行搜索,如 Facebook、Twitter 等社交媒体平台。

混合搜索引擎：结合多个搜索引擎的功能和特点,提供更全面、精准的搜索结果,如搜狗搜索、360 搜索等。

6.6.4　信息浏览和检索

1. 中国知网

关于信息检索基础知识,可采用知识讲解等形式,让学生理解信息是按一定的方式进行加工、整理、组织并存储起来的,信息检索则是人们根据特定的需要将相关信息准确地查找出来的过程。

———— 大学计算机基础(Windows 10＋Office 2016)

关于专用平台信息检索,可以以期刊、论文、专利、商标、数字信息资源平台等专用平台为例,分析、演示并使学生动手实践,垂直细分领域专用平台的检索操作。

中国知网是一家数字出版平台,是提供知识的专业服务网站,可以提供中国学术文献、外文文献、学位论文、报纸、会议、年鉴、工具书等各类资源统一检索、统一导航、在线阅读和下载服务。

中国知网来源于国家知识基础设施(National Knowledge Infrastructure,NKI)的概念,由世界银行于 1998 年提出。中国 CNKI(China National Knowledge Infrastructure)采用自主开发并具有国际领先水平的数字图书馆技术,建成了世界上全文信息量规模最大的"CNKI 数字图书馆",以及《中国知识资源总库》和 CNKI 网络资源共享平台,为全社会知识资源高效共享提供最丰富的知识信息资源和最有效的知识传播与数字化学习平台,中国知网的界面如图 6.23 所示。

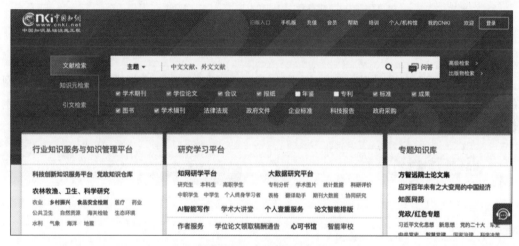

图 6.23　中国知网页面

2. 论文检索

例如,搜索"计算机网络技术"有关的论文文献的操作步骤如下。

(1) 打开浏览器,在百度搜索框中输入"知网"。或直接输入知网网址:https://www.cnki.net/。

(2) 单击搜索结果中的链接进入知网主页,在知网中比较常用的为文献检索功能。

(3) 单击搜索框左侧的主题按钮,可在弹出的选项卡中选择任一搜索方式,可以是主题、篇关摘、关键词、篇名、作者等方式。

(4) 这里采用默认主题方式,在右侧的搜索框内输入搜索内容,如"计算机网络技术"。单击右侧的搜索图标,即可显示搜索结果,如图 6.24 所示。

(5) 还可以根据左侧选项选择排列方式,如学科方向、发表年度、作者等。

(6) 单击文献的标题,即可查看文献的详情,包括摘要以及文献部分内容,还可以进行文献下载、收藏和引用。

图 6.24　知网文献检索

除了这种常见的方法外,还可以利用知网进行高级检索和出版物检索。在中国知网的主界面,选择高级检索,在高级检索界面输入主题和作者名,单击"检索"按钮,即可检索出该作者发表的关于该主题的相关论文,如图 6.25 所示。

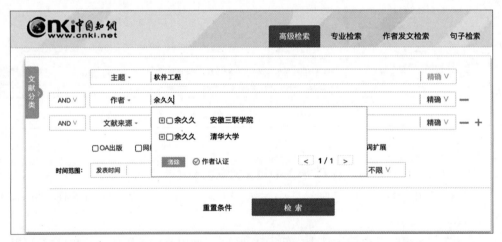

图 6.25　知网高级检索

在中国知网还可以检索出版物,供老师和学生发表知网检索的刊物时选择,如图 6.26 所示。

3. 论文引用

在撰写论文时,参考文献处需要进行引用论文,如何引用已经发表了的论文呢? 我们通过以上文献检索或高级检索以后,选中文献,单击文献右侧的引用按钮 💬,即可提供论文引用的格式,一般论文采用的是第一种 GB/T 7714—2015 格式,如图 6.27 所示。

图 6.26　出版物检索

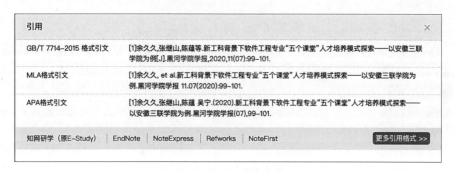

图 6.27　论文引用格式

6.7　本 章 小 结

　　本章主要介绍了计算机网络的基本概述,计算机网络的组成和分类,详细讲述了计算机网络的组成及其分类,分析了网络中常用的网络设备和相关特点。通过学习网络协议,帮助学生理解网络体系结构和因特网的基础知识及接入技术。最后介绍了 Internet 电子邮件注册与邮件发送、浏览信息与检索,通过中国知网文献检索法和高级检索法来搜索论文,以及利用中国知网引用论文的方式。

习　题　6

单选题

1. 计算机网络的形成阶段在 20 世纪(　　　)。

A. 30 年代　　　　　B. 60 年代　　　　　C. 80 年代　　　　　D. 90 年代

2. 计算机网络是指(　　　)。

　　A. 一组相互连接的计算机　　　　　　B. 一组相互连接的网络设备

　　C. 一组相互连接的网络和计算机　　　D. 一组相互连接的服务器

3. OSI 模型中,(　　　)负责数据的传输和路由。

　　A. 物理层　　　　　B. 数据链路层　　　　C. 网络层　　　　　D. 传输层

4. 在计算机网络中,IP 地址用于(　　　)。

　　A. 标识网络中的设备　　　　　　　　B. 确定数据包的传输路径

　　C. 加密数据传输　　　　　　　　　　D. 控制网络流量

5. TCP 和 UDP 有何不同?(　　　)

　　A. TCP 是面向连接的,而 UDP 是无连接的

　　B. TCP 提供数据校验,而 UDP 不提供

　　C. TCP 提供可靠的数据传输,而 UDP 不提供

　　D. 所有选项都正确

6. 在计算机网络中,"防火墙"是(　　　)。

　　A. 一种硬件设备,用于连接不同网络　　B. 一种软件程序,用于保护网络安全

　　C. 一种协议,用于加密数据传输　　　　D. 一种网络拓扑结构

7. LAN 是(　　　)。

　　A. 局域网　　　　　B. 广域网　　　　　C. 互联网　　　　　D. 无线网络

8. WAN 是(　　　)。

　　A. 广域网　　　　　B. 局域网　　　　　C. 互联网　　　　　D. 无线网络

9. 在计算机网络中,路由器是(　　　)。

　　A. 一种用于连接网络的设备　　　　　B. 一种用于连接计算机的设备

　　C. 一种用于加密数据传输的设备　　　D. 一种用于连接无线网络的设备

10. VPN 是(　　　)。

　　A. 虚拟专用网络　　　　　　　　　　B. 虚拟公共网络

　　C. 虚拟个人网络　　　　　　　　　　D. 虚拟局域网络

11. 路由选择协议位于(　　　)。

　　A. 物理层　　　　　B. 数据链路层　　　　C. 网络层　　　　　D. 应用层

12. 三次握手方法用于(　　　)。

　　A. 传输层连接的建立　　　　　　　　B. 数据链路层的流量控制

　　C. 传输层的重复检测　　　　　　　　D. 传输层的流量控制

13. TCP 的协议数据单元被称为(　　　)。

　　A. 比特　　　　　　B. 帧　　　　　　　C. 分段　　　　　　D. 字符

14. ARP 协议是 TCP/IP 参考模型中(　　　)的协议。

　　A. 网络接口层　　　　　　　　　　　B. 网络互联层

　　C. 传输层　　　　　　　　　　　　　D. 应用层

15. 路由选择协议位于(　　　)。

A. 物理层　　　　　B. 数据链路层　　　　C. 网络层　　　　　D. 应用层

16. 在局域网中,MAC 指的是(　　　)。

 A. 逻辑链路控制子层　　　　　　　B. 介质访问控制子层

 C. 物理层　　　　　　　　　　　　D. 数据链路层

17. 交换机工作在 OSI 七层模型的(　　　)。

 A. 一层　　　　　　B. 二层　　　　　　C. 三层　　　　　　D. 三层以上

18. 以下属于物理层的设备是(　　　)。

 A. 中继器　　　　　B. 以太网交换机　　C. 桥　　　　　　　D. 网关

19. 交换机不具有的功能是(　　　)。

 A. 转发过滤　　　　B. 回路避免　　　　C. 路由转发　　　　D. 地址学习

20. 在计算机网络的设备中,用于划分 VLAN 技术的是(　　　)。

 A. 计算机　　　　　B. 路由器　　　　　C. 集线器　　　　　D. 交换机

21. 在中继系统中,中继器处于(　　　)。

 A. 物理层　　　　　B. 数据链路层　　　C. 网络层　　　　　D. 传输层

22. 下列 IP 地址中无效的是(　　　)。

 A. 127.21.19.109　　　　　　　　B. 200.13.255.56

 C. 240.9.12.12　　　　　　　　　D. 192.256.91.25

23. 当一台主机从一个网络移到另一个网络时,以下说法正确的是(　　　)。

 A. 必须改变它的 IP 地址和 MAC 地址

 B. 必须改变它的 IP 地址,但不改动 MAC 地址

 C. 必须改变它的 MAC 地址,但无须改动 IP 地址

 D. MAC 地址、IP 地址都无须改动

24. 因特网使用的互联协议是(　　　)。

 A. IPX 协议　　　　　　　　　　B. IP 协议

 C. AppleTalk 协议　　　　　　　　D. NetBEUI 协议

25. 若 IP 地址为 255.255.255.224 可能代表的是(　　　)。

 A. 一个 B 类网络号　　　　　　　B. 一个 C 类网络中的广播

 C. 一个具有子网的网络掩码　　　　D. 以上都不是

26. IP 地址为 140.111.0.0 的 B 类网络,若要切割为 13 个子网,而且都要连上 Internet,子网掩码应设为(　　　)。

 A. 255.255.192.0　　　　　　　　B. 255.255.240.0

 C. 255.255.128.0　　　　　　　　D. 255.255.224.0

27. 在 Internet 上浏览时,浏览器和 WWW 服务器之间传输网页使用的协议是(　　　)。

 A. IP　　　　　　　B. Telnet　　　　　C. FTP　　　　　　D. HTTP

28. 简单邮件管理使用的协议是(　　　)。

 A. SNMP　　　　　B. DNS　　　　　　C. HTTP　　　　　D. SMTP

29. www. tsinghua. edu. cn 在这个完整名称(FQDN)里,(　　　)是主机名。

 A. edu. Cn　　　　　B. Tsinghua　　　　C. tsinghua.edu.Cn　D. www

第 7 章　计算机发展新技术

本章学习目标

- 了解人工智能时代下 ChatGPT 的应用对人们生活与工作所产生的深远影响。
- 体会大数据应用技术的重要性,以及大数据时代的全新思维方式对现代社会带来的颠覆性变革。
- 了解元宇宙的概念与内涵,以及元宇宙技术对现代社会虚拟现实、互联网产业发展的影响。
- 了解量子计算机的发展以及在人们日常生活中的典型应用。

随着科技的发展,计算机新技术不断涌现,不停地推动计算机行业向前发展。近些年,计算机很多新技术的诞生与应用,已经深入到人们的日常工作与生活中,并为有效解决很多实际问题提供了极大的帮助。在当前人工智能时代下,衍生出很多计算机新技术,已对人们的生活起居、购物旅游、教育医疗、投资理财、工作社交等方面起到重要作用。本章旨在从大学生思政教育的角度,简单介绍近几年人工智能领域的 ChatGPT、大数据、元宇宙、量子计算机等部分计算机新技术在我国的研究发展、成果落地以及典型应用情况,充分体现出我国在计算机领域的科技创新能力。要求学生通过本章学习,能从科技创新层面培养爱国情怀、民族自信,增加民族自豪感,彰显科技与文化自信。

7.1　人工智能——ChatGPT

人工智能(Artificial Intelligence,AI)指的是使机器能够像人脑思维那样,执行类似人类智能化任务的技术和系统。它涉及使用计算机系统来模拟人类感知、推理、学习和问题解决等智能行为。现代人工智能的应用包括自然语言处理、计算机视觉、专家系统、机器学习和深度学习等领域。通过分析数据、模式识别、预测判断和优化决策等方式,人工智能使得计算机能够自主地进行学习和适应环境,以改进其性能和效果。

"人工智能"一词在 1956 年美国达特茅斯会议上首次提出,人工智能之父约翰•麦卡锡(John McCarthy)认为,"人工智能就是制造出智能的机器,能够模仿人类的思考方式解决问题"。随着计算机的发展,人工智能已成为当今计算机科学领域的一个主要分支,是研究人脑智能的理论、方法、技术、以及应用系统的一门新的技术科学。通过研究人类大脑的思考、学习、推理、工作方式等内容,然后将研究成果作为开发智能系统和软件的基础。

7.1.1 人工智能的发展历程

人工智能的发展历程可以追溯到 20 世纪 50 年代,其发展主要历经孕育、形成与发展三个主要阶段,如表 7.1 所示。

表 7.1 人工智能的发展历程

发展阶段	时 间	主要研究内容	标志性成就
孕育	1956 年之前	通过使用逻辑规则和符号来模拟人类思维和推理过程	图灵机[①]
形成	1956—1969 年	通过如何根据存储的知识和规则进行推理和决策	国际人工智能联合会议(IJCAI)[②]
发展	1970 年至今	研究神经网络和并行处理的重要性,利用大量数据进行学习和训练,以模拟人脑的运作方式	AI 围棋棋手[③]

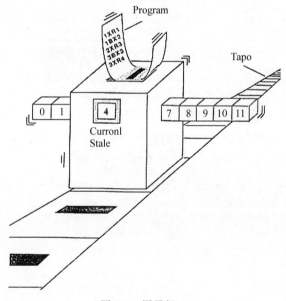

图 7.1 图灵机

① 英国著名数学家——阿兰·图灵(Alan Turing)首次提出了一种理想计算机的数学模型(又称作图灵机),如图 7.1 所示,为后来问世的电子数字计算机的工作原理及方式奠定了理论依据。

② 1969 年在美国成立的国际人工智能联合会议(IJCAI)是人工智能发展史上的重要里程碑,标志了人工智能这门新兴学科已得到全世界的充分认可。此外,1970 年由该会议所创刊的国际性人工智能杂志 *Artificial Intelligence*(图 7.2 所示),对推动人工智能领域的研究发展起到了至关重要的作用。

③ 最典型的研究成果是研发出 AI 围棋棋手(机器人),图 7.3 所示。随着 2016 年战胜世界围棋冠军李世石的人工智能机器人 Alpha Go 的出现,标志了人工智能目前所达到的成就。也证明了电脑能够达到人脑远远不能超越的思考速度与精准性,以实现属于人脑范畴的大量任务。

图 7.2 人工智能杂志 *Artificial Intelligence*

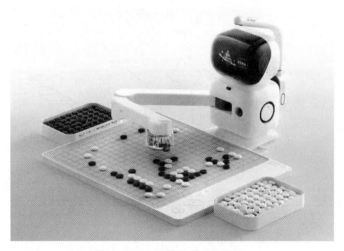

图 7.3 AI 围棋棋手(机器人)

7.1.2 我国在人工智能研究领域取得的成果

我国自 1981 年成立了中国人工智能学会,首次从国家战略层面上把人工智能作为计算机科学核心科技发展规划的主要研究方向,并在以下方面涌现出大量的研究成果。

1. 人工智能芯片

中国企业正在研发更快、更高效的人工智能芯片,如华为的昇腾 AI 芯片和寒武纪的 MLU 芯片。未来,随着中国人工智能产业的不断壮大,中国的人工智能芯片也将会越来越受关注。

2. 语音识别技术

中国的语音识别技术在人工智能领域中处于世界领先水平。近年来,中国的语音识别技术得到了快速发展,已经广泛应用于语音识别、语音合成、自然语言处理、智能语音交互等多个领域。中国企业(例如百度、科大讯飞等)已成为全球领先的语音识别技术提供商,并在智能音箱和车载系统等领域取得成功。

3. 人工智能医疗

中国的 AI 医疗企业正在研发智能医疗设备和算法,如病理影像诊断、心电图分析等。中国的人工智能技术已经被应用于心脏病、脑梗、肿瘤等多种心脑血管疾病的诊断和治疗中。通过分析病人的病历、体征等信息,人工智能可以帮助医生更快地诊断出疾病,并提供更有效的治疗方案。

4. 智能制造

中国智能制造是指将人工智能技术、物联网技术、云计算技术等高新技术应用于制造业,实现制造过程的智能化、自动化和数字化,提高制造效率和质量,降低制造成本,推动制造业转型升级。

5. 无人驾驶技术

中国的无人驾驶技术已经取得了很大的进展。通过使用高精度地图、激光雷达、摄像头和其他传感器,车辆可以实现自主驾驶,并避免与其他车辆和障碍物发生碰撞。

6. 人工智能教育

中国的中小学教育已经开始普及人工智能教育,学生可以在计算机编程和人工智能课程中学习人工智能的基础知识和技能。中国的高等教育机构也开始开设人工智能专业,并建立了人工智能研究所和实验室,以培养更多的人工智能专业人才。

7. 人工智能安防

中国企业正在开发智能安防解决方案,包括人脸识别、指纹识别、车辆识别和安全监控等。中国的人脸识别技术在安防领域得到广泛应用,如公共交通、商业场所、机场、学校等场所的安全监控和管理。同时,人脸识别技术还可以用于刑侦破案等方面。

8. 自然语言处理技术

中国的自然语言处理技术得到了快速发展,如中文分词、命名实体识别、情感分析、机器翻译等技术都有了较大的提升。这些技术已经广泛应用于智能客服、智能写作、智能检索等现代智能化办公场景。

9. 人工智能城市

中国的一些城市正在应用人工智能技术来提高城市管理效率,包括智慧交通、智能能源和智慧城市管理等。

10. 人工智能金融

中国的很多金融科技公司正在应用人工智能技术来提高风险管理和客户服务效率,如智能信贷和智能投资等。人工智能技术可以帮助金融机构进行风险控制,包括评估贷款风险、预测市场波动、防范欺诈等方面。

7.1.3 ChatGPT

ChatGPT(Chat Generative Pre-trained Transformer),即生成型预训练变换模型,又称为聊天生成预训练转换器,是美国 OpenAI(人工智能开放研究实验室)研发的一款聊天机器人程序,并于 2022 年 11 月 30 日正式发布。ChatGPT 能通过理解并模仿人类语言来回答人们提出的各类问题,还能根据聊天的上下文进行互动,真正像人类一样来聊天交流,甚至还能帮助人们完成撰写邮件、文案、翻译、编写代码(脚本)、撰写论文等学习任务。

自 2022 年底 ChatGPT 一经推出,一时间风靡全球,并迅速在国内外各大社交媒体上"走红",在短短两周时间内,正式注册的用户数就超过 500 万。

截至 2023 年 1 月,ChatGPT 的注册对话用户已突破 1 亿,成为史上增长最快的智能软件应用。2023 年 3 月底,OpenAI 又正式发布并上线了 ChatGPT 4.0 版本(简称 GPT-4),其使用强大的自然语言处理能力,能生成高质量的文本,更具备可读性,并充分展现出了成为社会部分行业领域专家的能力。2023 年 5 月,美国微软已全面与 ChatGPT 开展技术合作。至此,ChatGPT 的 App 已在英国、法国、德国、爱尔兰、韩国、新西兰、尼加拉瓜、尼日利亚等全球多个国家和地区的 App Store 正式上线。2023 年 7 月,OpenAI 宣布,安卓版的 ChatGPT 也已正式发布并上线。

1. ChatGPT 的主要功能

实际上,ChatGPT 只是一个基于自然语言处理和深度学习的大型语言模型,但是却拥有庞大的语言理解和精准的文本生成能力。在国外一些网友晒出的截图中,ChatGPT 不仅能与各年龄段用户进行流畅对话,甚至还能写诗、谱曲、撰文、编剧等。在某些人机交互测试场景下,ChatGPT 在教育、考试、回答问题方面的表现甚至优于普通人类测试者。

目前,国内学者普遍认为 ChatGPT 一般具有以下功能。

(1) 问题回答:回答人们提出的各种问题,问题范围包括常见知识、事实、信息,以及特定领域的问题查询等。

(2) 人机对话:与人们进行自然而流畅的对话,理解与用户之间的交互,并生成相关回应。

(3) 摘要提取:提取一段文字内容的关键信息,并生成语句流畅的简洁摘要以及概括性提纲。

(4) 文本生成:根据用户的输入内容生成连贯的某种形式文本,例如短故事、散文、诗歌,甚至"打油诗"等。

(5) 翻译:实现文本翻译功能,将一种语言翻译为另一种语言。

(6) 校对和修改:提供文本的校对和修改建议,帮助改善语法、表达和风格。

(7) 编程帮助:可以为编程者提供相关指导和解决方案,例如提供代码片段、代码错误纠正和编程技巧。

总之,这些功能使 ChatGPT 已成为一个强大的人机聊天工具,可用于各种任务场景,包括知识查询、辅助创作、语言理解和人机对话等。

2. ChatGPT 的社会应用

人工智能的发展正迅速改变着我们的日常生活方式。作为人工智能的典型应用,ChatGPT 具有广泛的应用前景,对人类社会产生了深远的影响。2023 年 6 月 10 日,全球人工智能技术大会(GAITC 2023)在我国杭州举办,来自全世界几十个国家与地区的近千位专家学者在大会上对 ChatGPT 的社会应用领域开展深度研讨。图 7.4 为本次大会开幕式现场,表 7.2 展示了 ChatGPT 在一些主要行业领域的实际应用情况。

图 7.4　2023 年全球人工智能技术大会(GAITC 2023)开幕式现场

表 7.2　ChatGPT 在一些主要行业领域的社会应用

行　业　领　域	社　会　应　用
医疗卫生服务领域	通过协助医生进行疾病诊断,提供针对患者病情的个性化治疗建议,为医生提供辅助决策支持。此外,ChatGPT 还可以为患者提供健康咨询和普及医学知识,提高医疗保健的可及性和效率
教育领域	为学生提供个性化的学习辅导,根据学生的特点和需求提供定制化的学习方案与内容。此外,ChatGPT 还可以作为智能教育工具,解答学生提出的问题,提供实时反馈和评估,促进学习过程的有效性和效率
商业和客户服务领域	模拟人类的对话交互场景,为客户提供实时帮助和解惑答疑,提供个性化的产品推荐,提高用户体验和满意度。此外,ChatGPT 还能够处理大量的客户请求,节省人力资源成本,提高工作效率
科学研究领域	能够处理和分析海量的科学数据(集),辅助科学家进行大数据研究和实验。帮助科学家发现模式和规律,进行数据建模和预测,根据数据存储的知识和规则进行推理和决策,加速科学研究的进展。此外,ChatGPT 还能够生成新的假设和研究思路,为科学家提供创造性的灵感和启示

总之,ChatGPT 的出现和广泛应用将对人类社会产生深远的影响。首先,它提供了更普及的服务和资源,改善了医疗保健、商业和教育等领域的可及性和效率。其次,ChatGPT

的应用使得人们能够更方便地获取知识和信息,促进了学习和个人发展的可能性。最后,它还为科学研究提供了更强大的方法和工具,加速了科学的进展。

2023 年 3 月,全国人大代表、科大讯飞董事长刘庆峰提出:"ChatGPT 可能是人工智能最大技术跃迁,应当加快推进中国认知智能大模型建设,在自主可控平台上让行业尽快享受 AI 红利,让每个人都有 AI 助手。"2023 年 6 月,据中国香港《南华早报》报道,香港教育局已将人工智能技术和 ChatGPT 聊天机器人纳入学校课程学习范畴。

3. ChatGPT 使用争议

在 2023 年初,据有关媒体报道,尽管人工智能技术可能为商业和民生带来巨大的机遇,但同时也伴随着风险。因此,国际有关组织正在考虑设立规章制度,以规范 ChatGPT 使用方式,确保 ChatGPT 向用户提供高质量、有价值的信息和数据。

例如,在学术研究领域,国内外多家知名学术期刊联合发表声明,完全禁止或严格限制使用 ChatGPT 等人工智能机器人撰写学术论文。在教育领域,OpenAI 也官方宣称,在各阶段的教育领域,完全依赖 ChatGPT 完成作业和写论文是"不道德和不健康"的学习方式。学生需要具备自主思考能力,理解知识并自己动手完成作业。使用 ChatGPT 完成作业只能短暂地帮助学生获得分数、提高成绩,但不能从根本上提高他们的学习能力和知识水平。

2023 年 3 月 27 日,日本上智大学在其官网上也发布了关于"ChatGPT 和其他 AI 聊天机器人"的评分政策。该政策明确规定,未经导师许可,学生不允许在任何作业中使用 ChatGPT 和其他 AI 聊天机器人生成的文本、程序源代码、计算结果等。如果发现使用了这些工具,将会采取严厉措施。与此同时,日本文部科学省也在修订与实施新的教育指导方针,要求国内小学、初中和高中禁止学生在考试中使用 ChatGPT 等生成式人工智能软件。

此外,在保护个人隐私信息及数据安全方面,意大利个人数据保护局宣布,从 2023 年 4 月 1 日起禁止本国公民使用 ChatGPT,并限制 OpenAI 处理来自意大利国内的用户信息,强烈要求 ChatGPT 在意大利下线[①]。

2023 年 4 月 10 日,我国支付清算协会也表示,因近期 ChatGPT 等工具引起各方广泛关注,已有部分企业员工使用 ChatGPT 等工具开展相关工作。但是,此类智能化工具已暴露出跨境数据泄露等风险。为有效应对风险、保护客户个人信息隐私、维护数据安全,提升支付清算行业的数据安全管理水平,根据《中华人民共和国网络安全法》《中华人民共和国数据安全法》等法律规定,中国支付清算协会向行业发出倡议,倡议支付行业从业人员谨慎使用 ChatGPT。

4. 如何正确使用 ChatGPT[②]

随着人工智能技术的不断发展,AI 聊天机器人成了人们日常交流中不可或缺的工

---

① 关于意大利个人数据保护局暂时禁止本国公民使用 ChatGPT 一事,OpenAI 则回应称"希望 ChatGPT 能了解全世界,而不是了解个人。",并表示愿意与意大利个人数据保护局密切合作。

② 以下文字部分摘自:科学馆小猿. 如何正确使用 ChatGPT 工具?[OL]. https://baijiahao.baidu.com/s?id=1779465111799647151&wfr=spider&for=pc.<2023.10.11>。

具。其中,ChatGPT 作为一种基于自然语言处理和深度学习的大型语言模型,在自然语言处理领域已经得到了广泛应用。当然,作为一个强大的智能化人机聊天工具,如何正确使用 ChatGPT,也是我们需要掌握的技能。

以下几方面可以帮助用户正确使用 ChatGPT。

(1) 明确需求。在使用 ChatGPT 之前,需要明确需求和目标。希望解决一个什么样的问题? 需要得到什么样的信息? 目标是什么? 只有明确了这些,才能更好地使用 ChatGPT。

(2) 提供上下文。当与 ChatGPT 交流时,提供清晰的上下文信息非常重要。如果只是在对话中直接提问一个问题,ChatGPT 可能无法理解你的意图。因此,在提问之前,需要先介绍一些与问题有关联的背景信息,以便 ChatGPT 能够更好地理解你的问题。

(3) 用简单明了的语言。使用 ChatGPT 时,尽量使用简单明了的语言。避免使用过于复杂或专业的术语,否则可能会让 ChatGPT 难以理解。要用简明扼要的日常用语来表达问题和需求,以便 ChatGPT 能够更好地回答你提出的问题。

(4) 注意语言规范。在使用 ChatGPT 时,要注意语言的规范和礼仪。尽管 ChatGPT 可以理解多种语言,但是它并不能理解非正规或用词不规范的语言。因此,要使用规范化的语言来与 ChatGPT 交流,避免使用缩写、省略语、俚语、网络"时髦用语"等一系列非正规语言。

(5) 尊重他人隐私。在使用 ChatGPT 时,要注意保护他人的隐私和数据安全。不要询问或分享敏感的个人信息,例如他人的姓名、住址、电话号码、身份证号码等敏感信息。尊重他人的隐私和数据安全也是使用 ChatGPT 时必须遵守的基本原则之一。

(6) 避免误导和欺骗。在使用 ChatGPT 时,要避免误导和欺骗。不要试图欺骗或误导 ChatGPT,这样可能会导致错误的结论或行为。要提供真实、准确的信息和问题,以便 ChatGPT 能够正确地回答问题。

总之,作为一种强大的自然语言处理工具,ChatGPT 已经成为我们日常交流中不可或缺的一部分。正确使用 ChatGPT 可以帮助我们更快地获得信息、更好地解决问题,以及更有效地与他人交流。

5. 国内 ChatGPT 网站

ChatGPT 火爆网络,很多人也在寻找好用的 ChatGPT 网站。作为全球最大的 ChatGPT 网站之一,OpenAI 提供的网站 https://chatgpt.com 不仅提供了丰富的功能和服务,还拥有庞大的用户群体和良好的社区氛围。该网站支持多种语言,可以与其他用户进行交流,还可以进行智能问答、自然语言处理、情感分析等操作。但是,对于大多数国内用户来说,找到一个好用的 ChatGPT 网站并不容易。

一个好用的 ChatGPT 网站应该具有简洁、清晰和易于操作的界面,让人能够轻松地与 AI 聊天机器人进行交互。此外,还需要具有高精准度和可用性,能够准确地回答用户的提问并反馈有用的信息。这里推荐几个国内网友予以好评的 ChatGPT 网站,供读者参考。

(1) Chatfuel(网址:https://chatfuel.com)。Chatfuel 是一款国内的人工智能聊天机器人程序,具有快速、稳定、易用等特点。它的界面简洁、清晰,支持文字、语音和图片等多种交互方式,可以快速回答用户的问题和提供有用的信息。

(2) AI talk(网址：https://aitalk.com)。AItalk 是另一款国内的人工智能聊天机器人程序,具有快速、稳定、精准等特点。它支持文字、语音和图片等多种交互方式,可以回答用户的问题和提供有用的信息,同时还可以进行自然语言处理和智能推荐。

(3) Chatspacy(网址：https://chatspacy.com)。Chatspacy 也是一款国内的人工智能聊天机器人程序,具有快速、稳定、智能等特点。它支持文字、语音和图片等多种交互方式,可以回答用户的问题和提供有用的信息,同时还可以进行自然语言处理和智能推荐。

(4) 有道智云问答(网址：https://ai.youdao.com)。有道智云问答是有道公司推出的智能问答平台,该平台基于先进的自然语言处理和机器学习技术,可以进行智能问答、自然语言处理、智能推荐等操作。此外,该平台还支持多种语言和多种场景,可以满足不同用户的需求。

(5) 百度 AI 开放平台(网址：https://ai.baidu.com)。作为国内领先的 AI 平台,百度 AI 开放平台提供了丰富的 AI 能力和应用,包括语音识别、自然语言处理、图像识别、机器学习等领域。该平台的 ChatGPT 服务不仅支持多种语言,还可以进行定制化开发,满足不同用户的需求。此外,该平台还提供了丰富的学习资源和技术支持,帮助用户更好地了解和使用 AI 技术。

(6) 阿里云 AI 智能客服(网址：https://www.aliyun.com)。阿里云 AI 智能客服是阿里巴巴集团推出的智能客服平台,该平台基于先进的自然语言处理和机器学习技术,可以进行自动问答和智能客服等操作。此外,该平台还支持多种语言和多种场景,可以满足不同行业和领域的需求。

此外,国内知名智能语音和人工智能企业——科大讯飞股份有限公司也完成研发并推出了其智能听力辅具平台——科大讯飞智听平台,该平台基于先进的语音识别和自然语言处理技术,可以帮助听力障碍者进行语音转文字、文字转语音等操作。此外,该平台还支持多种语言和多种场景,可以满足不同用户的需求。

本书作者所在高校的本地产教融合合作企业——安徽声讯信息技术有限公司也于 2023 年下半年积极自主研发一款智能化机器人聊天工具——声讯智言(网页版),用户登录界面如图 7.5 所示。该聊天工具的网页简洁、清晰和易于操作,让人能够轻松地与机器人进行交互,并支持语音录入与识别功能。

声讯智言(网页版)网址为 https://sxwise.semxum.com。

当用户提问"请问如何排除计算机故障?",声讯智言的回答内容如图 7.6 所示,从专业知识的角度来看,总体上是能满足用户需求的。

总之,以上网站都是国内好用的 ChatGPT 网站,尽管每个网站都有其独特的特点和优势,但都具有快速、稳定、精准、易用等特点,能够为用户提供高质量的服务。用户可以根据自己的实际需求和喜好选择适合自己的 ChatGPT 网站。但是仍需要强调的是,由于计算机技术和法律问题不断变化,用户在使用时必须注意相关风险和合规问题,避免滥用和依赖。

图 7.5　"声讯智言"登录界面

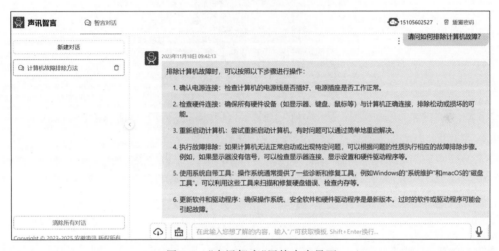

图 7.6　"声讯智言"回答内容界面

7.2　大　数　据

大数据(Big Data)也称海量资料(数据),可以定义为各种来源的大量非结构化或结构化数据。当然,海量数据日益剧增的直接原因源于"信息爆炸与剧增",即信息持续从各种来源(途径)被广泛收集,而这些来源主要包括搭载感测设备的各类移动互联设备(如智能手机、平板电脑等)、高空感测科技(遥感)、软件记录、相机、麦克风、无线射频识别设备以及无线感测网络等。据不完全统计,全世界每天都会产生超过 2.5×10^{18} B 的各种类型的海量数据。

大数据时代已经来临,互联网公司已被数据"淹没"。仅以国内 2021 年某社交网站数据统计为例,每天的微信小程序活跃用户数已高达 4.5 亿,微信搜索的每月活跃用户数已跃升至 7.6 亿。日益爆发式增长的用户数据量,超出了人们的想象,几乎无法使用传统数据库管理系统来处理。所以，大数据也是继云计算、物联网之后信息技术行业又一个"颠覆性"的技术变革。

7.2.1　大数据的显著特点

广义上，大数据是指一个庞大的数据集合，人们无法在一定的时间内通过常规(传统)软件工具对其内容进行分析和处理。狭义上，大数据是指海量、多样化、高增长率的信息数据，需要运用具备更强决策力、洞察发现力、流程优化力等新的处理模式才能完成处理。大数据的显著特点可以形象地归结为价值(Value)、容量(Volume)、多样(Variety)、速度(Velocity)4个层面，即"4V"，如图7.7所示。

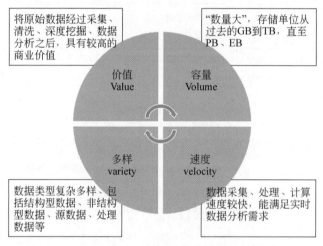

图 7.7　大数据的"4V"特点

1. 价值(Value)

原始数据需要历经采集、清洗(筛选与提炼)、深度挖掘、精准分析之后，往往可以获得有价值的信息。大数据时代，很多情况下我们需要从海量的原始数据里面通过先进的数据挖掘与分析技术反复地"沙里淘金"，从中获取稀疏宝贵的信息。可见，大数据的价值密度是很低的。

2. 容量(Volume)

随着信息化技术的高速发展，数据开始爆发性增长。大数据中的数据无法以几个GB或TB为存储单位来衡量，而是以PB、EB甚至ZB为计量单位来衡量。

3. 多样(Variety)

多样即指数据的来源及类型的多样化。

一方面，数据来源于不同的应用系统和不同的设备。尤其是当今互联网和物联网的飞速发展，企业所面对的数据不仅仅是传统的交易数据，还有大量的诸如社交网站、传感器等多种来源的数据。另一方面，数据类型繁多，并且以非结构化数据为主。例如，在传统的企业数据库管理系统中，数据大都以文本及表格的形式存储。但是在大数据时代，企业所面临的数据有超过 70% 是以图片、音频、视频、网络日志、链接信息等各类非结构化和半结构化的数据。可见，多样化的数据类型，使得对其进行精准分析和深入挖掘变得更加困难。

4. 速度（Velocity）

这是大数据区别于传统数据最显著的特征。一方面，大数据的数据规模增长速度更快。另一方面，大数据对处理数据的响应速度、分析速度、计算速度等有更严格的要求。可见，大数据对其处理速度有着极其严格的要求，而传统的数据库系统已无法匹配大数据的高速响应速度。为了获取大数据中所蕴含的信息价值，人们必须选择另一种方式来处理它。例如，需要配备大量的能把海量资源用于处理和计算数据的并发服务器，需要使用能完成对大数据实时分析的各类软件信息管理平台等。

7.2.2　大数据的战略地位

美国《纽约时报》的一篇专栏中特别提到，大数据时代已经降临，在商业、经济及其他领域中，决策内容将日益基于数据和分析而得出，而不能基于经验和直觉。

联合国自 2013 年起相继发布了《大数据促发展：挑战与机遇》白皮书、以及《大数据促发展：入门指南》《数据创新促发展指南》等一系列报告，并专门设有"数据创新促进发展"的日常议题，可见联合国作为全球最大的国际组织对大数据的高度重视。

近年来，我国也高度重视大数据的创新发展，准确把握大融合、大变革的发展趋势，制订并出台了一系列支持互联网、云计算、大数据发展的行动计划，特别是《促进大数据发展的行动纲要》，为我国大数据未来的发展指明了新的方向，具有深远影响。在党的十八届五中全会上，党中央对拓展互联网经济空间做出了重要论述，强调实施国家大数据战略，这对我国经济社会发展有着重要的意义。

1. 大数据已成为经济社会发展新的驱动力

随着物联网、云计算、移动互联网等网络新技术的发展与普及，社会信息化进程进入了大数据时代，海量数据的产生与流转已成为常态。未来 20 年，全球 50 亿人将实现联网，"人人有终端、处处可上网、时时在连接"，这将使全球数据量呈几何式快速增长。预计到 2025 年，全球数据使用量会达到 60ZB 以上，将涵盖经济社会发展的各个领域，成为新的重要驱动力。

2. 大数据将成为重要的战略资源和核心资产

大数据时代，世界各国对数据的依赖快速上升，国家竞争焦点已经从资本、土地、人口、资源的争夺转向了对大数据的争夺，对大数据的开发、利用与保护的争夺会日趋激烈。大数据使得数据强国与数据弱国的区分不再仅仅以经济规模和经济实力论英雄，而是在一定程度上还要看其大数据能力的优劣。

3. 大数据将给国家治理方式带来重要变革

大数据时代，单纯依靠政府管理和保护数据的做法容易使政府在面对大规模而复杂的数据时应接不暇，而大数据可以通过对海量、动态、高增长、多元化、多样化数据的精准采集、高速处理,从而快速获得有价值的信息,提高公共决策能力。

4. 大数据安全已经成为国家重要的战略安全之一

当前,借助大数据发展,很多发达国家全球数据监控能力升级。例如,美国等西方国家推出了相关重要战略规划,以确保自身在网络空间和数据空间的主导地位。数据安全的威胁随时都有可能发生。各种国家信息基础设施和重要机构所承载着的庞大数据信息,如由信息网络系统所控制的石油和天然气管道、水、电力、交通、银行、金融、商业和军事等,都有可能成为被攻击的目标,大数据安全已经上升为国家安全极为关键的组成部分。

近年来,由于大数据新技术与新产品的不断涌现,大数据生态图更新变化日新月异,内容也越来越多,结构也越来越复杂。图 7.8 展示了我国大数据生态圈示的意图。

图 7.8　我国大数据生态圈的示意图

可见,大数据对于我国的战略意义毋庸置疑。据统计,2013 年我国大数据产业市场规模为 34.3 亿元,同比增长率超 100%,未来一段时间将持续快速增长。有预测显示,2013 年至 2025 年,互联网将占到中国经济年增长率的 0.3% 至 1.0%,互联网将可能在中国 GDP 增长总量中贡献 7% 至 22%。这充分说明,我国已经具备建设数据大国的潜在优势。[①]

毋庸置疑,大数据在当今社会各个领域都具有广泛的应用,如表 7.3 所示。

表 7.3 大数据的应用领域

应用领域	社 会 应 用
商业决策	通过对大数据的分析,企业可以更好地了解客户需求和市场趋势,从而做出更准确的商业决策。例如,根据用户购买记录和行为数据,电商平台可以推荐个性化的商品,提高销售额
健康医疗	大数据在医疗健康领域有着广泛的应用。通过分析大量的医疗数据,可以提高诊断准确性和治疗效果,帮助医生做出更科学的诊疗决策。同时,大数据还能够用于疾病预测和流行病监测,提供更及时的健康干预措施
交通运输	大数据在交通运输领域的应用也非常广泛。通过对交通流量数据的分析,可以优化交通信号灯的控制,减少拥堵,提高交通效率。同时,大数据还可以用于智能导航和交通事故预测,提供更便捷和更安全的出行方式
城市规划	借助大数据分析,城市规划者可以更好地了解城市居民的需求和行为,从而制定更科学的城市规划方案。通过对城市交通数据、人口迁移数据等的分析,可以优化城市布局,提高城市的可持续发展
金融风控	大数据在金融领域的应用也非常重要。通过对大量的金融交易数据和用户行为数据的分析,可以更准确地进行风险评估和欺诈检测,保护用户的资金安全

毋庸置疑,大数据还在以下方面体现出极大的作用。

(1)挖掘洞察力。大数据分析可以揭示隐藏在海量数据中的趋势、模式和见解,帮助机构做出更明智的决策。

(2)提高效率。通过对大数据的分析和利用,可以优化业务流程和操作方法,从而提高生产效率和工作效率。

(3)改善用户体验。大数据分析可以帮助企业了解客户需求、行为和喜好,以便为客户提供个性化的产品和服务,改善用户体验。

(4)实时监测和预测。通过对实时数据的监测和分析,可以及时发现问题并采取相应的措施。此外,基于历史数据的分析还可以进行趋势预测和预测模型的建立,帮助机构做出未来的预测和规划。

(5)增强安全性。大数据分析可以帮助企业监测和识别潜在的安全威胁,并采取相应的防范措施,保障数据和信息的安全。

(6)促进创新和发现新商机。通过对大数据的深入分析,可以发现新的商业机会、市场趋势和消费者需求,从而推动创新和开拓新的商业模式。

总之,大数据能通过对大规模、多样化、实时生成的数据进行分析和利用,为企业和机构提供决策支持、效率改进、用户体验优化等方面的价值。

---

① 注:以上文字内容部分摘自《重视大数据在现代治理中的应用》(经济日报,2016-01-11)。

7.2.3 大数据在我国的典型应用——"成都智造"灾情预警系统

大数据发展基于互联网领域的日臻成熟,基于大数据技术体系的应用也日臻完善。限于篇幅,这里主要介绍基于大数据技术的"成都智造"灾情预警系统在我国地震灾情预警及灾后救援活动中的应用案例。

2022年6月1日,我国四川省雅安市芦山县发生了里氏6.1级地震。成都高新减灾研究所与中国地震局联合建设的"成都智造"灾情预警系统成功预警了此次地震。在地震发生时的第4秒内通过各类移动互联设备向民众实时发出强烈的预警信号,为雅安市提前9秒预警,为成都市则提前了29秒预警。在这千钧一发之际,四川省千万民众及本地重大工程项目基地均成功收到地震预警信息,为人民群众及时疏散以及保障生命财产安全赢得了宝贵的时间。图7.9为地震后第二天(2022年6月2日)"成都智造"灾情预警系统地震预警服务情况通报会现场。

图7.9 "成都智造"灾情预警系统地震预警服务情况通报会

"成都智造"地震预警系统能在地震发生时第4秒及时做出预警,其灾害预警核心技术已处于世界先进水平。预警系统主要基于大数据监控,检测数据分为两部分,一部分为常规地质数据,另一部分为地质异常突发数据。众所周知,一个地区的地质异常突发数据增长量越多,发生地震的可能性就越大,所以预警系统能够针对这些数据进行实时分析并快速做出精准判断。此外,地震相关数据具有多样性特征,通过对类型复杂化的地震数据进行数据挖掘,能够极大地提高灾情预警的可靠性与精准性,这离不开大数据学科知识的支撑以及大数据技术体系的支持。图7.10为预警系统架构图。

"成都智造"地震预警系统已从地震预警成功延伸到多种地质灾害(如山体滑坡、泥石流、火山爆发、海啸等)预警领域,目前已实时预警了国内大小自然灾害970余次,地震预警成果系全球领先,使我国成为继墨西哥、日本之后第三个具有地震预警能力的国家,系统平均预警响应时间、盲区半径、震级偏差等关键核心技术均处于世界领先水平。

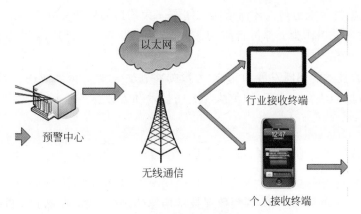

图 7.10　预警系统架构图

以太网

行业接收终端

预警中心

无线通信

个人接收终端

7.2.4　大数据的发展趋势与面临的挑战

大数据已成为我国乃至全球新的经济增长点。据不完全统计,截至 2021 年,全球大数据产业市场经济规模已超过 560 亿美元,其中我国大数据产业规模就已达到 8000 亿元,每年平均增长速度近 20%,增长速度处于国际领先。随着工业互联网的普及和各类物联网设备的增加,大量的数据将会迅速产生和被收集,大数据的规模还将继续快速增长。

大数据是未来国际科技发展浪潮的巨大趋势,包括以下几方面。

(1) 人工智能与机器学习。大数据与人工智能和机器学习的结合将深入发展。通过对大数据的分析和挖掘,可以实现更精确的预测和决策。

(2) 数据安全和隐私保护。随着大数据应用的普及,数据安全和隐私保护问题也变得更加重要。在大数据的开发和应用过程中,需要采取措施来保护数据的安全性和用户的隐私。

(3) 边缘计算。边缘计算是指在离用户设备较近的地方进行数据处理和存储,减少数据在传输过程中的延迟。随着物联网设备的增多,边缘计算将成为大数据处理的一个重要方向。

(4) 数据治理和管理。随着数据规模的增大,数据治理和管理变得尤为重要。有效的数据治理和管理可以确保数据的质量、一致性和可靠性。

(5) 跨行业应用。大数据还将在更多的交叉行业中得到应用,例如医疗保健、金融、交通、能源等。大数据的分析和挖掘将帮助企业和组织发现商机、优化流程和提升效率。

随着科学技术的不断进步和发展,大数据从技术、资本、政策等多个角度已深入到社会的方方面面,影响更加深远。尽管大数据具有很多应用前景,但也会面临着一些挑战。简单地说,主要来自以下两方面。

(1) 数据隐私与安全问题。大数据会涉及大量的个人信息和敏感数据,对数据的隐私和安全保护提出了更高的要求。如何确保数据的安全性和隐私性,是一个亟待解决的问题。

（2）大数据技术能力与人才需求匹配问题。大数据的处理和分析需要强大的计算能力和专业的技术知识作为支撑。目前，大数据技术的发展非常迅速，对大数据领域的人才需求也会越来越高。

总之，随着技术的不断发展和完善，大数据将在更多领域得到应用。同时，我们也需要加强对大数据的研究和应用，以解决相关的技术和大数据专业人才培养问题。

7.3　元　宇　宙

元宇宙（Metaverse）是人类运用数字技术构建的，由现实世界映射或超越现实世界且可以与现实世界交互的虚拟世界，其具备新型社会体系的数字生活空间。对于"元宇宙"一词，不同的学者有不同的定义。例如，北京大学陈刚教授、董浩宇博士认为元宇宙是利用科技手段进行连接与创造的，与现实世界映射与交互的虚拟世界，具备新型社会体系的数字生活空间；清华大学沈阳教授认为元宇宙是整合了多种新技术而产生的新型虚实相融的互联网应用和社会形态，它是基于虚拟现实技术、数字孪生技术等所生成的一个现实世界的镜像，为人们提供沉浸式体验。元宇宙通过区块链技术搭建经济体系，将虚拟世界与现实世界在经济系统、社交系统、身份系统上密切融合，并且允许每个用户进行内容生产和编辑。当然，国内也有学者认为元宇宙则是一个"半虚幻世界"，是一个空间维度上虚拟但时间维度上真实的数字世界，能够把网络、硬件终端和用户囊括进来的一个永续的、覆盖面广泛的虚拟现实系统。

那么，元宇宙到底是什么呢？

2022年9月13日，全国科学技术名词审定委员会举行元宇宙及核心术语概念研讨会，与会专家学者经过深入研讨，对元宇宙的概念达成共识。元宇宙被释义为"人类运用数字技术构建的虚拟世界，即由现实世界映射或超越现实世界的、并可以与现实世界交互的虚拟世界"。

7.3.1　元宇宙的起源

"元宇宙"一词诞生于美国作家尼尔·斯蒂芬森（Neal Stephenson）1992年编写的一部科幻小说《雪崩》（图7.11）。小说中首次提到了"元宇宙"（Metaverse）与"化身"（Avatar）两个概念，小说描绘了一个庞大的虚拟世界。在这里，人们利用数字化身来控制自己，并相互竞争以提高自身的地位。人们在"元宇宙"里可以拥有自己的虚拟替身，这个虚拟世界就叫作"元宇宙"。如今看来，小说描述的还是超前的未来世界。

当然，关于元宇宙的起源，学术界比较认可的思想源头是美国数学家和计算机专家弗诺·文奇（Vernor Vinge）教授在其1981年出版的小说《真名实姓》中，创造性地构思了一个通过脑机接口进入并获得感官体验的虚拟世界。

20世纪90年代，市面上涌现了大量的开放性多人电脑游戏，游戏本身的开放世界形成了元宇宙的早期基础。2003年，网络虚拟游戏 Second Life 正式发布（游戏部分界面如

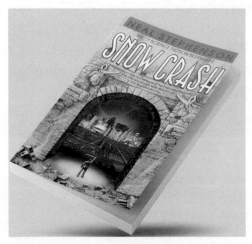

图 7.11 科幻小说《雪崩》

图 7.12 所示），该游戏在其制作理念上给游戏玩家部分释放了对现实世界所面临的窘境。游戏玩家在现实世界中是不能改变自己身份的，但是沉溺在虚拟世界中，可以通过拥有自己的虚拟"分身"调整自己的身份，实现人生价值。

图 7.12 网络虚拟游戏 *Second Life* 的部分界面

7.3.2 元宇宙在我国的快速发展

2020 年初受全球"新冠"疫情的影响，在疫情防控措施下，人们被隔离而"居家办公"，改变了传统的生活、工作、学习、社交方式。全社会人们上网时间大幅增长，也促进了"宅经济"快速发展。网络"线上"生活模式，由原先短时期发展成为常态，由对现实世界的补充变成了与现实世界的平行世界，人们的现实生活开始大规模向"虚拟世界"转移。疫情加速了社会虚拟化,人类社会到达虚拟化的临界点。

业内学者普遍认为,2021 年才是元宇宙技术的"元年"。自 2021 年起,元宇宙科技在我国也得到突飞猛进的发展。例如,2021 年 8 月,我国海尔发布制造行业首个智造元宇宙平台,实现智能制造物理和虚拟融合,融合"厂、店、家"跨场景的沉浸式交互体验。2021 年 11 月,国内第一家元宇宙全国社团机构——中国民营科技实业家协会元宇宙工作委员会正式揭牌成立(图 7.13),旨在推动包括 VR/AR、智能穿戴、生物识别、数字孪生、工业互联网、区块链、NFT、人工智能等新技术的融合与集成降以低成本普及应用,同时作为行业机构协同疫情、双边关系、国际关系、产业脱钩等外围因素,推动技术落地。

图 7.13　中国民营科技实业家协会元宇宙工作委员会成立揭牌仪式

2021 年 12 月 21 日,百度发布首个国产元宇宙产品"希壤",并正式开放面向部分社会公众,用户可凭邀请码进入希壤空间进行超前体验,2021 年 12 月 27 日,百度 Create AI 开发者大会在"希壤 App"举办,这是国内首次在元宇宙"世界"举办的大会,可同时容纳 10 万人同屏互动。2022 年 6 月 1 日,以"i 牛奶,i 生活,i 未来"为主题的第三届北京牛奶文化节在"元宇宙"空间盛大开幕。2022 年 6 月 30 日,全国首个家居元宇宙平台在江西南康正式发布。2022 年 9 月 15 日,北京理工大学推出了"挑战杯·元宇宙"大型沉浸式数字交互空间,它包含北京理工大学良乡校区数字校园、千余参赛者构筑的"挑战杯"世界和万人在线的"挑战杯"舞台等虚拟场景。这也是国内元宇宙技术在教育领域的第一次大规模应用。

元宇宙赛场在具备功能性、信息性、联通性、载体性的同时,通过数字人身份引入、虚拟交互机制、数字资产创作等技术,推出大型沉浸式数字校园,实现数字人与大学生参赛者同屏参与、同台竞技,有效增强了全国竞赛的客观性、群众性、交流性。图 7.14 为"挑战杯·元宇宙"中的北京理工大学数字校园一角。

2022 年 11 月,作为卡塔尔世界杯持权转播商,中国移动创新推出宏大奇妙的世界杯元宇宙比特景观,打造出 5G 时代首个世界杯元宇宙,并实现多个"首次":

(1) 国内首创批量数智人参与全球顶级赛事转播和内容生产;

(2) 首创中国自主知识产权音视频标准商业化播出;

(3) 首创 5G+低延时转播方案;

图 7.14 "挑战杯·元宇宙"中的北京理工大学数字校园一角

（4）首创多屏多视角"车里看球"智能座舱（覆盖 2022 年 80% 以上新能源车企）；

（5）首创基于元宇宙的"5G＋算力网络＋云引擎"的比特转播画面，如图 7.15 所示，为用户带来跨智能手机/平板/VR/AR/大屏等多终端的全新体验；

图 7.15 基于元宇宙的"5G＋算力网络＋云引擎"的比特转播画面（卡塔尔世界杯）

（6）首创基于 3D 渲染引擎的裸眼 3D 视频彩铃（图 7.16）；

（7）首创元宇宙比特空间"星际广场""星座·M"；

（8）推出全球首个 5G＋算力网络元宇宙比特音乐盛典；

（9）首创单一比特空间实时渲染全交互全互动用户破万，5G＋算力网络分布式实时渲染并发破十万，5G＋算力网络云游戏全场景月活破亿。

在卡塔尔世界杯期间，国内球迷观众上网登录中国移动"咪咕"全系产品，领取专属比特数智人身份的首批"元住民"超 180 万，元宇宙互动体验用户超 5700 万。

2023 年 5 月 5 日，北京市东城区元宇宙产业联盟成立。2023 年 6 月 28 日，中国移动成功举办中国移动元宇宙产业联盟发布会。中国移动元宇宙产业联盟是首个算网生态体元宇宙联盟，整合了中国移动联盟、实验室、合作伙伴等生态体基础，将联动体系资源，搭建元宇宙联盟生态，集结全球最强"元宇宙朋友圈"。

图 7.16　基于 3D 渲染引擎的裸眼 3D 视频彩铃（卡塔尔世界杯）

7.3.3　元宇宙的特征

中国《2022 年元宇宙产业发展趋势报告》中提到元宇宙具备的"四大特性"，即社交第一性、感官沉浸性、交互开放性、能力可扩展性[①]。

1. 社交第一性

社交第一性是指将社交互动置于整个体验的核心位置。这意味着元宇宙平台的设计和功能将重点放在用户之间的社交上，使用户能够与其他人进行实时互动、合作、分享内容，并建立社区。社交第一性旨在增强用户参与感和连接感，促进协作和社交体验。

2. 感官沉浸性

感官沉浸性即用户的沉浸感，是元宇宙与现实世界融合的基础，用户在元宇宙中的虚拟空间中将拥有"具身的临场感"，并借助硬件、交互技术手段的进步，在视觉、听觉、触觉、嗅觉等方面实现感官体验的扩展。在元宇宙中，人类认知边界，既是元宇宙的发展边界，同样也是用户在元宇宙空间内的能力边界。

3. 交互开放性

交互开放性是指用户将同时拥有虚拟空间中的超现实能力，以及与现实世界的作用力，在元宇宙交互过程中将能够同时作用于虚拟与现实两个空间之内。借助技术升级，虚拟空间能够打破传统物理的局限的桎梏，实现人类感知与交互的"升维"。

---

① 　以下内容文字部分引用《2022 元宇宙产业发展趋势报告》（速途元宇宙研究院出品，2022.3）

4. 能力可扩展性

能力可扩展性则可分为超现实沉浸感、新内容载体、元宇宙可编辑性。其中,超现实沉浸感是基于外置算力、人机交互的升维,用户可以获得打破物理空间局限性的能力扩展,在虚拟世界中提供超现实的沉浸体验;新内容载体,元宇宙技术为内容创作提供了文字、图片、音视频之外的全新载体,并基于元宇宙空间构造与仿真能力,将极大提升内容的沉浸感。元宇宙可编辑性依靠技术提供的工具,每个用户都可以在元宇宙内实现内容创作和世界编辑,实现艺术性、体验性、技术性的有机结合。

图 7.17 元宇宙的八大特征

当然,网上也有很多元宇宙爱好者认为元宇宙应具有身份、社交、沉浸感、低延迟、多元化、随地性、经济与文明共八大特征,如图 7.17 所示。

(1) 身份。每个人在元宇宙中都能有一个或者多个数字身份,并且每个数字身份都和现实中的你一样独一无二。

(2) 社交。我们会像在现实中一样与其他人的数字身份沟通交流,无障碍地进行等同于现实中所有的社交体验。

(3) 沉浸感。在元宇宙中,我们能从感官上体验到非常真实的沉浸式体验,达到"你在元宇宙,但你都感觉不到你在元宇宙"的程度。

(4) 低延迟。在元宇宙中发生的一切都是基于时间线同步发生,你经历的正是别人正在经历的,能够基本实现同频刷新。

(5) 多元化。各行各业的用户都能在元宇宙中创造内容,因此元宇宙不是由 PGC(专业生产内容)主导,而是由 UGC(用户原创内容)主导的包罗万象的虚拟空间。

(6) 随地性。任何人能在任何时间、地点连接元宇宙,就和我们现在从兜里掏出手机上网一样方便。

(7) 经济。元宇宙拥有自己的经济系统,并且这一系统会和现实已有的经济系统挂钩。

(8) 文明。人类在元宇宙中经过时间沉淀和共识的形成,慢慢会衍生出人类文明的分支——数字文明。

参照现有的科技水平,在元宇宙八大特性中,"身份"和"社交"在一些高端(高成本、高质量、高体验)游戏中已经能够实现。"沉浸感"和"低延迟"随着交互技术和 5G 的发展应用,已经达到了入门级的水平。"多元化""随地性""经济""文明"的实现需要多项核心技术搭建元宇宙底层技术框架,用户共同参与,通过时间沉淀形成人类社会行为和自然行为的共识,并不是一朝一夕能够实现的。

7.3.4　元宇宙的未来

元宇宙与现实世界是紧密联系的,元宇宙中的很多操作会对现实世界起到直接的作用,元宇宙在很大程度上需要有众多新技术的支撑。

实际上,元宇宙是众多新技术的集大成者,集成了一大批现有技术,包括5G、云计算、人工智能、虚拟现实、区块链、数字货币、物联网、人机交互等。图7.18展示了元宇宙支撑技术多维拓展。

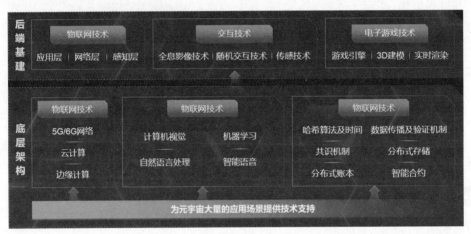

图 7.18　元宇宙支撑技术多维拓展

元宇宙的出现,尤其是对虚拟现实、互联网的发展会产生重要影响。元宇宙的实现需要强大的计算能力和存储空间的支持,这不仅会带动相关计算机技术的发展,还会催生一些新的元宇宙产业链的出现。图7.19为元宇宙产业链的七个层次。由于本书面向初学者,关于元宇宙产业链的七个层次及其产业内涵,在此不予阐述,感兴趣的读者可以查阅《计算机科学导论》等相关书籍。

图 7.19　元宇宙产业链的七个层次

可见,元宇宙是虚拟现实与现实世界的融合,是人类创造出的一个全新的数字世界。在元宇宙中,人们可以通过虚拟现实设备进入一个与现实世界相似甚至更加丰富多彩的虚拟空间。元宇宙的发展前景非常广阔,下面将从技术、经济和文化等方面来探讨元宇宙的未来发展趋势[①]。

首先,从技术角度来看,元宇宙的未来发展趋势将更加注重用户体验的提升。随着虚拟现实技术的不断进步,人们进入元宇宙的体验将更加逼真、沉浸式。同时,元宇宙的互动性和社交性也将得到进一步加强,人们可以在虚拟空间中与其他用户进行实时的交流和互动,这将进一步拉近人与人之间的距离。表 7.4 列出了元宇宙四大核心技术(彼此间互为补充)。

表 7.4　元宇宙四大核心技术

核 心 技 术	技 术 简 介
交互技术	VR(虚拟现实)/AR(增强现实)技术、全身追踪和全身传感等多维交互技术带来元宇宙的沉浸式交互体验
通信技术	通过 5G、Wi-Fi 6.0 等多种通信技术提升传输速率并降低时延,实现虚拟现实融合和万物互联架构
计算能力	作为数字经济时代生产力,其发展释放了 VR/AR 的终端压力,提升续航,满足元宇宙的上云需求
核心算法	推动元宇宙的渲染模式视频质量提升,利用 AI 算法缩短数字创作时间,赋能虚拟化身等多层面产业发展

其次,从经济角度来看,元宇宙也将成为一个巨大的商业机会。在元宇宙中,人们可以购买虚拟商品、参加虚拟活动,甚至进行虚拟货币的交易。这将带动虚拟经济的发展,同时也将给传统产业带来巨大的变革。虚拟现实技术的应用将渗透到各个行业,例如教育、医疗、旅游等,为这些行业带来更多的商机和创新。

最后,从文化角度来看,元宇宙将成为人们探索和创造的新世界。在元宇宙中,人们可以创作和分享自己的作品,例如虚拟艺术品、虚拟音乐等。这将为艺术家和创作者提供一个全新的创作平台,同时也将促进文化的多元化和交流。元宇宙还将成为人们了解其他文化的窗口,通过虚拟旅游等方式,人们可以亲身体验其他国家和地区的文化风情。

总的来说,元宇宙的未来发展趋势将是技术的不断创新、经济的蓬勃发展和文化的多元交流。随着虚拟现实技术的成熟和应用的普及,元宇宙将成为人们生活的一部分,会改变人们的生活方式和思维方式。当然,元宇宙的发展也面临着一些挑战,例如隐私保护、安全问题等,但相信随着技术的进步和社会的共同努力,这些问题将逐渐得到解决。元宇宙的未来充满无限可能,我们期待着元宇宙带给我们的更多惊喜和改变。

---

① 以下文字内容部分摘自网络博文《元宇宙未来发展的趋势》(作者:窗边闲聊,2023-11-12)。

7.4 量子计算机

量子计算机(quantum computer)是一种可以实现量子计算的机器,它通过量子力学规律来实现数学和逻辑运算,处理和存储信息。它以量子态为记忆单元和信息存储形式,以量子动力学演化为信息传递与加工基础的量子通信与量子计算,在量子计算机中其硬件的各种元件的尺寸能达到原子或分子的"颗粒"量级。量子计算机是一个物理系统,它能存储和处理用量子比特(qubit)表示的信息。

在传统的"冯·诺依曼"计算机体系结构中,计算机信息的基本单元是比特(bit),用0与1表示两个不同的逻辑状态,不可重叠。但是在量子计算机中,其基本信息单位是量子比特,用两个量子态"|0>"和"|1>"替代经典比特状态0和1。量子比特相较于比特来说,有着独特的存在特点,它以两个逻辑态的叠加态的形式存在,这表明当任意一个量子态发生了变化,另一个量子态也会随之发生变化。周围环境微小的扰动,如温度、压力或磁场变化,都会破坏量子比特的变化。

量子计算机的特点主要有运行速度较快、处置信息能力较强、应用范围较广等。与一般计算机比起来,信息处理量越多,对于量子计算机实施运算也就愈加有利,也就更能确保其运算具备精准性。量子计算机的计算基础是量子比特。

7.4.1 量子计算机的组成

量子计算机和大多数计算机一样都是由许多硬件和软件组成的,软件方面包括量子算法、量子编码等,在硬件方面包括量子晶体管(图7.20)、量子存储器(图7.21)、量子效应器(图7.22)等。

图 7.20 量子计算机晶体管

图 7.21 量子计算机存储器

量子晶体管就是通过电子高速运动来突破物理的能量界限,从而实现晶体管的开关作用,这种晶体管控制开关的速度很快,晶体管比起普通的芯片运算能力强很多,而且对使用的环境条件适应能力很强,所以在未来的发展中,晶体管是量子计算机不可缺少的一部分。量子存储器是一种存储信息效率很高的存储器,它能够在非常短的时间里对任何计算信息进行赋值,是量子计算机不可缺少的组成部分,也是量子计算机最重要的部分之

图 7.22　量子计算机效应器

一。量子计算机的效应器就是一个大型的控制系统,能够控制各部件的运行。这些组成在量子计算机的发展中占据着重要的地位,发挥着重要的运用。

7.4.2　量子计算机在我国的研究进程

早在 20 世纪 80 年代初期,美国三位先驱科学家保罗·贝尼奥夫(Paul Benioff)、戴维·多伊齐(David Deutsch)和彼得·秀尔(Peter Shor)共同率先提出了量子计算的思想,设计出一台可执行的、有经典类比的量子图灵机,其为量子计算机的雏形。在之后的 20 年内,世界各国均积极致力于现代量子信息科学与技术的研究以及量子计算机的研制活动,在实用量子计算机领域进行探索。2007 年,加拿大 D.Wave 公司成功研制出一台具有 16 量子比特的"猎户星座"量子计算机。2009 年底,美国国家标准技术研究院研制出可处理 2 个量子比特数据的量子计算机。

2017 年 5 月 3 日,中国科学院潘建伟院士团队构建的光量子计算机实验样机计算能力已超越早期计算机。此外,中科院完成了 10 个超导量子比特的操纵,成功打破了当时世界上最大位数的超导量子比特的纠缠和完整的测量的纪录。

2020 年 12 月 4 日,中国科学技术大学成功构建 76 个光子的量子计算原型机"九章",求解数学算法高斯玻色取样只需 200 秒,而当时世界上最快的超级计算机要用 6 亿年。这一突破使中国成为全球第二个实现"量子优越性"的国家。国际顶尖学术期刊《科学》发表了该成果,评价这是"一个最先进的实验""一个重大成就"。量子计算原型机"九章"的部分实景如图 7.23 所示。

2021 年 2 月 8 日,中国科学研究院量子信息重点实验室的科技成果转换平台——合肥本源量子科技公司,自主发布具有自主知识产权的量子计算机操作系统"本源司南",其界面标志(Logo)如图 7.24 所示。

2022 年 8 月 25 日,中国百度(baidu)发布了集量子硬件、量子软件、量子应用于一体的产业级超导量子计算机"乾始",其能够提供移动端、PC 端、云端等在内的全平台使用方式。图 7.25 为超导量子计算机"乾始"的发布会现场,超导量子计算机"乾始"的内部及外部结构如图 7.26 与图 7.27 所示。

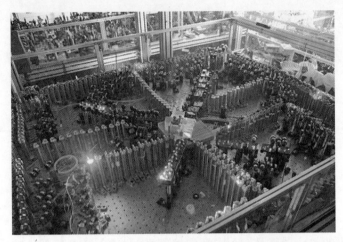

图 7.23　量子计算原型机"九章"的部分实景图

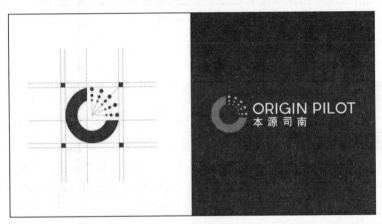

图 7.24　量子计算机操作系统"本源司南"界面标志(Logo)

图 7.25　超导量子计算机"乾始"发布会现场

图 7.26　超导量子计算机"乾始"的内部结构

图 7.27　超导量子计算机"乾始"的外部结构

　　此外,2022 年 11 月据中国央视新闻报道,在安徽合肥,中国量子计算机"悟空"即将面世,生产线上正在紧锣密鼓地生产量子计算机芯片,如图 7.28 所示。2023 年 2 月 12 日,

图 7.28　中国央视新闻报道量子计算机"悟空"即将面世

本源量子的 4 台"中国造"量子计算机也亮相安徽合肥,并首次向民众免费开放参观。图 7.29 为本源量子"中国造"量子计算机,图 7.30 为社会民众参观现场。

图 7.29 本源量子"中国造"量子计算机

图 7.30 本源量子"中国造"量子计算机民众参观现场

7.4.3 量子计算机的应用前景

量子计算机是一种基于量子力学原理的计算机,与传统的基于二进制的"冯·诺依曼"计算机不同,它使用量子比特作为计算单位。由于量子比特具有超越常规比特的特性,量子计算机具有许多传统计算机无法比拟的优势。

1. 超越传统计算机的计算能力

量子计算机可以在指数级别上超越传统计算机的计算能力。这是因为量子计算机利用了量子叠加和量子纠缠等量子力学现象,可以在同一时间内处理多个计算任务,从而实现了高效的并行计算。例如,用量子计算机来解决著名的"旅行推销员问题"[①],可以在多项式时间内得到最优解,而传统计算机则需要大量的"指数级(2^N)"时间。

2. 破解现有加密算法

传统加密算法基于数学难题,如大素数分解和离散对数问题。量子计算机利用量子算法可以有效地破解这些加密算法,因为它们可以在指数级别上加速这些计算难题。例如,量子计算机可以通过舒尔(Shor)算法[②]在多项式时间内破解当前使用的大多数加密算法,这对于保护个人隐私和商业机密等方面都具有重要的意义。

3. 优化化学计算

化学计算是许多工业和科学领域中的重要问题,但是许多化学计算需要大量的计算资源和时间才能得出结果。量子计算机可以利用量子力学中的波函数和量子并行性来加速化学计算。例如,量子计算机可以模拟分子的量子态和反应过程,从而更准确地预测化学反应的性质和结果。

此外,量子计算机可以通过利用量子并行性和量子态的干涉性质,加速人工智能领域机器学习算法的训练过程。例如,量子计算机可以利用量子并行性来加速对大数据的分类过程,并且在处理高维数据时表现出色。

量子计算机理论上具有模拟任意自然系统的能力,同时也是发展人工智能的关键。由于量子计算机在并行运算上的强大能力,使它有能力快速完成经典计算机无法完成的计算。量子计算机在人们日常生活的以下领域也有重要的应用,如表 7.5 所示。

表 7.5　量子计算机在人们日常生活中的应用

应 用 领 域	重 要 应 用
交通调度	量子计算机可以根据现有的交通状况预测交通状况,完成深度的分析,进行交通调度和优化
天气预报	使用量子计算机在同一时间对于所有的信息进行分析,并得出结果,那么人们就可以得知天气变化的精确走向,从而避免大量的经济损失
药物研制	量子计算机对于研制新的药物也有着极大的优势,量子计算机能描绘出万亿计的分子组成,并且选择出其中最有可能的方法,这将提高人们发明新型药物的速度,并且能够更个性化地对于药理进行分析
保密通信	量子计算机对于加密通信由于其不可克隆原理,将会使得入侵者不能在不被发现的情况下进行破译和窃听,这是由量子计算机本身的性质决定的
物质科学	量子计算机可以高效地模拟量子系统,这对于物质科学领域具有重要意义。借助量子计算机,科学家可以更深入地研究化学反应、新材料的性质等问题,从而推动新药研发、能源技术创新等方面的进步

---

① 旅行推销员问题(Travelling Salesman Problem,TSP),即给定一系列城市和每对城市之间的距离,求解访问每一座城市一次并回到起始城市的最短回路问题。它是现代数学组合优化中的一个经典难题,在数学、运筹学和理论计算机科学领域中非常重要。

② 舒尔算法(Shor Algorithm),以美国数学家彼得·舒尔(Peter Shor)命名,该算法在 1994 年被提出,即针对整数分解这一类问题的量子算法(在量子计算机上面运作的算法)。该算法能解决以下题目,例如:给定一个整数 N,找出它的质因数等。

尽管量子计算机的研制已取得显著进展,但实现通用量子计算机方面仍面临许多挑战,如提高量子比特数量和稳定性、降低噪声和失真等。未来,学者和工程师们将继续努力攻克这些难题,为实现量子计算的广泛应用奠定基础。与此同时,量子计算将与人工智能、大数据等技术领域的发展相互促进,共同推动科技进步和社会变革。

为了推动量子计算机的发展,许多国家已经制定了相关的政策和规划。例如,美国、欧洲、中国等国家和地区都投入了大量资源支持量子计算机的研究。此外,国际的合作和交流也在加强,有助于推动量子计算机技术的共同进步。

7.5　本章小结

人工智能的发展正以"惊人"的速度改变着人们日常的生活方式。作为人工智能的典型应用,ChatGPT(美国 OpenAI 研究实验室研发的一款聊天机器人程序)于 2022 年底正式发布上线后,已在当前社会各领域开展深入应用,具有广泛的应用前景。

ChatGPT 的本质是一个基于自然语言处理和深度学习的大型语言模型,但是其却拥有庞大的语言理解和精准的文本生成能力。ChatGPT 不仅能与各年龄段用户进行流畅的对话,甚至还能写诗、谱曲、撰文、编剧等。在某些人机交互测试场景下,ChatGPT 在教育、考试、回答问题方面的表现甚至优于普通人类测试者,甚至能够生成人类级别的连贯、完整的文本内容。毋庸置疑,ChatGPT 的出现和广泛应用将对人类社会产生深远的影响。但是,如何掌握正确使用 ChatGPT 的技能,如何规范 ChatGPT 的使用方式,以及用户在使用 ChatGPT 时如何规避相关风险及遵守合规等,也是人工智能时代下需要用户深入思考的一系列问题。

大数据是继云计算、物联网之后信息技术行业又一个"颠覆性"的技术变革。大数据是指海量、多样化、高增长率的信息数据集,这些数据无法使用传统的数据处理方法进行分析和利用。但通过适当的技术和工具,大数据可以被处理、存储、分析与挖掘,帮助人们揭示隐藏在海量数据中的趋势、模式和见解,为企业和机构提供决策支持、效率改进、用户体验优化等方面的价值。近年来,我国也高度重视大数据的创新发展,大数据不仅已成为国内经济社会发展新的驱动力,而且已经成为国家重要的战略安全之一。

元宇宙是人类运用数字技术构建的,由现实世界映射或超越现实世界且可以与现实世界交互的虚拟世界,其具备新型社会体系的数字生活空间。元宇宙融合了虚拟现实、增强现实、人工智能等技术,允许用户在虚拟世界中与其他用户交互,体验各种虚拟场景和活动。元宇宙也是众多新技术的集大成者,集成了包括 5G、云计算、人工智能、虚拟现实、区块链、数字货币、物联网、人机交互等一大批现有技术。随着虚拟现实技术的成熟及其应用的普及,元宇宙必将成为人们未来生活的一部分,改变人们的生活方式和思维方式。

量子计算机是利用量子力学原理进行计算的一种新型计算机,其使用量子比特作为计算单位,通过量子力学规律来实现数学和逻辑运算,处理和存储信息等功能。相对于"冯·诺依曼"体系结构的传统计算机,量子计算机具有运行速度较快、处置信息能力较强、应用范围较广等显著特点。

量子计算机在人们日常生活的诸多领域中起到重要的应用,能在某些特定问题上提供更高效的解决方案。目前,包括中国在内的很多国家和地区都投入了大量资源支持量子计算机的研究。此外,量子计算将与人工智能、大数据等技术领域的发展相互促进,共同推动科技进步和社会变革。

习　题　7

简答题

1. 简述 ChatGPT 的主要功能。

2. 结合自身实际,谈一谈如何正确并规范地使用 ChatGPT。

3. 大数据的特点有哪些?

4. 大数据的发展趋势与面临的挑战主要有哪些?

5. 大数据技术在我国取得的其他应用成果还有哪些?

6. 目前元宇宙在我国的应用场景还有哪些?

7. 为什么说元宇宙的未来发展趋势将是技术的不断创新、经济的蓬勃发展和文化的多元交流?

8. 简述元宇宙产业链的七个层次。

9. 简述量子计算机的特点。

10. 量子计算机具有的许多传统计算机无法比拟的优势主要有哪些?

参 考 文 献

［1］ 张成叔,张玮,蔡劲松,等. 信息技术基础［M］. 北京：高等教育出版社,2021.

［2］ 蔡敏,刘艺,吴英,等. 新编计算机科学导论［M］. 2版. 北京：机械工业出版社,2023.

［3］ 万珊珊,吕橙,郭志强,等. 计算思维导论［M］. 2版. 北京：机械工业出版社,2023.

［4］ 常晋义,高燕. 计算机科学导论［M］. 3版. 北京：清华大学出版社,2018.

［5］ 匡芳君,陈伟,周苏,等. 专业伦理与职业素养：计算机、大数据与人工智能［M］. 北京：机械工业出版社,2023.

［6］ 黄磊,耿涛,张成. 计算机应用基础［M］. 合肥：合肥工业大学出版社,2017.

［7］ 张敏华,史小英. 计算机应用基础(Windows 7＋Office 2016)［M］. 北京：人民邮电出版社,2021.

［8］ 李京文,黄存东,尹蓉,等. 信息技术基础模块［M］. 北京：科学出版社,2022.

［9］ 甘勇. 大学计算机基础——微课版［M］. 4版. 北京：人民邮电出版社,2022.

［10］ 刘世勇,刘颜. 信息技术基础(微课视频版)［M］. 北京：清华大学出版社,2022.

［11］ 杨正国. 计算机系统中的数据表示［EB/OL］. ［2023-10-10］. https://blog.csdn.net/weixin_52088967/ article/details/130278497.

［12］ 涛歌依旧. 古今计算机发展简史［EB/OL］. ［2023-10-10］. https://blog.csdn.net/stpeace/article/details/ 103208199.

图书资源支持

感谢您一直以来对清华版图书的支持和爱护。为了配合本书的使用，本书提供配套的资源，有需求的读者请扫描下方的"书圈"微信公众号二维码，在图书专区下载，也可以拨打电话或发送电子邮件咨询。

如果您在使用本书的过程中遇到了什么问题，或者有相关图书出版计划，也请您发邮件告诉我们，以便我们更好地为您服务。

我们的联系方式：

清华大学出版社计算机与信息分社网站：https://www.shuimushuhui.com/

地　　址：北京市海淀区双清路学研大厦 A 座 714

邮　　编：100084

电　　话：010-83470236　010-83470237

客服邮箱：2301891038@qq.com

QQ：2301891038（请写明您的单位和姓名）

资源下载：关注公众号"书圈"下载配套资源。

资源下载、样书申请

书 圈

图书案例

清华计算机学堂

观看课程直播